化学与应用

吴婉娥 主编

西北工业大学出版社

西 安

【内容简介】 本书是面向有大学低年级和具有较少化学基础的读者学习和使用的参考书，全书分为5章，第1章化学基本原理，介绍了热力学、化学动力学、溶液平衡理论及物质结构等；第2章化学与军事武器，介绍了核武器、化学武器、生物武器、常规武器及新概念武器的定义、特点、分类及其危害；第3章化学与食品添加剂，介绍了食品添加剂种类、标准及其安全应用；第4章化学与军用新材料，介绍了结构材料和功能材料在军事装备中的应用；第5章化学推进剂，介绍了液体推进剂和固体推进剂在军事装备中的应用。

本书可供大专院校的化学、应用化学及其他相关专业教师作为教学参考书，也可作为学生拓展化学知识，了解化学知识军事应用的学习参考书。

图书在版编目(CIP)数据

化学与应用/吴婉娥主编．—西安：西北工业大学出版社，2019.1

ISBN 978-7-5612-6446-1

Ⅰ．①化… Ⅱ．①吴… Ⅲ．①应用化学-高等学校-教材 Ⅳ．①O69

中国版本图书馆CIP数据核字(2019)第017718号

HUAXUE YU YINGYONG

化　学　与　应　用

责任编辑：张珊珊　　**策划编辑**：杨　军

责任校对：朱晓娟　　**装帧设计**：李　飞

出版发行：西北工业大学出版社

通信地址：西安市友谊西路127号　　**邮编**：710072

电　　话：(029)88491757，88493844

网　　址：www.nwpup.com

印 刷 者：陕西金德佳印务有限公司

开　　本：787 mm×1 092 mm　1/16

印　　张：10.875

字　　数：261千字

版　　次：2019年1月第1版　2019年1月第1次印刷

定　　价：30.00元

前　言

本书是根据学校相关的人才培养方案的需要，配合大学开设的大学化学、无机化学、化学与应用等课程教学要求编写的，内容力求拓展读者对化学知识的深层次认识，使其正确理解和掌握化学原理在军事装备等中的应用，搭建化学基础理论与相关应用的桥梁。

本书主要阐述了化学原理和军事应用。全书编写的立意在于，从化学的基本原理出发，介绍军事武器、军用装备、推进剂和食品安全等包含的化学原理，探索其中的科学规律。本书化学基本概念清晰，突出基本理论的发展过程及理论体系构架，突出化学知识应用及军事应用特色。

全书共5章：第1章阐述了化学热力学、化学动力学、溶液平衡理论及物质结构等研究对象、发展简史、基础理论体系等；第2章阐述了化学与军事武器，主要介绍核武器、化学武器、生物武器、常规武器及新概念武器的定义、特点、分类及其危害等；第3章阐述了化学与食品添加剂，介绍了食品安全、食品添加剂及其标准、食品添加剂的应用，简单介绍了无公害食品、绿色食品和有机食品等；第4章阐述了化学与军用新材料，介绍了材料、材料化学、结构材料和功能材料在军事装备中的应用及其原理；第5章化学推进剂，介绍了液体推进剂和固体推进剂发展概况及在实际中应用化学推进剂。

本书在编写过程中，参阅了相关文献资料。同时，得到了火箭军工程大学2110工程的支持和资助，还得到贾瑛、马岚、李茸、王焕春的帮助，在此一并表示感谢。

由于水平有限，书中难免有错误、疏漏和不妥之处，恳请广大读者批评指正。

吴婉娥

2018年7月于火箭军工程大学

目　录

第1章　化学基本原理

化学是自然科学的一种，是在分子、原子层次上研究物质的组成、性质、结构与变化规律，创造新物质的科学。“化学”就是“变化的科学”。化学中存在着化学变化和物理变化两种变化形式。化学在发展过程中，依照所研究的分子类别和研究手段、目的、任务的不同，派生出不同层次的许多分支。在20世纪20年代以前，有无机化学、有机化学、物理化学和分析化学四个分支；20年代以后，又出现了生物化学、高分子化学、环境化学、核化学、药物化学等多个交叉科学。但其基本原理没有变，本章就将其基本原理进行简单叙述，包括化学反应热力学、化学反应动力学、溶液平衡理论，以及物质结构。

1.1　化学反应热力学基础

1.1.1　化学热力学研究的对象和基本任务

化学热力学是物理化学中最早发展起来的一个分支学科，主要研究内容是应用热力学原理研究物质系统在各种物理和化学变化中所伴随的能量变化、化学现象和规律，依据系统的宏观可测性质和热力学函数关系判断系统的稳定性、变化的方向和限度。化学热力学主要解决化学反应中的两个问题：一是化学反应中能量是如何转化的；二是化学反应朝着什么方向进行及其限度。

热力学是讨论大量质点的统计平均行为，即物质的宏观性质，它不涉及物质内部结构，不需要对物质的微观结构预先作任何假定，故所得的结论有高度的可靠性。但热力学的局限性也在于此。由于它不涉及物质的内部结构及时间的概念，因此它只能告诉我们一定条件下反应进行的可能性，而不能告诉我们反应如何进行及其速率大小。

1.1.2　化学热力学发展简史

化学热力学的主要理论基础是经典热力学。热力学的历史始于热力学第一定律，100多年来，化学热力学有了很大的发展和广阔的应用。

19世纪上半叶，作为物理学的巨大成果，“能”的概念出现了；人们逐渐认识到热只是能的多种可互相转换的形式之一，于是热力学应运而生。19世纪中叶，人们在研究热和功转换的基础上，总结出热力学第一定律和热力学第二定律，解决了热能和机械能转换中在量上的守恒和质上的差异。1873—1878年，吉布斯进一步总结出描述物质系统平衡的热力学函数间的关系，并提出了相律。20世纪初，能斯特提出了热定理，使“绝对熵”的测定成为可能。为了运用热力学函数处理实际非理想系统，1907年，路易斯提出了逸度和活度的概念。热力学的这些基本定律是以大量实验事实为根据建立起来的，在此基础上，又引进了三个基本状态函数：温度、内能、熵，共同构成了一个完整的热力学理论体系。至此，经典热力学建立起完整的体系。

1.1.3 化学热力学基础

1.1.3.1 热力学定律

1. Hess(盖斯)定律

俄国的盖斯很早就从化学研究中领悟了一些能量守恒的思想。1836年,盖斯向彼得堡科学院报告:"经过连续的研究,我确信,不管用什么方式完成化合,由此发出的热总是恒定的,这个原理是如此之明显,以至于如果我不认为已经被证明,也可以不假思索就认为它是一条公理。"此后,盖斯从各方面对上述原理进行了实验验证,并于1840年提出了著名的Hess定律:"当组成任何一种化学化合物时,往往会同时放出热量,这热量不取决于化合是直接进行还是经过几步反应间接进行。"

2. 热力学第一定律

能量具有各种不同的形式,它们之间可以相互转化,而且在转化过程中能量的总值不变,即能量守恒定律。将能量守恒定律应用在以热和功进行能量交换的化学热力学过程就称为热力学第一定律。

系统与环境间的能量交换,通常有热和功两种形式。假设某一系统的起始状态内能为U_1,与环境间进行了热Q和功W的交换,而变化到具有内能为U_2的另一状态,根据热力学第一定律,则有下列关系:

$$U_2 = U_1 + Q + W$$

于是系统由始态变化到终态时内能的变化值为

$$U_2 - U_1 = Q + W$$

即

$$\Delta U = Q + W \tag{1-1}$$

式(1-1)是热力学第一定律的数学表达式。其物理意义是,当只发生能量交换时,系统内能的变化量应来源于系统在变化过程中供给的热和功。

热量Q:当系统从环境吸收的热量为正值,系统向环境释放的热量为负值。

功W:系统对环境做的功为负值;环境对系统做的功为正值。当系统发生变化时,除热以外,系统与环境的各种能量形式的能量传递,都称为功。功的种类很多,如机械功、体积功、电功和引力功等,均可概括为力和位移的乘积。在化学变化中,最常遇到的是因为气体体积膨胀或压缩而产生的体积功,其余种类的功,均为非体积功。

内能变化量$\Delta U = U_2 - U_1$,即终态内能与始态内能之差值。$\Delta U > 0$,则$U_2 > U_1$,表示系统的内能增加;$\Delta U < 0$,则$U_2 < U_1$,表示系统的内能减少。一个封闭系统内部能量的总和,包括其中各种分子的动能、分子间的热能和分子内部的电子势能、动能,以及核能等等,称为系统的内能(热力学能)。

热力学第一定律的一个重要推论是,永动机是不存在的。一个系统如果对外做功,就需要从外界输入能量或者消耗内能。若在内能不变$\Delta U = 0$,从不消耗外界能量($Q = 0$),而要对外做功($W = 0$),这显然是不可能做到的。

3. 热力学第二定律

热力学第二定律有多重表达方式,各种说法是等效的,从一种说法可以推证出其他的说法。其中常见的一种表达方式是,在孤立系统的任何自发过程中,系统的混乱度,即熵,总是增

加的。即

$$\Delta S_{孤} > 0 \tag{1-2}$$

孤立系统是指与环境不发生物质和能量交换的系统。

表达方式之二：力学能可全部转换成热能，但是热能却不能以有限次的实验操作全部转换成功（热机不可得）。

表达方式之三：如果没有与之联系的、同时发生的其他变化的话，热永远不能从冷的物体传向热的物体。

4. 热力学第三定律

若将绝对零度时完美晶体中的每种元素的熵值取为 0，则一切物质均具有一定的正熵值；但是，在绝对零度时，完美晶体物质的熵值为 0。绝对零度不可达到但可以无限趋近。

1.1.3.2　化学反应进行的方向

自然界中发生的化学反应不但伴随有能量的变化，而且都有一定的方向。我们将无需外界干涉便可自动发生的反应称为自发反应。例如碳在氧气中的燃烧反应，无需外界干涉，便可自动生成二氧化碳，并放出热量，但其逆过程却不会自动发生，即二氧化碳不会自动分解成氧气和碳，也就是说化学反应进行是有方向的。

吉布斯函数变 ΔG 可近似地认为是等温、等压条件下系统内分子、原子的势能变化之和。这个能量才是系统发生反应的真正推动力，凡是势能降低的过程都是自发进行的。用化学反应中的吉布斯函数变可判断一个化学反应能否进行。

可见由吉布斯函数即可定量判定出化学反应的方向。具体来说：$\Delta G < 0$ 的化学反应一定能正向自发进行，即在恒温、恒压下的化学反应总是向着吉布斯函数减小的方向进行。$\Delta G > 0$ 的正向化学反应，都不能自发进行，即化学反应的吉布斯函数增加，则需要外力做功，为非自发反应；相反，它们的逆反应是能够自发进行的；如果 $\Delta G = 0$ 时，化学反应进行到了极限，处于平衡状态。

1.1.3.3　化学反应进行的限度及化学平衡

吉布斯函数变 ΔG 从能量的角度指出了一个反应能否自发进行和自发进行的限度。当一个化学反应 $a\mathrm{A} + b\mathrm{B} = y\mathrm{Y} + z\mathrm{Z}$ 进行到极限时，其 $\Delta G = 0$，尽管从微观上看其正、逆反应绝不会停止，但在一定条件下，正、逆反应速率相等，此时系统所处的状态为化学平衡状态，化学平衡的实质是动态平衡，其程度可以用平衡常数衡量。

1. 平衡常数 $K^{\ominus}$ 的表达式

对于可逆反应：$a\mathrm{A} + b\mathrm{B} \rightleftharpoons y\mathrm{Y} + z\mathrm{Z}$

任一时刻	p_{A}	p_{B}	p_{Y}	p_{Z}
平衡状态	$p_{\mathrm{A}}^{\mathrm{eq}}$	$p_{\mathrm{B}}^{\mathrm{eq}}$	$p_{\mathrm{Y}}^{\mathrm{eq}}$	$p_{\mathrm{Z}}^{\mathrm{eq}}$

$$Q_p = \frac{[p_{\mathrm{Y}}/p^{\ominus}]^y [p_{\mathrm{Z}}/p^{\ominus}]^z}{[p_{\mathrm{A}}/p^{\ominus}]^a [p_{\mathrm{B}}/p^{\ominus}]^b} \tag{1-3}$$

平衡时有

$$K^{\ominus} = \frac{[p_{\mathrm{Y}}^{\mathrm{eq}}/p^{\ominus}]^y [p_{\mathrm{Z}}^{\mathrm{eq}}/p^{\ominus}]^z}{[p_{\mathrm{A}}^{\mathrm{eq}}/p^{\ominus}]^a [p_{\mathrm{B}}^{\mathrm{eq}}/p^{\ominus}]^b} \tag{1-4}$$

式中，$K^{\ominus}$ 称为平衡常数。在平衡常数表达式中，对纯固体或纯液体，可以认为它们的分压（或浓度）是标准态的，所以相对浓度为“1”，在方程式中没有表达出来。

注意：

(1)$K^{\ominus}$ 与 Q 的区别,$K^{\ominus}$ 中各项为平衡分压(或浓度),而 Q 中各项为任意给定的分压(或浓度)。由于代入相对分压(或浓度),故 $K^{\ominus}$ 为无量纲的数值。

(2) 标准平衡常数 $K^{\ominus}$ 与标准吉布斯函数变 $\Delta_r G_m^{\ominus}(T)$ 的关系可表示为

$$\lg K^{\ominus}=\frac{-\Delta_r G_m^{\ominus}(T)}{2.303RT} \tag{1-5}$$

可以根据反应的吉布斯函数变求反应的平衡常数。

2. 影响化学平衡移动的因素

平衡常数首先决定于反应。不同反应的平衡常数不同;对同一反应,若方程式的写法不一样,则它的平衡常数表达式不同,平衡常数值也不一样。反应方程式中的计量数扩大或缩小几倍,相应地,它的平衡常数的幂指数也要扩大或缩小几倍。如果两个化学方程式相加或相减,则它们的平衡常数相乘或相除,这种运算规则,称为多重平衡法则。

对于确定反应方程式、确定温度的反应,其平衡常数不随各组分的压强或浓度的改变而改变,但其组分的压强或浓度改变时,平衡要发生移动。在表达式中,当起始时的分母值增大后,只有分子值也增大才能保持分数值不变,因此增加反应物的压强或者浓度时,可造成生成物的压强或者浓度增加,使反应的平衡向着生成物方向移动。

对于确定反应方程式、确定温度的反应,如果不改变反应物或生成物的浓度或压强,仅仅通入不参与反应的气体或溶剂,例如惰性气体,实验表明,其平衡常数不会改变。

温度不仅影响着平衡常数,而且还影响化学平衡的移动。升高温度,对吸热反应来说,$K^{\ominus}$值增大,意味着生成物浓度或压强增大,即平衡向生成物方向移动;同理,对放热反应来说,升高温度,平衡向反应物方向移动。反之,降低温度,平衡移动的方向也相反。

关于化学平衡移动的规律,法国化学家勒·夏特列等人经过长期研究,总结出一个重要的化学规律:在系统达到平衡后,若改变平衡系统的条件之一(如温度、压强或浓度等),则平衡便要向削弱这种改变的方向移动。

1.2 化学反应动力学基础

1.2.1 化学反应动力学的研究对象和基本任务

化学反应动力学是研究化学反应速率和化学反应机理的重要理论。其研究对象包括两个方面:化学反应速率的影响因素(内因和外因)和化学反应机理。影响化学反应速率的内因研究物质结构、存在状态等对化学反应速率的影响。影响化学反应速率的外因研究浓度、温度、压力、催化剂、介质、反应器大小等外部环境条件。而化学反应机理主要研究化学反应进行的历程、步骤等,揭示反应宏观与微观机理,更好地理解化学反应的本质,建立总包反应与基元反应的定量关系等。

1.2.2 化学反应动力学发展简史

化学反应动力学的发展经历了三个阶段:

第一阶段:宏观反应动力学阶段,时间 19 世纪后半叶至 20 世纪初。此阶段重要的贡献有两个:质量作用定律和阿伦尼乌斯定律。

19 世纪中期,G. M. 古德贝格(G. M. Guldberg)和 P. 瓦格(P. Waadge)建立了重要的质量作用定律,说明化学反应速率与反应物的有效质量成正比关系,此处的有效质量即现在所说的浓度。近代实验证明,质量作用定律只适用于基元反应,因此该定律可以更严格完整地表述为:基元反应的反应速率与各反应物的浓度的幂的乘积成正比,其中各反应物的浓度的幂的指数即为基元反应方程式中该反应物化学计量数的绝对值。

1889 年瑞典化学家阿伦尼乌斯提出活化分子和活化能的概念,导出化学反应速率常数与温度的指数关系式:

$$k = A\mathrm{e}^{-\frac{E}{RT}} \tag{1-6}$$

即著名的阿伦尼乌斯方程。式中 k 为温度为 T 时的反应速率常数;A 为频率因子,代表单位体积每秒分子碰撞的次数;E 为反应的活化能;R 为摩尔气体常数;T 为绝对温度;e 为自然对数的底。这个定律并不是对所有反应普遍准确适用,然而所揭示的物理意义,对化学动力学理论的发展具有决定的意义。

第二阶段:基元反应阶段,时间为 20 世纪初至 60 年代。此阶段重要的贡献有两个理论和一个发现。

理论一:化学反应的简单碰撞理论。1918 年美国的科学家 McC. Lewis 发现并建立的化学反应速率理论的模型。该理论认为,发生化学反应的充分必要条件是反应物分子必须相互接近,然后发生碰撞。但是要计算反应速率,必须能提出反应判据。根据气体分子运动论,可以计算分子的碰撞频率及活化分子分率,从理论上得出反应比速的指数定律:

$$k = Z_0\mathrm{e}^{-\frac{E}{RT}} \tag{1-7}$$

$$Z_0 = \pi\sigma^2\sqrt{U_1^2 - U_2^2} \tag{1-8}$$

该定律的计算结果与 HI 气相合成反应实验十分符合。但该理论过于简单,无法解决分子的碰撞频率、活化分子的分率等问题。

理论二:过渡态理论。1935 年,由 Eyring,Evans 和 Polany 等人在统计热力学和量子力学的基础上提出,他们在简单碰撞理论的基础上,借助于量子力学计算分子中原子间势能的方法,求得了反应体系的势能面,并逐渐形成了化学反应的“过渡态理论”。该理论继承了简单碰撞理论的合理部分,认为反应物分子进行有效碰撞后,首先形成一个过渡态(活化络合物,即势能面最小能途径上的最高点),然后活化络合物分解形成产物。Eyring 用统计力学得出了反应比速的普遍公式:

$$k = \frac{RT}{Lh}K^{\neq} = \frac{RT}{Lh} - \frac{f_{\mathrm{ABC}}^{\neq}}{f_{\mathrm{A}}f_{\mathrm{BC}}}\exp\left(-\frac{\Delta E_0}{RT}\right) \tag{1-9}$$

一个发现:链反应的发现。苏联的 Semenoff 和英国的 Hinshelwood 两人用不同的实验同时发现了燃烧的“界限”,以后又陆续证实多种燃烧反应也都具有链反应的特征,并由此证明了链反应在化学动力学上的具有普遍意义。

这一时期,元反应速率理论的提出,特别是链反应的发现,使化学动力学由总包反应的研究转向元反应的研究阶段,即由宏观反应动力学逐步向微观反应动力学转移和发展。

第三阶段:分子反应动力学阶段,时间为 20 世纪 60 年代至今。其主要贡献有两个方面。

一是快速反应的研究。20 世纪 30 年代建立了光谱法和质谱法检出自由基 ·OH,H·,·CH_2 等之后,50 年代激波管逐渐成为研究气相高温快速反应动力学的有效工具。特别是

20世纪80年代，闪光光解技术的应用，实现了化学反应动态历程的观测，开辟了微微秒化学动力学的新天地。

二是分子反应动力学的建立。20世纪60年代后期，将分子束应用于研究化学反应，实现了从分子反应的层次上来观察分子碰撞过程引起化学反应的动态行为。20世纪70年代开始，借助于激光技术使研究深入到量子态-态反应的层次，即研究不同量子态的反应物转化为不同量子态的产物的速率，进而探讨反应过程的微观细节，使化学反应动力学进入一个新的阶段——微观反应动力学阶段。

1.2.3 化学反应动力学基础

1.2.3.1 化学反应速率

1. 化学反应速率的定义

对于一个化学反应，计量式如下：

$$aA + bB \longrightarrow eE + fF \tag{1-10}$$

或者写为

$$0 = \sum_i \nu_i R_i \tag{1-11}$$

其中 ν_i 称为化学计量系数，对于产物而言为正、反应物而言为负。即对于A和B，其中 ν_A 和 ν_B 分别为 $-a$ 和 $-b$，对于E和F，分别为 e 和 f。

如果反应进度 ξ 表示为 t 时刻 i 物质的物质的量与初始物质的量之差，除以物质的化学计量系数：

$$\xi = \frac{n_i(t) - n_i(0)}{\nu_i} \tag{1-12}$$

反应进度随时间的变化率称为反应的转化速率，表示为

$$\dot{\xi} = \Delta\xi / \Delta t \tag{1-13}$$

则反应速率 r 可表示为

$$r = \frac{\dot{\xi}}{V} = \frac{1}{V\nu_i}\frac{dn_i}{dt} \tag{1-14}$$

对于具体的化学反应而言

$$r = \frac{-1}{Va}\frac{dn_A}{dt} = \frac{-1}{Vb}\frac{dn_B}{dt} = \frac{1}{Ve}\frac{dn_E}{dt} = \frac{1}{Vf}\frac{dn_F}{dt} \tag{1-15}$$

V 为时间 t 的反应体系的体积。如果在反应的进程中，体积 V 是恒定的，则上式可写为

$$r = \frac{-1}{a}\frac{dc_A}{dt} = \frac{-1}{b}\frac{dc_B}{dt} = \frac{1}{e}\frac{dc_E}{dt} = \frac{1}{f}\frac{dc_F}{dt} \tag{1-16}$$

其中 $c_i = n_i/V$，可见反应速率 r 是反应时间 t 的函数，式(1-14)～式(1-16)均表示瞬时速率，单位：$mol \cdot L^{-1} \cdot s^{-1}$。

对于气相反应，压力比浓度容易测定，因此可以用各物质的分压表示速率，其单位为 $Pa \cdot s^{-1}$，即

$$r' = \frac{-1}{a}\frac{dp_A}{dt} = \frac{-1}{b}\frac{dp_B}{dt} = \frac{1}{e}\frac{dp_E}{dt} = \frac{1}{f}\frac{dp_F}{dt} \tag{1-17}$$

对于稀薄气体，$p_i = c_i RT$，有

$$r' = RTr \tag{1-18}$$

2.化学反应动力学曲线

如果在反应开始($t=0$)以后的不同时间 $t_1,t_2,\cdots,t_n$,测量某一参加反应物种的浓度 c_1, $c_2,\cdots,c_n$,用 c 对时间 t 作图,即可得到一条曲线,称之为 $c-t$ 曲线或称为动力学曲线。若在给定时间作曲线的切线,切线的斜率即为瞬时反应速率。反应开始($t=0$)时的反应速率称为反应的初始速率,也是最大速率。

3.反应速率方程和反应级数

当反应温度不变时,反应动力学曲线为

$$c=c(t) \tag{1-19}$$

$$r=r(t) \tag{1-20}$$

联立式(1-19)和式(1-20)并消去时间变量 t,即得反应速率与浓度的关系

$$r=f(c) \tag{1-21}$$

这个关系称为化学反应速率方程。将式(1-16)代入式(1-21),即可得到速率方程的一般微分形式为

$$\frac{1}{\nu_i}\frac{dc_i}{dt}=f(c) \tag{1-22}$$

将式(1-22)积分,得到速率方程的积分式(1-19),所以式(1-19)有时也称为动力学方程。

一般情况下,反应动力学曲线是由实验来确定的。

对于一般如式(1-10)所示的化学反应,若速率方程为

$$r=f(c)=kc_A^{\alpha_A}c_B^{\alpha_B}c_E^{\alpha_E}c_F^{\alpha_F}=k\prod_i c_i^{\alpha_i} \tag{1-23}$$

式中各物质浓度的指数 $\alpha_A,\alpha_B,\alpha_E$ 和 α_F 一般并不与计量系数 a,b,e 和 f 相同,它们分别称为A,B,E和F的级数,$\alpha_A+\alpha_B+\alpha_E+\alpha_F=n$,称为反应的总级数。许多化学反应,反应速率与产物浓度无关,则 $\alpha_E=0,\alpha_F=0$,但有些复杂反应,可能也与产物浓度有关,例如链反应等。

表1-1中列出了一级和二级反应的化学反应速率的表达式及其反应特征。由表中的微分式和积分式可见,反应级数不同,最终得到的浓度与时间的关系曲线是不同的。一级反应浓度与时间为指数关系或者 $\ln c$ 对 t 是一直线,二级反应时,$\frac{1}{c}$ 对 t 作图,为一直线。可见反应级数有重要影响。

表1-1　反应速率方程

反应级数	微分式	积分式	浓度与时间的关系	反应的特征
一级反应	$r=k_1c=-\frac{dc}{dt}$	$\int_{c_0}^{c}\frac{dc}{c}=-k_1\int_0^t dt$	$\ln c=\ln c_0-k_1t$ 或者 $c=c_0e^{-k_1t}$	①$\ln c$ 对 t 作图,图形是一直线 ② 当 $c=\frac{c_0}{2}$ 时,半衰期为:$t_{\frac{1}{2}}=\frac{\ln 2}{k_1}$ ③ 反应物的浓度按指数规律衰减
二级反应	$r=-\frac{dc}{dt}=$ $k_2c^2-\frac{dc}{c^2}=$ k_2t	$\int_{c_0}^{c}\frac{dc}{c^2}=-k_2\int_0^t dt$	$\frac{1}{c}-\frac{1}{c_0}=k_2t$	① $\frac{1}{c}$ 对 t 作图,图形为一直线 ② 半衰期:$t_{\frac{1}{2}}=\frac{1}{k_2c_0}$

4.速率常数

式(1-23)中的k是一个与浓度无关的比例常数,通常称为速率常数。但k并不是一个绝对的常数,它与温度、反应介质、催化剂、反应容器的器壁性质等多方面有关。速率常数k是一个重要的动力学参数。其单位与反应级数有关。

表1-2 反应速率常数的单位

级数	速率方程	速率常数k的单位
0	$r = k$	$mol \cdot L^{-1} \cdot s^{-1}$
1	$r = kc$	s^{-1}
2	$r = kc^2$	$mol^{-1} \cdot L \cdot s^{-1}$
3	$r = kc^3$	$mol^{-2} \cdot L^2 \cdot s^{-1}$

1.2.3.2 化学反应速率理论

1.基元反应

一般的化学反应计量关系给出了反应的始态及终态的化学组成以及参加反应各种物种之间的计量关系,并不能给出反应是经过哪些途径由反应态转化为产物态的信息。因此对于研究化学动力学而言,只有计量关系式是不够的。一般的计量关系式都是由一系列的基元反应组合而成的。

所谓的基元反应就是能够在一次化学行为中完成的反应,而化学行为即指一次分子间的碰撞而发生的化学变化或分子的分解,即基元反应就是一步完成的反应。基元反应中反应物种的分子数称为反应的分子数。基元反应的分子数在气相中不超过三。分子数为一的基元反应为单分子反应;分子数为二的反应为双分子反应,以此类推。

2.质量作用定律

对于基元反应,可以依据化学计量关系,写出相应的速率方程,例如

$$Br + H_2 \longrightarrow HBr + H$$

速率方程为

$$\frac{dc_{HBr}}{dt} = kc_{Br}c_{H_2} \tag{1-24}$$

可见基元反应的分子数与级数是相同的。单分子反应即为一级反应,双分子反应即为二级反应。

3.基元反应速率的简单碰撞理论

分子碰撞理论是由 Lewis 于 1918 年提出的。他是在 Arrhenius 理论所提出的活化状态和活化能概念的基础上,认为分子要发生反应,首先必须相互接触碰撞。由于碰撞而生产的中间活化状态,必须具有超过某一数值的内部能量,并具有一定的空间结构。

碰撞理论的成功之处,一是定量提出和分析了频率因子,其与温度有关;二是对反应的活化能有了进一步的说明,活化能只与反应的本质有关,与温度无关。

碰撞理论假定分子为无结构特征,各向同性的刚性硬球。但实际的分子是具有一定的结构特征的,各向异性的非刚性物质,因此简单的碰撞理论在解释分子取向、能量传递的迟滞效应和屏蔽效应时,遇到了困难。

4. 过渡态理论

过渡态又称活化络合物理论或绝对反应速率理论，是1931—1935年由 Eyring H.，Evans M. G. 和 Polanyi M. 分别提出的。理论认为，当两个具有足够能量的分子相互接近时，分子的价键要经过重排，能量要经过重新分配，才能变成产物分子，在此过程中要经过一个过渡态，处于过渡态的反应系统称为活化络合物。因此，计算单位时间、单位体积内自反应物方向越过过渡态的体系数目，就能得知反应速率。

1.2.3.3 化学反应机理

化学反应机理即化学反应历程，就是反应究竟按什么途径、经过哪些步骤，才转化为最终产物。由于反应历程涉及分子中旧键的破裂和新键的形成过程，是一个比较复杂的过程。某些反应过程中生成的自由原子或自由基的性质很活泼，寿命极短，当今的实验技术还很难确定它们是否存在，因此真正能弄清反应历程的反应还为数不多。

非基元反应要经过若干个基元反应才能从反应物分子转化为产物分子。反应机理即指一总包反应所包含的各个基元反应的集合。例如，溴化氢的合成反应的机理为五个基元反应的集合：

$$Br_2 \longrightarrow 2Br\cdot$$

$$Br\cdot + H_2 \longrightarrow HBr + H\cdot$$

$$H\cdot + Br_2 \longrightarrow HBr + Br\cdot$$

$$H\cdot + HBr \longrightarrow H_2 + Br\cdot$$

$$2Br\cdot \longrightarrow Br_2$$

其中的每一个基元反应又是由许多的基元化学物理反应所组成。同一基元反应的不同基元化学物理反应，参加反应和生成的化学粒子（分子、原子、离子或自由基）其宏观的化学性质是等同的，都可以用上述的化学反应式表征。但是它们的微观的物理性质则有所不同，例如，离子运动可以处在不同的量子数的状态，粒子间相对的空间配置、速度的大小和方向等微观性质彼此可有差异。不同的非基元反应（复杂反应），其反应机理也不相同。

确定反应机理是采用反应机理拟定方法来进行的，通常拟定的机理要通过总包反应与实验数据进行比较，并采用各种实践手段加以检验，常用的就是设计实验确定某种反应机理的可靠性，而同位素的示踪实验就是确定反应机理的常用实验方法之一；通过半经验的量子化学理论计算也能证明自由原子的反应机理的可靠性。

1.2.3.4 影响化学反应速率的因素

影响反应速率的因素分为内因和外因。其中重要的内因为反应物本身的性质。例如，将铁和钛分别放在温度相同的两只盛有相同海水的烧坏中，当铁的表面有了明显的锈蚀时，钛的表面仍看不出什么变化。当反应物确定后，反应速率还与反应物浓度、反应时间、温度及反应所经历的过程，即与反应历程有关。

1. 浓度对反应速率的影响

浓度对化学反应速率的影响可由著名的质量作用定律进行分析。例如基元反应：

$$2NO(g) + O_2 \longrightarrow 2NO_2(g)$$

$$r = kc^2(NO)c(O_2)$$

上式表明，当 $c(NO)$ 增大一倍时，化学反应速率增大3倍；同样当 $c(O_2)$ 增大一倍时，化学反应速率增大一倍，这就是在质量作用定律中反映的浓度对反应速率的影响关系，同时在这个方程中可以看出反应级数对速率的影响。

如果是气态反应物可以用分压代替浓度，分析结果与浓度相同，因为 $p_i = c_i RT$。

2. 温度对反应速率的影响

对式 $k = Ae^{-\frac{E}{RT}}$ 取对数

$$\ln k = -\frac{E}{RT} + \ln A \tag{1-25}$$

当温度由 T_1 变为 T_2 时，其反应速率常数 k 由 k_1 变为 k_2，得

$$\ln \frac{k_1}{k_2} = \frac{E}{R}\left(\frac{1}{T_2} - \frac{1}{T_1}\right) \tag{1-26}$$

由式(1-26)可知，对同一反应而言，其速率常数 k 随温度升高而增大。

3. 活化能对反应速率的影响

为什么有些化学反应进行很快，甚至瞬时完成，而有些化学反应进行很慢，甚至觉察不到它们发生反应？这与活化能 E_a 有关。

[**例 1**] 活化能对反应速率的影响。若 $E_a = 100\ \text{kJ} \cdot \text{mol}^{-1}$ 和 $E_a = 200\ \text{kJ} \cdot \text{mol}^{-1}$，求温度从 300 K 升高到 310 K 时反应速率增大的倍数，即求 $k_{310}/k_{300} = ?$

解 将温度和活化能数据代入式(1-26)得

$$\ln \frac{k_{310}}{k_{300}} = -\frac{100 \times 10^3}{8.314}\left(\frac{1}{310} - \frac{1}{300}\right) = 1.293$$

$$\frac{k_{310}}{k_{300}} = 3.64$$

即当活化能为 $100\ \text{kJ} \cdot \text{mol}^{-1}$ 时，温度升高 10 K，速率常数增大 3.64 倍。

若 $E_a = 200\ \text{kJ} \cdot \text{mol}^{-1}$，求 $k_{310}/k_{300} = ?$

$$\ln \frac{k_{310}}{k_{300}} = -\frac{200 \times 10^3}{8.314}\left(\frac{1}{310} - \frac{1}{300}\right) = 2.587$$

$$\frac{k_{310}}{k_{300}} = 13.29$$

由以上计算可以看出：

(1)相同条件下升温，活化能较大的反应，k 增大的倍数较大，即升温对活化能较大的反应有利。

(2)对已达平衡的反应，升温使正逆反应的速率都增大，但活化能较大的反应增加的倍数较大。由于火药的活化能较大，低温时反应速率很小很安全，但升温使活化较大的反应增加倍数较大，因此火药一定要低温储存。

4. 催化剂对反应速率的影响

催化剂又称触媒，它参与化学反应并改变反应历程和反应速率，但不影响化学平衡。能加快化学反应速率的物质叫正催化剂，一般所谓的催化剂都是指正催化剂。催化剂催化某个反应，它本身化学组成、质量和化学性质在反应前后保持不变，但实际反应中反应物不可能很纯，往往使催化剂“中毒”而失去活性。

催化剂反应的特点：①能改变反应速率，而本身在反应前后质量和化学组成均无变化；②只能改变反应速率，但不能改变化学平衡，即不能改变反应的 ΔG，不能改变反应方向；③有

特殊的选择性。不同的反应需要不同的催化剂;同样的反应如果选择不同的催化剂,将得到不同的产物。

当反应物的浓度和反应温度都一定,催化剂通过改变反应历程而降低了反应的活化能,增大了反应速率常数,从而使反应速率增大。催化剂降低活化能,提高反应速率的能力是惊人的。

1.3 溶液中的化学反应平衡理论

1.3.1 溶液中的酸碱平衡及其应用

酸、碱是常见的物质,在日常生活、科学研究及工农业生产、国防军事等起着重要的作用。酸碱反应是最重要的反应之一。例如生物体内的酸碱平衡、自然界中的酸碱平衡等在维持和维护生态平衡中起到非常重要的作用。人们对酸碱的认识经历了一个由浅入深,由低级到高级的认识过程。

1.3.1.1 酸碱理论发展简史

人们对酸碱的认识有200多年的历史,可分为四个阶段。

(1)第一阶段:表象认识阶段。人们最初认为,有酸味的物质即是酸,能抵消酸味的物质即是碱。

(2)第二阶段:酸碱电离理论。最早发现酸碱电离理论的科学家是阿伦尼乌斯(S. A. Arrhenius)。该理论的核心和贡献:一是给出了酸碱的明确定义。在水溶液中电离时所生成的阳离子全部是 H^+ 的化合物称为酸;而在水溶液中电离时所生成的阴离子全部是 OH^- 的化合物称为碱。二是给出了酸碱反应的实质,即

$$H^+ + OH^- = H_2O$$

据此,H_2SO_4,HCl,HNO_3,HAc,HF等都属于酸,而NaOH,KOH,$Ca(OH)_2$ 等都属于碱。酸碱电离理论从物质的化学组成上解释了酸碱的本质,第一次从定量的角度来描写酸碱的性质和它们在化学反应中的行为,是人们对酸碱认识的一次质的飞跃,对化学学科的发展起到了积极的推动作用。

但电离理论无法解释为什么 $NH_3 \cdot H_2O$(氨水)、Na_2CO_3 等属于碱,气体HCl,NH_4Cl 等属于酸的事实。

(3)第三阶段:酸碱质子理论。该理论是1923年丹麦化学家布朗斯特(N. Brønsted J.)和英国化学家劳里(T. M. Lowry)分别同时提出的。酸碱质子理论认为,凡是能给出质子的物质都是酸,能够接受质子的物质都是碱,酸碱的概念是具有相对性的。酸碱反应的实质是由较强的酸和较强的碱作用,生成较弱的碱和较弱的酸。相互作用的酸、碱越强,反应进行越完全:

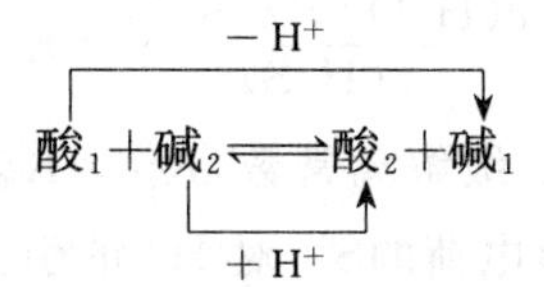

这个理论把酸碱电离理论扩展到不限于以水为溶剂的非水体系。酸碱质子理论也有解释不了的问题,例如,无法说明下列反应是酸碱反应:

$$CaO + SO_3 \xlongequal{} CaSO_4$$

在这个反应中 SO_3 显然是酸，但它并未释放质子；CaO 显然是碱，但它并未接受质子。又如实验证明了许多不含氢的化合物（它们不能释放质子，如 $AlCl_3$，BCl_3，$SnCl_4$）都可以与碱发生反应，但酸碱质子理论无法解释它们是酸。

(4)第四阶段：酸碱电子理论。这是由路易斯(Lewis G. N.)提出的。该理论认为凡具有可供利用的孤对电子的物质都为碱；而能与孤对电子进行结合的物质都为酸。Lewis 电子理论的酸碱范围更加广大，既包括了质子酸碱理论的内容，又把另外一些物质也包括进来，可不受溶剂、离子等条件的限制。

1.3.1.2　酸碱解离平衡

目前教科书中用得较多的仍然是酸碱质子理论。在一元弱酸 HA 的水溶液中存在着如下质子转移平衡：

$$HA(aq) + H_2O(l) \rightleftharpoons H_3O^+(aq) + A^-(aq)$$

在平衡时，溶液中 HA，H_3O，A^- 之间存在下列关系：

$$K_a^{\ominus}(HA) = \frac{[c(H_3O^+)/c^{\ominus}][c(A^-)/c^{\ominus}]}{[c(HA)/c^{\ominus}]}$$

或简写成：

$$K_a^{\ominus}(HA) = \frac{c(H_3O^+)c(A^-)}{c(HA)} \tag{1-27}$$

同样，在弱碱 B 的溶液中存在如下平衡：

$$B(aq) + H_2O(l) \rightleftharpoons BH^+(aq) + OH^-(aq)$$

$$K_b^{\ominus}(B) = \frac{c(BH^+)c(OH^-)}{c(B)} \tag{1-28}$$

弱酸或弱碱的解离平衡常数（$K_a^{\ominus}$ 或 $K_b^{\ominus}$）表示在水溶液中物质浓度之间的平衡关系。

大自然的水体中，多为多元弱电解质，尤其多元弱酸、弱碱的存在更普遍。其中二元弱酸 H_2CO_3 或二元共轭碱 CO_3^{2-} 那是必定存在的，有时还有 H_2S 或 S^{2-} 等。多元弱酸或弱碱在水溶液中是分级解离的。

第一步：$H_2S(aq) + H_2O(l) \rightleftharpoons H_3O^+(aq) + HS^-(aq)$

$$K_{a1}^{\ominus} = \frac{c(H_3O^+)c(HS^-)}{c(H_2S)} = 1.0 \times 10^{-7}$$

第二步：$HS^-(aq) + H_2O(l) \rightleftharpoons H_3O^+(aq) + S^{2-}(aq)$

$$K_{a2}^{\ominus} = \frac{c(H_3O^+)c(S^{2-})}{c(HS^-)} = 7.1 \times 10^{-19}$$

总反应：$H_2S(aq) + 2H_2O(l) \rightleftharpoons 2H_3O^+(aq) + S^{2-}(aq)$

$$K_a^{\ominus} = \frac{c(H_3O^+)^2 c(S^{2-})}{c(H_2S)} = K_{a1}^{\ominus} K_{a2}^{\ominus} \tag{1-29}$$

$K_{a1}^{\ominus}$，$K_{a2}^{\ominus}$ 分别是 H_2S 的一级和二级解离常数，$K_{a1}^{\ominus} \gg K_{a2}^{\ominus}$ 表明该二元弱酸二级解离比一级解离难得多，这主要是因为带两个负电荷的 S^{2-} 对 H^+ 的引力比带一个负电荷的 HS^- 强得多，同时一级解离所生成的 H^+ 又促使二级解离平衡向左移动，结果使二级解离度远远小于一级解离度。由此可见，多元弱电解质的解离一般以一级解离为主。

1.3.1.3　酸碱解离平衡的移动

酸碱解离平衡随温度、浓度等条件的改变会发生平衡移动现象。在醋酸溶液中，存在解离平衡：

$$HAc(aq)+H_2O(l) \rightleftharpoons H_3O^+(aq)+Ac^-(aq)$$

当向醋酸溶液中加入 NaAc 后，增加了溶液中的 Ac^- 浓度，导致 HAc 原有的解离平衡遭到破坏，Ac^- 与 H^+ 结合形成 HAc，使原有的平衡向左发生移动，直至达到新的平衡。此时虽然 H^+ 和 Ac^- 以及 HAc 分子的浓度发生了变化，但由于在同一温度下其平衡常数不会改变，所以新的平衡中 $c(H^+)$ 和 $c(Ac^-)$ 的乘积与 $c(HAc)$ 的比值仍保持不变。这就是酸碱平衡的移动，这种效应也叫作同离子效应，使弱酸的解离度降低。

上述效应在实际中十分常见。分子酸或分子碱与足够量的离子碱或离子酸之间组成的溶液的 pH 值能在一定范围内不因稀释或外加的少量酸碱而发生显著变化。这就是所谓的对酸碱的缓冲作用。具有这种作用的溶液称为缓冲溶液。缓冲溶液一般由弱酸与共轭碱或弱碱与共轭酸组成。

1.3.1.4　酸碱平衡的应用

1. 缓冲溶液在实际中的应用

各种生物体，均需要保持一定 pH 值，才能保障复杂的生化反应的正常进行。例如人体的各种体液更是先天的、精确的缓冲溶液，他们的 pH 必须在一定范围内才能使相应机体的各项生理活动保持正常（见表 1－3）。

表 1－3　人体中各种体液的 pH

体液	pH	体液	pH
血清	7.35～7.45	大肠液	8.3～8.4
成人胃液	0.9～1.5	乳汁	6.0～6.9
婴儿胃液	5.0	泪水	～7.4
唾液	6.35～6.85	尿液	4.8～7.5
胰液	7.5～8.0	脑脊液	7.35～7.45
小肠液	～7.6		

由表 1－3 可见，人体不同部位的 pH 值是不同的，而不同的 pH 值可使相应的生化反应（氧化反应、还原反应、各种酶催化反应、物质的转移和转化等）得以顺利进行。

2. 酸碱滴定法在实际中的应用

酸碱滴定就是采用酸碱反应平衡，测定试样中的酸或碱的浓度。在生活中的应用主要有食用醋中醋酸含量的测定（GB/T 5009.41—2003）、水果汁中有机酸含量的测定。在环境监测中的应用主要有废水酸值的测定、废水中总酸值的测定、地表水酸度的测定、地表水碱度的测定等。具体测定可见相应的国标。

1.3.2　沉淀与溶解平衡及其应用

与酸碱平衡的单相体系不同，沉淀的形成与溶解是溶液中的两相化学平衡体系。一般按在水中的溶解度不同,可将物质分为易溶和难溶两类。难溶物质在水溶液中以固体沉淀的形式存在,即存在沉淀与溶解平衡过程。那么,沉淀的溶解和生成的定量规律如何呢?

1.3.2.1 沉淀溶解平衡的化学平衡常数

沉淀溶解平衡的化学平衡常数常称为溶度积常数。对于一个难溶电解质 $A_nB_m(s)$,在水中存在着沉淀和溶解两相平衡关系:

$$A_nB_m(s) \rightleftharpoons nA^{m+}(aq) + mB^{n-}(aq) \tag{1-30}$$

这种固体和溶液中离子之间的动态平衡叫作多相离子平衡,其平衡常数表达式为

$$K_s^{\ominus} = [c(A^{m+})/c^{\ominus}]^n [c(B^{n-})/c^{\ominus}]^m \tag{1-31}$$

式中 $K_s^{\ominus}$ 称溶度积常数。它表示一定温度时在难溶电解质的饱和溶液中,其离子浓度(以该离子在平衡关系中的化学计量数为指数)的乘积为一常数。

1.3.2.2 沉淀的生成和溶解规则

沉淀与溶解平衡是一种动态的化学平衡,当溶液中的离子浓度发生变化时,该化学平衡可能向生成沉淀的方向移动,也有可能向沉淀溶解的方向移动。平衡原理在多相离子平衡中的具体体现即溶度积规则。

对难溶电解质的多相离子平衡见式(1-30),其反应商(又被称为难溶电解质的离子积),用符号 $J_s^{\ominus}$ 表达,可写作

$$J_s^{\ominus} = [c(A^{m+})/c^{\ominus}]^n [c(B^{n-})/c^{\ominus}]^m \tag{1-32}$$

根据平衡移动原理,可以判断难溶电解质在溶液中是生成沉淀?还是沉淀发生溶解?

当 $J_s^{\ominus} < K_s^{\ominus}$ 时,溶液未饱和,沉淀溶解;

当 $J_s^{\ominus} = K_s^{\ominus}$ 时,溶液达饱和,沉淀既不溶解,也不析出;

当 $J_s^{\ominus} > K_s^{\ominus}$ 时,溶液过饱和,会有沉淀析出。

这叫作溶度积规则。

1.3.2.3 沉淀溶解平衡的应用

1.混合离子的沉淀和分离

一般情况下,遇到的溶液均为混合离子溶液,则可以通过沉淀法将它们分离。例如溶液中同时有 Cl^-,CrO_4^{2-} 时,可以在溶液中加入 Ag^+ 离子将它们分别沉淀下来,达到分离的目的。那么在沉淀时,谁先沉淀下来呢?这就要通过溶度积常数,计算它们在各自浓度下,所需的 Ag^+ 浓度,谁需要的 Ag^+ 浓度低,谁先沉淀下来。

而当一种离子通过沉淀反应形成沉淀,溶液中的该离子浓度低于一定值(一般为 10^{-5} mol/L)时,即可认为该离子已经沉淀完全。因此在实际中利用沉淀与溶解平衡可以将离子从溶液中转移至沉淀中(固体相中)达到与其他离子分离的目的。

2.沉淀之间的相互转化

在溶液中,如果有一种沉淀存在,当加入另一种离子时,沉淀可能发生转化。例如

$$AgCl(s) + I^-(aq) \rightleftharpoons AgI(s) + Cl^-(aq)$$

AgCl 沉淀中加入 I^-,则 AgCl 沉淀转化成 AgI 沉淀。一般来说,由难溶电解质转化成更难溶的电解质的过程是容易发生的;而相反的过程则要具体分析。

例如要使 AgI 沉淀转化为 AgCl 沉淀,实际上是不可能的。这是因为欲使溶液中的 Ag^+ 浓度同时满足两个平衡:

$$Ag^+ + Cl^- \longrightarrow AgCl$$
$$Ag^+ + I^- = AgI$$

Ag^+ 的浓度必须为

$$c(Ag^+)/c^\ominus = \frac{K_s^\ominus(AgCl)}{c(Cl^-)/c^\ominus} = \frac{K_s^\ominus(AgI)}{c(I^-)/c^\ominus}$$

也就是说 Cl^- 和 I^- 比值应为 2.08×10^6。即 $c(Cl^-)\geqslant 2.08\times10^6 c(I^-)$ 才能使 AgI 沉淀转化为 AgCl 沉淀，但欲使 $c(Cl^-)\geqslant 2.08\times10^6 c(I^-)$ 是不可能的。

锅炉或蒸气管使用一段时间后，内壁均会产生白色的锅垢，如果不及时清除，不仅阻碍传热、浪费燃料，而且还有可能引起锅炉爆裂，造成事故。锅垢的主要组分 $CaSO_4$ 沉淀不溶于酸，难以除去，但可以用 Na_2CO_3 溶液处理，使其转化成更难溶的 $CaCO_3$ 沉淀，由于 $CaCO_3$ 沉淀易溶于稀酸，所以可用"酸洗"除去。

用盐酸清洗锅炉内或其他器械上的附着物（难溶电解质），就是利用 H^+ 和难溶物解离出来的 CO_3^{2-} 或 OH^- 等生成 H_2CO_3（进一步分解成 CO_2 和 H_2O）或 H_2O 等弱酸弱碱，使溶液中 $c(CO_3^{2-})$ 或 $c(OH^-)$ 与金属离子浓度的乘积小于该难溶物的溶度积而使其溶解的。

对于某些要求较高的锅炉给水，往往在给水进入高炉前用 Na_2CO_3 处理后；再用 Na_2PO_4 补充处理。因为 $Ca_3(PO_4)_2$ 的 $K_s^\ominus$ 值为 2.07×10^{-33}，其溶解度为 1.92×10^{-7} mol·L^{-1}，比 $CaCO_3$ 更难溶，更易生成 $Ca_3(PO_4)_2$ 沉淀而除去。

环境保护中常用可溶性氢氧化物或其他沉淀剂来去除工业废水中的 Cr^{3+}，Zn^{2+}，Pb^{2+}，Cd^{2+} 等有害物质。因为沉淀剂的有关离子和各有害的金属离子浓度乘积大于其溶度积，进而能生成难溶的金属氢氧化物或其他难溶沉淀物。因为实际废水中含有其他金属离子，溶有 CO_2 等酸性气体，这不仅影响离子之间的相互作用，而且也能产生其他金属氢氧化物而消耗氢氧化钠，因此实际的 pH 值还会高一些。

1.3.3　配位平衡及其应用

1.3.3.1　配位化合物的形成及其平衡

配位化合物的形成即金属阳离子有空轨道，配位体有孤对电子，根据酸碱电子理论，则可以形成配位键，有配位键的化合物即配位化合物。例如

$$Ag^+ + 2NH_3 \longrightarrow [Ag(NH_3)_2]^+$$

配位化合物生成的化学反应，可以用反应平衡常数 $K_f^\ominus$ 表示，也称为配位化合物的稳定常数，则

$$K_f^\ominus = \frac{c([Ag(NH_3)_2]^+)/c^\ominus}{[c(Ag^+)/c^\ominus][c(NH_3)/c^\ominus]^2} \tag{1-33}$$

同时水中可溶性配位化合物还存在解离，即上述反应的逆反应为

$$[Ag(NH_3)_2]^+ \longrightarrow Ag^+ + 2NH_3$$

其解离常数为

$$K_d^\ominus = \frac{[c(Ag^+)/c^\ominus][c(NH_3)/c^\ominus]^2}{c([Ag(NH_3)_2]^+)/c^\ominus} \tag{1-34}$$

显然，$K_f^\ominus$ 和 $K_d^\ominus$ 成倒数关系：

$$K_f^\ominus = \frac{1}{K_d^\ominus} \tag{1-35}$$

对相同配位体数目的配离子，$K_f^{\ominus}$ 越大，配离子越稳定。配离子的稳定常数表示配离子在溶液中的相对稳定性，它与配位化合物的结构有一定关系。

利用稳定常数 $K_f^{\ominus}$ 或不稳定常数 $K_d^{\ominus}$ 可以计算溶液中配位反应和解离反应达到平衡时的中心离子浓度、配位体浓度及中心离子的配位程度。

1.3.3.2 配位平衡的转化

对于两个中心体和配位体数目均相同的配离子，通常可根据配离子的稳定常数 $K_f^{\ominus}$ 或不稳定常数 $K_d^{\ominus}$ 来判断反应进行的方向：配离子间的转化将向着生成更难解离的配离子的方向移动，即配合物稳定常数 $K_f^{\ominus}$ 大的或配合物的解离常数 $K_d^{\ominus}$ 小的配离子方向移动。这类似于沉淀的转化过程。

对于一方面能生成配离子而使难溶电解质溶解，而另一方面又能生成难溶电解质而使配离子解离的反应系统，其沉淀—溶解平衡移动及转化则需视难溶电解质的溶度积及配离子的 $K_f^{\ominus}$ 作具体分析。例如，AgCl 溶于氨水的反应：

$$AgCl + 2NH_3 \rightleftharpoons [Ag(NH_3)_2]^+ + Cl^-$$

其平衡常数 K 值为

$$K = K_s^{\ominus}(AgCl)K_f^{\ominus}([Ag(NH_3)_2]^+)$$

依据平衡常数，即可计算出溶液中各种离子的浓度。

1.3.3.3 配位平衡的应用

1. 利用配离子的特殊颜色来鉴别物质

例如，$[Cu(H_2O)_4]^{2+}$ 显浅蓝色。将无色的无水硫酸铜晶体投入"无水酒精"，如果硫酸铜晶体变成浅蓝色，说明酒精中还有水。

每种配合物都有自己特征的谱线，对可溶性配位化合物进行光谱分析可鉴定是何种配位化合物。

2. 用于溶解难溶电解质

在照相技术中，可用硫代硫酸钠作定影剂洗去溴胶版上未曝光的溴化银，这是因为 AgBr 能溶于配合剂 $Na_2S_2O_3$ 溶液，并形成 $[Ag(S_2O_3)_2]^{3-}$ 配离子。

3. 改变和控制离子浓度的大小

电镀液中，常加配合剂来控制被镀离子的浓度。例如采用 $CuSO_4$ 溶液作电镀液时，由于 Cu^{2+} 浓度过大，Cu 沉淀过快，将使镀层粗糙、厚薄不匀，且底层金属附着力差。但若采用配合物 $K[Cu(CN)_2]$ 溶液就能有效地控制 Cu^{2+} 浓度：

$$[Cu(CN)_2]^- \rightleftharpoons Cu^{2+} + 2CN^-$$

这样 Cu 沉淀速率不会过快，而又可利用的 Cu^{2+} 总浓度并没有减少。同样，采用焦磷酸钾为配合剂的电镀液也可达到这个目的，而且无毒，这是近年来发展很快的无氰电镀液。

4. 掩蔽有害物质

利用配合物的稳定性，在分析测定溶液中某种离子时，常把干扰测定的其他离子用配合剂掩蔽起来。这在分析化学中会有更详细的描述。

在环境保护方面，配合物的形成对污染治理、保护人体健康等方面也有很多用处。例如，氰化物（如 NaCN）极毒，接触 CN^- 的操作人员在工作结束后用 $FeSO_4$ 溶液来洗手就是利用下述反应：

$$6NaCN + 3FeSO_4 = Fe[Fe(CN)_6] + 3Na_2SO_4$$

使毒性极大的CN^-变成毒性很小的配位化合物六氰合铁（Ⅱ）酸亚铁（俗名亚铁氰化亚铁）而沉淀除去。

1.3.4　氧化还原平衡及其应用

与酸碱反应、沉淀反应及配位反应不同的是，氧化还原反应涉及物种之间的电子转移。由于涉及电荷流动，自然会将它与涉及电子转移的反应联系在一起，因此氧化还原反应可以产生电能，这就是原电池的原理，从而产生了各种电池。

1.3.4.1　氧化还原平衡

在 $CuSO_4$ 溶液中，加入一定量的 Zn 粒，$CuSO_4$ 和 Zn 反应：

$$Cu^{2+} + Zn = Cu\downarrow + Zn^{2+}$$

如果将上述反应装配成原电池，即将铜和锌的金属分别插入含有该金属离子的盐溶液中组成铜锌原电池，则测得其电动势 E 值为 1.103 V。这说明上述氧化还原反应可以提供电能。电动势与该氧化还原反应的平衡常数之间存在以下关系：

$$\lg K^{\ominus} = \frac{nE^{\ominus}}{0.059\ 17\text{V}} \tag{1-36}$$

说明氧化还原反应产生的电动势与平衡常数之间有定量关系。原电池之所以能够产生电流，说明原电池的两极之间有电势差存在，即每一个电极都有一个电势，即电极电势。

1.3.4.2　电极电势和电动势

1. 基本概念

电极电势用符号 φ 表示。两个电极的电极电势值大小（高低）不同，便可组成一个电池，产生电动势 $E = \varphi_{正} - \varphi_{负}$。

电极电势值的大小反映了氧化还原电对中的物质在水溶液氧化态得电子或还原态失电子的能力大小。

标准电极电势是指在标准状态下氧化还原电对所具有的电势。

2. 电极电势的能斯特方程

电极反应的通式常简写为

$$a\text{A}(氧化态) + ne^- = b\text{A}(还原态) \tag{1-37}$$

其中氧化态和还原态浓度对电极电势的大小是有影响的，德国化学家能斯特（W. Nernst）提出，电极电势与电极反应中各种物质的浓度的关系式：

$$\varphi = \varphi^{\ominus} + \frac{0.059\ 17\ \text{V}}{n}\lg\frac{[c(氧化态)/c^{\ominus}]^a}{[c(还原态)/c^{\ominus}]^b} \tag{1-38}$$

上式中 $\varphi^{\ominus}$ 表示在标准状态下的电极电势，即标准电极电势，可由化学手册中查得。

3. 电动势的能斯特方程

对于一个氧化还原反应平衡而言，

$$a\text{A}(氧化态1,aq) + b\text{B}(还原态2,aq) \rightleftharpoons g\text{G}(还原态1,aq) + d\text{D}(氧化态2,aq) \tag{1-39}$$

能斯特（W. Nernst）提出，原电池的电动势与氧化还原反应中各种物质的浓度的关系式：

$$E=E^{\ominus}+\frac{0.059\,17\text{V}}{n}\lg\frac{[c_G/c^{\ominus}]^g\,[c_D/c^{\ominus}]^d}{[c_B/c^{\ominus}]^b\,[c_A/c^{\ominus}]^a} \tag{1-40}$$

上式中 $E^{\ominus}$ 表示在标准状态下的电动势，即标准电动势。电动势的大小，不仅与标准电动势大小有关，还与各物质的浓度及化学计量系数有关。

1.3.4.3 氧化还原平衡的应用

1. 金属腐蚀

机械、电气、电子、仪表、土建、信息、交通等现代工程技术中经常会碰到金属腐蚀的问题。金属腐蚀究其原因，无外乎两种：化学腐蚀和电化学腐蚀。

化学腐蚀是单纯由化学反应而引起的腐蚀。是金属与周围介质直接发生氧化还原反应而引起的破坏。例如高温水蒸气对锅炉的腐蚀，其氧化还原反应如下：

$$Fe+H_2O \rightleftharpoons FeO+H_2$$

$$2Fe+3H_2O(g) \rightleftharpoons Fe_2O_3+3H_2$$

$$3Fe+4H_2O(g) \rightleftharpoons Fe_3O_4+4H_2$$

在生成一层氧化皮（由 FeO，Fe_2O_3，Fe_3O_4 组成）的同时，还会发生钢铁脱碳现象。这是由于钢铁中的渗碳体（Fe_3C）与高温水蒸气反应的结果：

$$Fe_3C+H_2O \rightleftharpoons 3FeO+CO+H_2$$

电化学腐蚀是由于形成原电池引起的腐蚀。电化学腐蚀，从机理上又可分为析氢腐蚀和吸氧腐蚀。

(1)析氢腐蚀。钢铁制件暴露于潮湿空气中时，表面形成一层极薄的水膜。此时铁（相对活泼的金属）作为腐蚀电池的阳极发生失电子的氧化反应；氧化皮、碳或其他比铁不活泼的杂质作阴极，H^+ 在这里接受电子发生得电子的还原反应：

阳极（Fe）： $Fe-2e^- = Fe^{2+}$

阴极（杂质）： $2H^+ +2e^- = H_2$

总反应： $Fe+2H^+ = Fe^{2+}+H_2$

这种腐蚀过程中有氢气析出，所以称为析氢腐蚀。

(2)吸氧腐蚀。当金属表面形成的水膜为中性或弱酸性时，发生吸氧腐蚀，此时阳极仍是金属（如 Fe）失电子被氧化成金属离子（如 Fe^{2+}），但在阴极，主要是溶于水膜中的氧得电子，反应式如下：

阳极（Fe）： $2Fe-4e^- = 2Fe^{2+}$

阴极（杂质）： $O_2+2H_2O+4e^- = 4OH^-$

总反应： $2Fe+O_2+2H_2O = 2Fe(OH)_2$

这种在中性或弱酸性介质中发生“吸收”氧气的电化学腐蚀称为吸氧腐蚀。大多数金属的电极电势比 $E(O_2/OH^-)$ 大得多，所以大多数金属都可能产生吸氧腐蚀，析出 OH^-。甚至在酸性较强的溶液中，金属发生析氢腐蚀的同时，也有吸氧腐蚀产生，其速率取决于温度、水膜的厚度等因素。

锅炉、铁制水管等都与大气相通，而且不是经常有水，无水时管道被空气充满，因此锅炉管道系统常含有大量的氧气，所以常有严重的吸氧腐蚀。

2. 化学电源

可以将化学反应能转换成电能的装置称为化学电源，例如干电池、蓄电池、氢氧燃料电池等。现在介绍几种化学电源的具体组成和特性。

(1)干电池。

1)普通的锌锰干电池。用于普通手电筒和小型器械上的干电池,由锌皮(外壳)作负极;由插在电池中心的石墨棒和 MnO_2 作正极。两极之间填有 $ZnCl_2$ 和 NH_4Cl 的糊状混合物。锌锰干电池的反应可表示为

负极(锌筒)　$Zn - 2e^- \longrightarrow Zn^{2+}$

正极(石墨)　$2NH_4^+ + 2e^- \longrightarrow 2NH_3 + 2[H]$(电解液中)

$$2MnO_2 + 2[H] + 2H_2O + 2NH_3 \longrightarrow 2MnO(OH) + 2OH^- + 2NH_4^+$$

电解液:　$NH_4Cl - Zn(NH_3)_2$

$$Zn^{2+} + 2NH_4Cl + 2OH^- \longrightarrow Zn(NH_3)_2Cl_2 \downarrow + 2H_2O$$

总的氧化还原反应为

$$Zn + 2NH_4Cl + 2MnO_2 \rightleftharpoons Zn(NH_3)_2Cl_2 \downarrow + 2MnOOH(Mn_2O_3 + H_2O)$$

干电池产生的电动势约为1.48 V。它的优点是携带方便,但由于其不可逆性,使用时间有限。这是一种酸性电池,但是随着生成的 NH_3 不断溶于体系中,pH将逐渐升高。它是一种一次性电池,放电后不能充电再生。

2)银锌碱性电池。这种电池的特点是质量轻、体积小,因此常用于电子表、电子计算器、自动曝光照相机的 $Ag_2O - Zn$ 电池,其反应原理如下:

负极:　$Zn(s) + 2OH^- - 2e^- = Zn(OH)_2(s)$

正极:　$Ag_2O(s) + H_2O + 2e^- = 2Ag(s) + 2OH^-$

总的氧化还原反应为

$$Zn(s) + Ag_2O(s) + H_2O = 2Ag(s) + Zn(OH)_2(s)$$

银锌蓄电池正极活性物质主要由银制成,负极活性物质主要由锌制成的一种碱性蓄电池。有高倍率型、中倍率型、低倍率型电池等,它的电能量大,能大电流放电,加上近年来又制成了可长期以干态储存的一次电池,在运载火箭、导弹系统上已大量采用这种电池。

(2)铅蓄电池。铅蓄电池通常用作汽车和柴油机车的启动电源,搬运车辆、坑道、矿山车辆和潜艇的动力电源以及变电站的备用电源。它由一组充满海绵状灰铅的铅板作负极,另一组结构相似的充满着二氧化铅的铅板作正极,并浸泡在电解质硫酸溶液中。

放电时的氧化还原反应为

负极　$Pb + SO_4^{2-} - 2e^- = PbSO_4$

正极　$PbO_2 + 4H^+ + SO_4^{2-} + 2c^- = PbSO_4 + 2H_2O$

总的氧化还原反应为

$$Pb + PbO_2 + 2H_2SO_4 = 2PbSO_4 + 2H_2O$$

放电后,$PbSO_4$ 附着在铅板上,H_2SO_4 浓度降低。放电到一定程度,又可充电,充电反应为上述反应的逆过程。放电时,每个电池可产生稍高于2.0V的电压。它的优点是价格便宜,当使用后电压降低时,还可在不改变物料、装置的条件下进行充电,并可反复使用。但它笨重、抗震性差,而且浓硫酸有腐蚀性。现已有硅胶蓄电池和免维护蓄电池等问世。

(3)燃料电池。燃料电池由燃料(氢、甲烷、肼、烃等)、氧化剂(氧气、氯气等)、电极和电解质溶液等组成。燃料,如氢,连续不断地输入负极作为还原性物质,把氧连续不断输入正极,作为氧化性物质,通过反应把化学能转变成电能,连续产生电流。

现以用 30％KOH 溶液作为电解质溶液的氢-氧电池产生电能时的反应为例说明：

负极：$2H_2+4OH^- -4e^- \longrightarrow 4H_2O$

正极：$O_2+2H_2O+4e^- \longrightarrow 4OH^-$

总反应式：$2H_2+O_2 \longrightarrow 2H_2O$

这种电池的优点是生成物不会污染环境，而且比从燃烧同量的这种燃料所获得的热能转化成的电能要高得多(达 80％以上)，现已用于航天飞机。

碱性燃料电池(AFC)是最早开发的燃料电池技术，在 20 世纪 60 年代就成功应用于航天飞行领域。磷酸型燃料电池(PAFC)也是第一代燃料电池技术，是目前最为成熟的应用技术，已经进入了商业化应用和批量生产。由于其成本太高，目前只能作为区域性电站来现场供电、供热。熔融碳酸型燃料电池(MCFC)是第二代燃料电池技术，主要应用于设备发电。固体氧化物燃料电池(SOFC)以其全固态结构、更高的能量效率和对煤气、天然气以及混合气体等多种燃料气体广泛适应性等突出特点，发展最快，应用广泛，成为第三代燃料电池。

1.4 物质结构

物质的性质与其结构有着密切的关系。物质的化学组成、结构和化学变化是构成化学问题的三大方面。这三个方面都涉及物质的微观结构，特别涉及电子的核外排布及其电子的得失等。因此本节重点介绍原子中电子的排布规律和化学键的基本理论，帮助大家从微观角度理解化学学科及其规律。

1.4.1 原子核外电子排布规律

对宏观物体运动而言，其位置和能量对应于确定的时间，因此在整个运动时间内即可得到物体的运动轨迹(即轨道)和能量值的分布，即宏观物体的运动状态。而原子核外电子不同于宏观物体，其运动服从的是微观粒子的运动规律波粒二象性，即运动轨迹是随机的，能量值不连续，且二者不能同时确定等特点，因此其运动状态需用量子力学理论和方法来处理。

1.4.1.1 电子运动的特征

1. 波粒二象性

1924 年，法国物理学家德布罗意认为，电子这样的微粒也应当有波粒二象性，即电子运动既有波动性又有微粒性，简称“波粒二象性”。

波动性表现为电子运动具有一定的波长和频率，而粒子性则表现为电子在核外运动时，向外辐射的电磁波能量是不连续的或跳跃式的，氢光谱实验很好地证明了电子运动的微粒性或量子化特征。

2. 波函数-电子波粒二象性的描述

波粒二象性是微观粒子(光子、电子等)的最基本的特性。因为电子与光子一样都具有波粒二象性，所以电子能量分布也是不连续的、量子化的。而量子力学中只能用波函数来描述电子运动状态。波函数不是轨道、运动轨迹的概念，也不是单个电子的运动行为，而是电子运动的统计结果、概率分布状况。

1.4.1.2 波函数和原子轨道

一个电子的运动状态可以用一个波函数 Ψ 来描述，一个波函数即一个电子的原子轨道。

波函数描述了电子在核外空间的运动状态，它既有大小又有正负，反映了电子的波动性；其次，从波函数的数学表达式可求出电子的各种性质，如能量、角动量等。波函数不是一个具体的数，一般是复函数，经常不写出它的具体数学形式，而是用一组量子数来标记。

1.4.1.3　量子数

量子力学中用薛定谔方程来描述微观粒子运动规律。而波函数 Ψ 是薛定谔方程的解。在确定系统状态时，需要一组量子数才能将薛定谔方程解出，并得到有实际意义的解即波函数，因此量子数与波函数是完全等价的。通常需要三个量子数（量子化的数，包括主量子数 n、角量子数 l 和磁量子数 m）才能解出。一组 n,l,m 确定的允许值就表示核外电子的一种运动状态，对应一个波函数，就表示一个原子轨道。

(1) 主量子数 n，它表征了原子轨道离核的远近，电子出现的电子层。n 可取 1 至无穷大的一切正整数。但地球上的元素，尚未发现 $n>7$ 的基态。对于 $n=1,2,3,4,5,6,7$，光谱学中将七个电子层的符号分别用 K，L，M，N，O，P，Q 表示。电子所处电子层的能量一般随 n 的增大而升高。

(2) 角量子数 l，它确定原子轨道的空间形状，表征原子轨道角动量的大小，俗称电子亚层。l 可以取从 0 到 $(n-1)$ 之间的所有整数，受到 n 取值的限制。习惯上用光谱项符号 s,p,d,f 来分别表示角量子数为 0，1，2，3 的电子亚层。角量子数 0（符号 s）、1（符号 p）、2（符号 d）确定的电子云的几何形状分别为球形、双橄榄形和四只花瓣以及上下似橄榄中间似轮胎形，角量子数为 3（符号 f）的形状更为复杂。主量子数不同，角量子数相同的电子云的几何形状基本相同。

(3) 磁量子数 m，它表征了原子轨道在空间的不同取向，确定了原子轨道在磁场中的取向，即轨道数目及空间取向。对于给定的 l 值，m 可以取从 $-l$ 到 $+l$（包括 0 在内）的所有整数值。对于任意的 l，可以有 $(2l+1)$ 个不同的 m 值或称有 $(2l+1)$ 种在空间取向上彼此不同的原子轨道。

一般用主量子数 n 的数值和角量子数 l 的符号组合来给出波函数（轨道）的名称，例如 2s，4d 等。它们的通式是 ns，np，nd，nf，也叫电子组态。不同 l 值有不同角动量，它在多电子原子中与主量子数一起确定电子的能量，所以 $2s$，$4d$ 等又称为能级。同一能级中的不同轨道，能量相同，空间几何形状一致，仅空间取向不同。

除 n,l,m 外，还有称为自旋量子数的第四个量子数，符号记为 m_s。它是 1928 年狄拉克(Dirac PAM) 在相对论的基础上将薛定谔方程作了修改，得到的狄拉克方程，在求解过程中自然地引进的。m_s 可取两个数值：$+1/2$ 或 $-1/2$，m_s 沿用了电子自旋的概念。

以上 4 个量子数确定了电子在原子中的运动状态。

1.4.1.4　原子核外电子的排布规律

除氢原子外，所有其他元素的原子在核外都不止一个电子，称为多电子原子。多电子原子的核外电子排布的总原则是使该原子系统的能量最低，使原子处于最稳定状态。

在具体排布时遵循以下四个规则：①电子优先排布在能级较低的轨道上，以保证原子系统的能量最低，称为能量最低原理。②一个原子轨道最多只能容纳两个电子，而且这两个电子自旋方向相反，这叫泡利不相容原理。③在同一能级高低相等的一组轨道尽可能分布在不同的轨道中，这叫洪特规则，也是保证原子系统能量最低的必然结果。④在同一能级中，能量相等的 d 轨道或 f 轨道在半充满和全充满的情况下的原子系统最稳定,也叫洪特规则特例。

按照上述原则,就可以写出原子核外的电子排布式。电子填充顺序如图 1-1 所示。

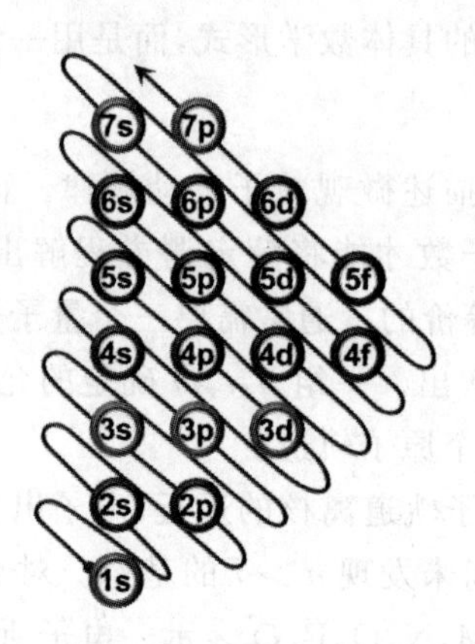

图 1-1 电子填充顺序

当原子失去电子成为阳离子,得到电子成为阴离子时,电子的得失均在原子的最外层上发生或者次外层上发生,其电子层数可能减少一层,其参与形成化合物的原子的外层称为价电子层,Fe^{3+} 与 Fe 相比,电子层数发生了改变,由 4 层变成了 3 层,其外层电子排布式应为 $3s^2 3p^6 3d^5$,而不是 $3d^5$。对于主族元素的原子,价电子层就是最外层。但对于副族元素,包括 d 区和 f 区的元素,所谓价电子层还包括次外层的 d 电子和再次外层的 f 电子。

根据原子(或离子)各亚层的轨道的数目和相应的核外电子排布式以及每一轨道只对应 m_s 分别为 $+1/2$ 和 $-1/2$ 的 2 个电子,就可得到对应于各个轨道的电子排布式。如果 1 个轨道中仅排布 1 个电子,就称这个电子为未成对电子,1 个原子中未成对电子的总数叫未成对电子数。

1.4.2 元素的性质与周期律

1.4.2.1 元素周期表

通常我们在教科书中看到的元素周期表中有 113 种,但目前已经有 118 种元素。美国《科学新闻》双周刊网站 2015 年 12 月 31 日发表了题为《四种元素在元素周期表上获得永久席位》的报道,国际纯粹化学与应用化学联合会宣布尔罗斯和美国的研究团队已获得充分的证据,证明其发现了 115,117 和 118 号元素。此外,该联合会已认可日本理化学研究所的科研人员发现了 113 号元素。

迄今为止,我们可以在大自然中寻找到,而非人工合成的元素有 90 多种,它们共有 300 多种核素天然存在。

古希腊哲学家认为世界是由四元素组成的,即土、气、水、火的四元素说,这个学说承认世界的物质性,是其进步之处,但却使化学发展长期受到了限制。

而给出第一张元素一览表的科学家是法国的安托万-洛朗·德·拉瓦锡,被后世尊称为“近代化学之父”。拉瓦锡认为元素被分为四大类:①简单物质,光、热、氧、氮、氢等物质元素。②简单的非金属物质,硫、磷、碳、盐酸素、氟酸素、硼酸素等,其氧化物为酸。③简单的金属物质,锑、银、铋、钴、铜、锡、铁、锰、汞、钼、镍、金、铂、铅、钨、锌等,被氧化后生成可以中和酸的盐基。④简单物质，石灰、镁土、钡土、铝土、硅土等。⑤其他：以太。

19 世纪 30 年代，已知的元素已达 60 多种，俄国化学家门捷列夫研究了这些元素的性质，在 1869 年提出元素周期律：元素的性质随着元素原子量的增加呈周期性的变化。这个定律揭示了化学元素的自然系统分类。元素周期表就是根据周期律将化学元素按周期和族类排列的，周期律对于无机化学的研究和应用起了极为重要的作用。他根据元素周期律编制了第一个元素周期表，把已经发现的 63 种元素全部列入表里，从而初步完成了使元素系统化的任务。他还在表中留下空位，预言了类似硼、铝、硅的未知元素（门捷列夫叫它类硼、类铝和类硅，即以后发现的钪、镓、锗）的性质，并指出当时测定的某些元素原子量的数值有错误。而他在周期表中也没有机械地完全按照原子量数值的顺序排列。若干年后，他的预言都得到了证实。门捷列夫工作的成功，引起了科学界的震动。人们为了纪念他的功绩，就把元素周期律和周期表称为门捷列夫元素周期律和门捷列夫元素周期表。该表的基本构造如图 1－2。

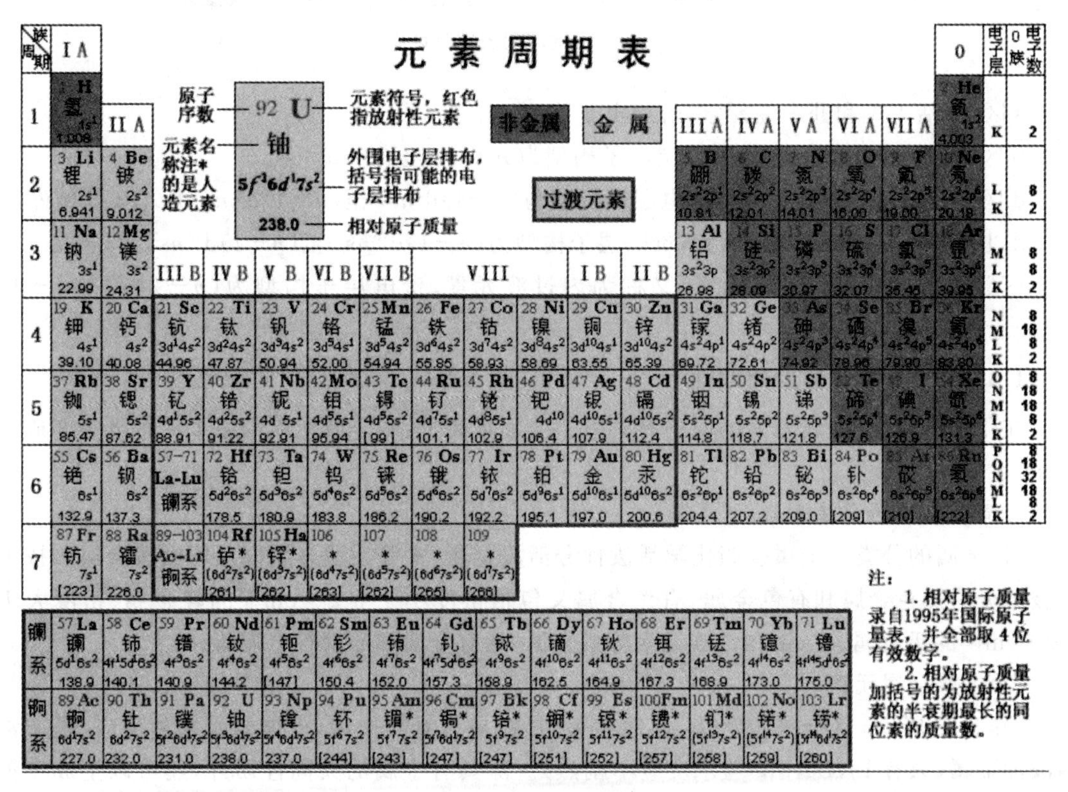

图 1－2　元素周期表

现代周期表共有 7 个周期，表中横行称周期，7 个周期对应于 7 个能级组。元素所在的周期数等于该元素的电子层数，即第一周期主量子数 $n=1$，第二周期主量子数 $n=2$，依次类推。各周期元素数目等于相应能级组中原子轨道所容纳的电子总数。

表中竖行称为族，其中 A 表示主族，B 表示副族。各主族元素的族数等于该族元素原子的最外层中的电子数。在同一族内，虽然不同元素的原子电子层数不同，然而都有相同的外层电子数，由此决定了同一族元素性质的相似性。副族元素的情况稍有不同，它们除了能失去最外层电子外，还能失去次外层上的部分 d 电子。所以副族元素的族数等于该元素失去（或参加反应)电子的总数。

现代周期表分成 s,p,d,f,ds 五个区,如图 1-3 所示。

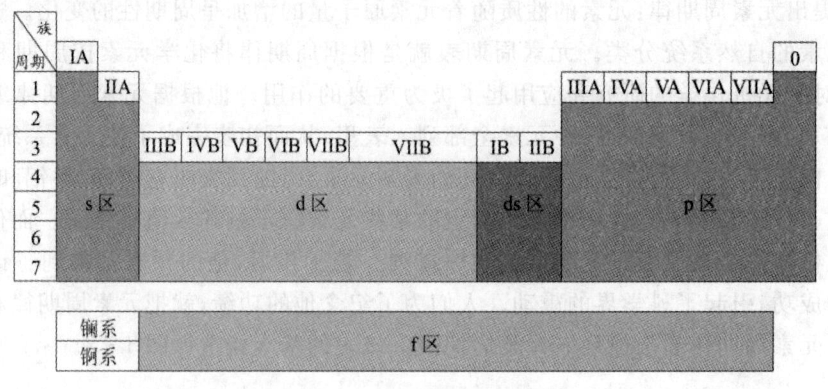

图 1-3 元素周期表的分区图

s 区:包括ⅠA 和ⅡA 族元素,价层电子构型 ns^1 和 ns^2。

p 区:包括ⅢA 到零族元素,价层电子构型为 ns^2np^1 至 ns^2np^6。

d 区:包括ⅢB 到Ⅷ族元素,价电层子构型为 $(n-1)d^1ns^2$ 至 $(n-1)d^8ns^2$ (Pb,Pt 等例外)。

ds 区:包括ⅠB 到ⅡB 族元素,价电层子构型为 $(n-1)d^{10}ns^1$ 至 $(n-1)d^{10}ns^2$。

f 区:包括镧系和锕系族元素,又称为内过渡元素,价电层子构型为 $(n-2)f^{0-14}(n-1)d^{0-2}ns^2$。

1.4.2.2 元素性质的周期性

在化学反应中,金属元素的原子易失电子变成正离子,非金属元素的原子易得电子变成负离子。

1. 周期表中的金属元素

(1)金属的分类。金属按照化学活泼性分活泼金属、中等活泼金属以及不活泼金属。按工程技术分为黑色金属和有色金属,有色金属又包括密度小于 5 $g \cdot cm^{-3}$ 的轻金属、密度大于 5 $g \cdot cm^{-3}$ 的重金属、金、银和铂族元素等贵金属、稀有金属和放射性金属等。

(2)主族金属元素。

1)s 区金属。s 区金属很活泼,还原性很强,极易与氧气作用,也能与水剧烈反应,是非常活泼的金属(只有 Li,Be,Mg 与水反应不剧烈)。除具有金属的共同性质外,还可以生成三种类型的氧化物,即正常氧化物、过氧化物和超氧化物。它们的氢氧化物除 $Be(OH)_2$ 呈两性、LiOH 和 $Mg(OH)_2$ 为中强碱,其余都是强碱。

s 区的钠、钾、钙等金属与氧气反应时,还能生成过氧化物(如 Na_2O_2)或超氧化物(如 KO_2)。这些过氧化物和超氧化物都是强氧化剂和固体储氧物质。超氧化钾可用于防毒面具,就是基于它既吸收水气,也能与二氧化碳反应而放出氧气。

2)p 区金属。p 区金属原子半径、密度(除铝外)都较大,属于重金属。同时这些处于周期系金属向非金属过渡的位置上,因而它们的熔点、硬度都比较低。

(3)过渡金属元素。过渡金属有三个系列,其共同特点归纳如下:

1)价电子依次填充在次外层 d 电子层上,最外层只有一个或两个电子。

2)金属性比同周期的 p 区元素强,但比 s 区元素弱。

3)过渡金属的水合离子都具有特征的颜色。

4)过渡金属离子都有未充满的$(n-1)$d 轨道、ns 和 np 轨道。另外,离子半径也较小,因而易接受配位体形成配离子。

钛、铬、锰及其化合物为工业主要原料,在国民经济各个领域已获得广泛应用。第五、六周期的第Ⅳ,Ⅴ,Ⅵ,Ⅶ副族的元素都极不活泼,称为耐蚀金属。这为我们选择和使用耐蚀材料提供了依据。

(4)稀土金属元素。稀土金属元素包括原子序数从 57 到 71 的 15 种镧系元素以及化学性质相近、地质矿物共生的 21 号元素钪(Sc)和 39 号铱(Y),共 17 种元素。稀土金属具有以下共同特点:

1)镧系金属原子的外层电子构型为 $4f^{1-14}6s^2$,它们之间的差别在 4f 亚层上,所以其化学性质极为相似,彼此难以分离。

2)稀土金属的还原性很强,与镁相当。

3)稀土金属有稳定的+3 价。

4)稀土金属的水合离子都具有颜色。但 4f 电子数为 0,1,6,7,8,13,14 的离子为无色或接近无色。

稀土元素有相似的外层电子组态和相近且较大的离子半径,这使它们的化学性质都异常活泼。稀土金属与空气中的氧在室温下就能作用生成稳定的氧化物。新切开的稀土金属表面是银白色的,在空气中因迅速氧化而变暗。由于氧化膜不够致密,氧化作用将持续下去,所以一般稀土金属多放在煤油中使之与空气隔绝。由于稀土金属的燃点较低(约 200℃),与氧化合时放出的热量较大,因此稀土金属和铁(7∶3)的合金可用做打火机里的火石,由火石磨出的细屑因在空气中剧烈氧化而着火。由于稀土元素的 4f 电子与其他层电子能级间的跃迁,使高纯稀土和稀土化合物可用做各种荧光体的基质材料、激活剂、激光基体、磁性材料和各种电子材料。利用某些稀土元素,如 Ce,Eu,Y 的变价性质所起到的氧化还原作用,可将它们应用于玻璃脱色、制作防辐射玻璃或用做植物生长调节剂等。由于稀土金属其结构的特殊性,因此具有一些独特的性能,在工业上已获得广泛应用。

2. 周期表中的非金属元素

非金属元素大都集中在周期表的右上方,沿 B－Si－As－Te－At 对角线将其与金属分开。非金属元素(22 个),除氢在 s 区外,其余都分布在 p 区。非金属既可以存在于地壳中,也可以存在于空气中;既可以单质形式存在,也可以化合物形式存在。

3. 元素性质的周期性变化规律

(1)金属性和非金属性的变化规律。同一周期元素的单质,从左至右,金属性逐渐减弱,非金属性逐渐增强,由典型的金属晶体过渡到分子晶体,其间往往出现原子晶体或层状、链状结构的过渡型晶体。同一族元素,从上到下,金属性逐渐增强,非金属性逐渐减弱。这一趋势在第 2 和第 3 周期中和各主族元素中表现得较为典型。对于过渡元素而言,金属性的变化不甚明显。

(2)物理性质的变化规律。

1)熔点、沸点和硬度的一般规律:主族元素单质的熔点、沸点和硬度等物理性质在同一周期,从左至右,都由低→高→低的变化规律;一般以第Ⅳ主族单质为最高,零族单质为最低;非金属单质大多熔点沸点很低，唯有中部的碳、硅、硼具有很高的熔点和硬度。

2)导电性和导热性的变化规律：一般情况，主族元素单质的电导率差别很大。许多非金属单质不能导电，是绝缘体。介于导体和绝缘体之间的是半导体。p 区斜对角线的单质大都具有半导体性质，其中以锗和硅用得最广，硒、镓、砷等也是良好的半导体材料。而同素异形体，比如金刚石和石墨，其晶体结构影响电性、硬度等物理性质。金刚石由于硬度大，熔点高，因而是很有用的切割、钻探和划痕材料。石墨由于既具有很高的熔点，又有良好的导电导热性，且化学性质也很稳定，对大多数化学试剂显惰性，所以在工业上可用来制造坩埚(熔炼钢、铜)、热交换器和电极。由于石墨结构层间结合力较弱，容易滑动，可用作固体润滑剂。

(3)化学性质的变化规律。单质的氧化还原性基本符合周期系中非金属性的递变规律及标准电极电势的顺序。非金属单质大多既具有氧化性又具有还原性：

1)较活泼的非金属单质，如 F_2，O_2，Cl_2，Br_2 常用做氧化剂。

2)较不活泼的非金属单质，如 C，H_2，Si 常用做还原剂。

3)部分非金属单质既具有氧化性，又具有还原性，如 Cl_2，Br_2，I_2，P，S 等能发生歧化反应。例如：

$I_2(g)+H_2S(g)=\!=\!=2HI(g)+S(s)$　　(I_2 的氧化性)

$I_2(s)+5Cl_2(g)+6H_2O(l)=\!=\!=2HIO_3(aq)+10HCl(aq)$　　(I_2 的还原性)

$2H_2(g)+O_2(g)=\!=\!=2H_2O(g)$　　(H_2 的还原性)

$Ca(s)+H_2(g)=\!=\!=CaH_2(s)$　　(H_2 的氧化性)

$Cl_2(g)+2KOH(aq)=\!=\!=KCl(aq)+KClO(aq)+H_2O(l)$　　(Cl_2 的歧化反应)

一些不活泼的非金属单质如稀有气体、N_2 等通常不与其他物质反应，常用做惰性介质或保护性气体。氢气由于燃烧热值大(燃烧 1 kg H_2 相当于 3 kg 汽油或 4.5 kg 焦炭的发热量)，而且燃烧产物只有水，不污染环境；同时氢气可从分解水制得。因此氢气被认为是理想的二级能源。近年来，科学家们在努力探索合理、价廉的制气方法，解决氢的贮存与运输等问题。它的成功开发将会给人类在控制环境污染、缓解能源危机等方面带来福音。

1.4.3 化学键与物质的结构

1.4.3.1 化学键

原子通过化学键结合成分子。化学键是分子中相邻原子间较强烈的结合力。这种强烈相互作用的力是高速运动的电子对被结合的原子的一种吸引力，也可以说成是原子对电子的吸引。这种结合力的大小常用键能表示，大约在 125～900 $kJ \cdot mol^{-1}$之间。为了定量地比较原子在分子中吸引电子的能力，1932 年美国化学家鲍林(Pauling L. C.)在化学中引入了电负性的概念。一个原子的电负性越大，原子在分子中吸引电子的能力愈强；电负性愈小，原子在分子中吸引电子的能力愈小。

1. 离子键

离子键又称电价键，是由正、负离子间通过强烈的静电引力而形成的化学键。

两元素的电负性大小相差越大，它们之间形成键的离子性越大。当电负性相差≥1.7 时，键以离子性为主，正、负离子依靠静电作用结合成卤化物、氧化物等。

离子键是强烈的静电作用力，没有方向性和饱和性。由离子键结合而成的化合物叫离子化合物，得到或失去的电子数目叫电价数。离子化合物在常温下一般都是固态晶体。

离子键的特征是：①离子键的本质是静电作用力，只有电负性相差较大的元素之间才能形成离子键；②离子键无方向性，无饱和性；③离子键是极性键。

2. 共价键

成键原子若电负性相差较小或者相同时，可通过共享一对或几对电子，形成稳定的分子，即路易斯的共价理论。例如氢分子是由两个氢原子各提供 1 个电子，形成 1 对共用电子对，使氢分子稳定存在。这种由共享电子对形成的化学键称为共价键。由共价键结合的化合物称共价化合物。

随着量子力学的建立，共价键理论也得到了进一步发展，形成了价键理论（简称“VB 法”或“电子配对法”）、杂化轨道理论和分子轨道理论（简称“MO 法”）。虽然它们的出发点和说法不同，但讨论的是同一个对象，结果也是相同的。价键理论认为只有自旋相反的未成对电子才能配对成键。受原子中未成对电子数以及原子轨道空间取向的限制，共价键具有方向性和饱和性。而在价键理论基础上发展起来的杂化轨道理论可以较好地解释典型共价分子的空间构型（直线形、平面形、（正）四面体形、V 字形、锥形等）。

3. 离域共价键——金属键

在金属晶体中的晶格结点上排布着原子、正离子，还有大量可自由流动的电子。这些自由电子为晶体中的离子和原子所共有。靠自由电子把众多原子或离子结合在一起的作用力称为金属键。它可视为含有非常多的原子的多原子共价键，有时也称为改性共价键。构成金属键的自由电子和金属原子间的结合力没有方向性和饱和性，所以金属键没有方向性和饱和性。在金属晶体中，由于自由电子的存在和晶体的紧密堆积结构，就使金属单质或合金有许多共同的性能，如有导电性、导热性、延展性、金属光泽等。

4. 改性共价键——配位键

配位化合物配位中心与配位体之间的化学键是配位键，是由配体中配位原子单独提供电子对与配位中心成键，这与共价键略有不同。由于配位键也是靠共享电子对的作用，所以也属共价键范畴。例如配合物$[Ag(NH_3)_2]^+$中的中心离子 Ag^+ 与 NH_3 成键时，Ag^+ 与 N 之间也共享电子对，但这一对电子是 N 提供的，所以 N 是电子给体；Ag^+ 提供了空轨道接受电子，是电子受体；配位键用 $N \rightarrow Ag$ 表示。

1.4.3.2　物质的结构

1. 晶体与非晶体的定义

物质的固态有晶体和非晶体之分。晶体一般都有整齐、规则的几何外形。食盐晶体是立方体型，明矾是正八面体型。自然界中的大多数固态物质都是晶体。物质的许多物理性质都与其晶体结构有关。非晶体则没有一定的几何外形，又叫无定形体。如玻璃、沥青、树脂、石蜡等。有一些物质，如炭黑，虽然从外观上看起来似乎没有整齐的几何外形，但实际上确是由极微小的晶体组成。这种物质称为微晶体，仍属于晶体。

2. 晶体

（1）晶体的特点。

1）晶体具有整齐的几何外形。之所以有规则的几何外形，这是由于组成晶体的物质微粒在晶体内部规则排列的结果。

2）晶体具有各向异性。通常晶体在各个方向上的性质是不同的，即各向异性，例如自然界存在的金刚石、人工制备的单晶硅、锗等。

(2)晶体的类型。晶体可分为离子晶体、原子晶体、分子晶体、金属晶体和过渡型晶体及混合型晶体几种类型。

1)离子晶体。在离子晶体的晶格结点上交替排列着正、负离子,靠离子键(静电引力)结合,因此一般具有较高的熔点和较大的硬度,延展性差,较脆,在熔融态或在水溶液中具有优良的导电性,但在固体状态时离子限制在晶格的一定位置上振动,所以几乎不导电。各种离子晶体由于离子电荷、离子半径和离子电子层结构等的不同,在性质上会有很大差异。属于离子晶体的物质通常为活泼金属(如 Na,K,Ba,Sr,Mg,Ca 等)的含氧酸盐类和卤化物、氧化物。

2)分子晶体。在分子晶体的晶格结点上排列着极性分子或非极性分子,分子间作用力与化学键相比是很弱的,因此分子晶体的熔点、沸点低,易挥发。分子晶体由电中性分子组成,所以固态和熔融态都不导电,是电的绝缘体。

3)原子晶体。在原子晶体的晶格结点上排列着中性原子,原子间由共价键结合,这种作用力属于化学键范畴,所以原子晶体一般具有很高的熔点和硬度。绝大多数由非金属元素组成的共价化合物多为分子晶体,但也有一小部分形成原子晶体,如常见的 C(金刚石,立方型),Si,Ge,As,SiO_2,B_4C,BN(立方型),GaAs 等。在工程实际中,原子晶体经常被选为磨料或耐火材料。尤其是金刚石,由于碳原子半径较小,原子间共价键强度大,要破坏 4 个共价键或扭歪键角都需要很大能量,所以熔点高达 3 550℃,硬度也极大。原子晶体的延展性很小,有脆性。由于原子晶体中没有离子,固态、熔融态都不易导电,所以可作电的绝缘体。但是某些原子晶体,如 Si,Ge,Ga,As 等可以作为优良的半导体材料。原子晶体在一般溶剂中都不溶解。

4)金属晶体。在金属晶体的晶格结点上排列着原子或正离子。原子或正离子是通过自由电子而结合的,这种结合力是金属键。金属键的强弱与构成金属晶体原子的原子半径、有效核电荷、外层电子组态等因素有关。金属晶体单质多数具有较高的熔点和较大的硬度,通常所说的耐高温金属就是指熔点高于铬的熔点(1 857℃)的金属,集中在元素周期表中 d 区的副族,其中熔点最高的是钨(3 410℃)和铼(3 180℃),它们是测高温用的热电偶材料。也有部分金属晶体单质的熔点较低,如汞的熔点是 −38.87℃,常温下为液体,锡是 231.97℃,铅是 327.5℃,铋是 271.3℃,都是低熔金属。它们的合金称为易熔合金,熔点更低,应用于自动灭火设备、锅炉安全装置、信号仪表、电路中的保险丝等。

离子晶体、原子晶体、分子晶体和金属晶体四大类型的特点见表 1-4。

表 1-4 晶体的基本类型

基本晶体	离子晶体	原子晶体	分子晶体	金属晶体
实例	NaCl	石英(SiO_2)	NH_3	Cu
晶格点上微粒	正、负离子	原子	分子	金属原子或正离子
微粒间作用力	离子键	共价键	分子间力或氢键	金属键
熔沸点	较高	高	低	一般较高
硬度	较大	大	小	一般较大
导电性	水溶液或熔融态易导电	绝缘体或半导体	一般不导电	良导体

3. 非晶体

非晶体又称无定形体内部原子或分子的排列呈现杂乱无章的分布状态的固体称为非晶体。非晶体中微粒是无序排列，外表也没有规则的几何外形。它的物理性质在各个方向上是相同的，叫“各向同性”。如玻璃、沥青、石蜡等。非晶体的熔化是由固态逐渐变软，最后变为流动的熔体，所以无固定的熔点。非晶态固体包括非晶态电介质、非晶态半导体、非晶态金属。它们有特殊的物理、化学性质。例如金属玻璃（非晶态金属）比一般（晶态）金属的强度高、弹性好、硬度和韧性高、抗腐蚀性好、导磁性强、电阻率高等。根据温度的不同，非晶体可以呈现出三种不同的物理状态，即玻璃态、高弹态和黏流态。

例如高分子聚合物当温度很低时，线型高分子化合物不仅整个分子链不能运动，连个别的链节也不能运动，变得如同玻璃体一般坚硬。这样的状态称为玻璃态。常温下的塑料，就处于这种状态。当温度升高到一定程度时，高分子化合物的整个链还不能运动，但其中的链节已可以自由运动了。此时在外力作用下所产生的形变可能达到一个很大的数值，表现出很高的弹性，因此叫作高弹态。常温下的橡胶就处于这种状态。由玻璃态向高弹态转变的温度叫作玻璃化温度，用 T_g 表示，不同的高聚物具有不同的 T_g。习惯把 T_g 大于室温的高聚物称为塑料；把 T_g 小于室温的高聚物称为橡胶。

目前引起广泛重视的非晶体固体有四类：传统的玻璃、非晶态合金（也称金属玻璃）、非晶态半导体和非晶态高分子化合物。

（1）玻璃。玻璃是由二氧化硅和其他化学物质熔融在一起形成的（主要生产原料为纯碱、石灰石、石英）。在熔融时形成连续网络结构，冷却过程中黏度逐渐增大并硬化致使其结晶的硅酸盐类非金属材料。普通玻璃的化学组成是 Na_2SiO_3，$CaSiO_3$，SiO_2 或 $Na_2O \cdot CaO \cdot 6SiO_2$ 等，主要成分是硅酸盐复盐，是一种无规则结构的非晶态固体。

玻璃的分子排列是无规则的，其分子在空间中具有统计上的均匀性。在理想状态下，均质玻璃的物理、化学性质（如折射率、硬度、弹性模量、热膨胀系数、导热率、电导率等）在各方向都是相同的。

玻璃无固定熔沸点。当由固体转变为液体时，是一定温度区域（即软化温度范围）内进行的，没有固定的熔点。

玻璃有石英玻璃、硅酸盐玻璃、钠钙玻璃、氟化物玻璃、高温玻璃、耐高压玻璃、防紫外线玻璃、防爆玻璃等。玻璃广泛用于建筑、日用、艺术、医疗、化学、电子、仪表、核工程等领域。

（2）非晶态合金。非晶态合金是将熔融的母合金以大于每秒一百万度的冷却速度快速凝固而成，其原子在凝固过程中来不及按周期排列，故形成了长程无序的非结晶状态，与通常情况下金属材料的原子排列呈周期性和对称性不同，因而称之为非晶合金。

其特点：一是没有原子三维周期性排列的金属或合金固体；二是它在超过几个原子间距范围以外，不具有长程有序的晶体点阵排列；三是与普通晶态金属与合金相比，非晶态金属与合金具有较高的强度、良好的磁学性能和抗腐蚀性能等，通常又称之为金属玻璃或玻璃态合金。可部分替代硅钢、玻莫合金和铁氧体等软磁材料，且综合性能高于这些材料。

非晶态合金材料，已成功用于配电变压器铁芯中，另外还被广泛地应用于电子、航空、航天、机械、微电子等众多领域中，例如，用于航空航天领域，可以减轻电源、设备重量，增加有效载荷。非晶条带用来制造超级市场和图书馆防盗系统的传感器标签。

（3）非晶态半导体。非晶态半导体是具有半导体性质的非晶态材料。目前主要的非晶态半导体有两大类。

1)硫系玻璃。含硫族元素的非晶态半导体。例如 As-Se,As-S,通常的制备方法是熔体冷却或气相沉积。

2)四面体键非晶态半导体。如非晶 Si,Ge,GaAs 等,此类材料的非晶态不能用熔体冷却的办法来获得,只能用薄膜淀积的办法(如蒸发、溅射、辉光放电或化学汽相淀积等),只要衬底温度足够低,淀积的薄膜就是非晶态结构。

目前使用的许多非晶态半导体器件中,最具代表性的是具有极高信息密度的光存储盘,还有全息摄影、薄的柔性衬底生长的廉价光电池、激光书写和复印机上的长寿命感光滚筒以及用于大屏幕显示的电子电路等。它们使用的半导体物质是 Ge,Si,α-Si:H,GaAs 等材料。这些材料是用射频等离子体化学气相沉积法,在严格控制沉积条件下制备的单层非晶态薄膜。所谓射频等离子体化学气相沉积是一种使导体、半导体、绝缘材料薄膜化的重要技术和方法。它在等离子体发生器中,用高频(10~100 MHz,又称射频)电场来放电,使工作气体电离,获得高速溅射粒子,轰击作为靶的材料,轰出的物质(如原子、离子、基团等)在气相中沉积在所需的基片上。例如 α-Si:H,它的组成和结构随制备条件不同而不同。它们具有良好的光学、电学性质。

(4)非晶态高分子化合物。非晶态高分子化合物,又称为高聚物,简称"高分子",也称大分子化合物,分为无机高分子和有机高分子两类。特点是分子形状、分子相互排列为无序状态的高分子。

无机高分子材料为主链及侧基均无碳原子的聚合物总称。其化学成分为类聚合铝硅酸盐,是由 Si,Al,O,P,N 为主链,引入 CH_3—, C—C_6H_6—,NH_2^-, CH═CH—,元素或基团等链节通过共价键或离子键构成的,其聚合物缩聚成高分子,聚合度较高。如石棉、云母、玻璃、聚氯磷腈等均是无机聚合物。

无机高分子材料具有以下独特性能:

1)粒径小、比表面积大、化学性黏结高,可提高产品性能;反应性低温固结,节约能源;

2)使材料的组成结构致密化、均匀化,改善组织性能,提高使用的可靠性;

3)可以从量子数量级上控制材料的成分和结构,使无机高分子材料的组织结构和性能的定向设计成为可能。

有机高分子材料由一种或几种结构单元多次(10^3~10^5)重复连接起来的化合物。它们的组成元素不多,主要是碳、氢、氧、氮等,其相对分子质量高达 10^3~10^6 以上。根据来源不同又可有天然高分子和合成高分子之分。天然高分子化合物,如纤维素、蛋白质、淀粉、木质素、橡胶、蚕丝等。合成高分子化合物是由有机小分子合成的。这些有机小分子称为单体,单体是能够提供结构单元的低分子化合物。如聚乙烯高分子化合物是以乙烯为单体经聚合反应制得的,即

$$\underset{\text{乙烯}}{n\,CH_2{=}CH_2} \longrightarrow \underset{\text{聚乙烯}}{\left[CH_2{-}CH_2\right]_n}$$

反应式 —CH_2—CH_2— 称为链节或重复单元;n 称为聚合度,是链节的数目。平均聚合度为 2 000 的聚乙烯的相对分子质量约为 56 000。聚合度是衡量高分子大小的重要指标。

高分子聚合物的特点:

一是组成上,高分子是以一定数量的结构单元重复组成,例如,聚乙烯单体可以相同,可以

不同。

二是相对分子质量，高分子的相对分子质量很大(相对分子质量低于 1 000 的为小分子)。高分子的相对分子质量=链节的量×聚合度，有 n 值不同的结构单元组成，因此实际测得的相对分子质量为平均相对分子质量。

三是分子结构由线型结构和体型结构。线型结构即直链或带支链，如淀粉、纤维素、聚乙烯等。它们分子间主要是靠分子间作用力结合。体型结构即网状结构，链上有能够反应的官能团。高分子链之间除分子间力外，还可以产生化学键(产生交联)。如，酚醛树脂就是体型结构的高分子化合物。

高分子化合物作为材料，具有资源丰富、种类繁多、性能良好、成型简便、成本低廉等优点，广泛应用于工业生产和日常生活各个方面。

晶体与非晶体之间在一定条件下可以相互转化。例如，把石英晶体熔化并迅速冷却，可以得到石英玻璃。将非晶半导体物质在一定温度下热处理，可以得到相应的晶体。可以说，晶态和非晶态是物质在不同条件下存在的两种不同的固体状态，晶态是热力学稳定态。

第2章 化学与军事武器

军事是与战争、军队、军人有关事务的总称。军事学与甚多范畴有关，主要与战争有关。战争就要用到武器，武器是直接用于杀伤地方有生力量和破坏敌方作战设施的器械、装置。武器的战斗部均有弹药。弹药是含有火药、炸药或其他装填物，爆炸后能对目标起毁伤作用或完成其他战术任务的军械物品。炸药是爆炸做功，以摧毁对方武器装备、破坏工事设施以及杀伤有生力量。炸药是弹药发射时的有效载荷，并在目标处做破坏功。

弹药一般由战斗部、投射部、稳定部和导引部组成。这几个组成战斗部是弹药毁伤目标或完成既定终点效应的部分，某些弹药战斗部仅由战斗部单独构成，如地雷、水雷、航空炸弹、手榴弹等。典型的战斗部有壳体、装填物和引信组成。装填物是毁伤目标的能源物质或战剂。常用的装填物有炸药、烟火药、预制或控制成型的杀伤穿甲原件等。还有生物战剂、化学战剂和核装药，通过装填物的自身反应或其特性，产生力学、热、声、光、化学、生物、电磁、核等效应来毁伤目标。

本章主要阐述核武器、化学武器、生物武器、常规武器以及新概念武器等军事武器。

2.1 核 武 器

第二次世界大战后期美国在日本的广岛市和长崎市投下两枚原子弹，原子弹的威力使这两个城市灰飞烟灭，30 万人死于原子弹爆炸，这就是核武器对人类造成的严重危害。这些案例充分证明这些武器对人类造成的危害，而对环境的破坏更是毋庸置疑的。本节对核武器的定义、特点、分类、危害及防护进行介绍。

2.1.1 核武器的定义

核武器具有核战斗部的武器，广义的核武器则指包括核战斗部在内的整个核武器系统。核武器系统，一般由核战斗部、投射工具和指挥控制系统等部分构成，核弹药是战斗部的核心。核武器通常指狭义的核武器，即由核战斗部与制导，突防等装置装入弹头壳体组成的核弹。核战斗部的主体是核爆炸装置，简称“核装置”。核装置与引爆控制系统等一起组成核战斗部。将核战斗部与制导、突防等装置装入弹头壳体，即构成弹道导弹的核弹头。

核弹药是指原子弹利用核裂变链式反应，氢弹利用热核聚变反应，放出核内能量，产生爆炸作用的弹药。爆炸后产生冲击波、地震波、光辐射、贯穿辐射、放射性沾染、电磁脉冲等，对大范围内的建筑、人员、装备、器材等多目标具有直接和间接的毁伤作用。核装药主要装填在航空炸弹及导弹战斗部中，用于对付战略目标。中子弹是热核弹药的特殊类型，爆炸后的冲击波及光辐射效应较小，但产生大剂量贯穿辐射极强的高速中子流，可在目标(坦克、掩蔽部等)不发生机械损毁的情况下，杀伤其内部人员。

2.1.2　核武器的特点

(1)能量高。核武器爆炸时释放的能量,通常用释放相同能量的 TNT 炸药量来表示,即 TNT 当量,1 当量 = 1 000 kg TNT 炸药爆炸时放出的能量。1kg 铀全部裂变释放的能量大约为 8.2×10^{13} J,而 1 000 kg TNT 炸药爆炸释放的能量仅 4.19×10^{9} J,约为 1.96×10^{4} kg TNT 当量。

(2)时间短。核武器爆炸反应迅速,1 μs 的时间内即可完成。

(3)温度高。核爆中心温度 5 000 万摄氏度以上,其周围不大的范围内形成极高的温度,加热并压缩周围空气使之急速膨胀,产生高压冲击波。

(4)光辐射。地面和空中核爆炸,还会在周围空气中形成火球,发出很强的光辐射。高度为 30 km 以上的高空氢弹核爆炸中,首先是 X 光辐射,为单一脉冲,持续时间为 100 ns(纳秒即 100×10^{-9} s)量级。随后变化为燃烧火球,经过 10～20 s 缓慢冷却。

(5)放射性。核反应还产生各种射线和放射性物质碎片。

(6)电磁脉冲。向外辐射的强脉冲射线与周围物质相互作用,造成电流的增长和消失过程,其结果又产生电磁脉冲。

2.1.3　核武器的分类

核武器的出现,对现代战争的战略战术产生了重大影响。依据核变的原理不同,核武器包括裂变武器(第一代核武器,通常称为原子弹)和聚变武器(亦称为氢弹,分为两级及三级式)。广义上讲核武器是指包括投掷或发射系统在内的具有作战能力的核武器系统。

2.1.3.1　裂变武器

裂变武器通过核分裂释放能量。重核子如铀-235 或钚-239 在中子冲击下发生核分裂反应,分裂成为较轻的核子,同时释放更多的中子,造成连锁反应。核裂变武器传统上称为原子弹。

原子核裂变的发现是 20 世纪科学史上的重大事件,它导致原子能的大规模军事与和平应用,对人类社会乃至历史进程产生了深刻影响。最为详尽的裂变理论是由 N. Bohr 和 J. A. Wheeler(1939 年)提出的。理论指出,一个球形原子核发生裂变的动力学过程:原子核的结合能由体积能、表面能、库仑能、对称能和对能组成,可写为

原子核的结合能=体积能+表面能+库仑能+对称能+对能

当原子核发生形变时,原子核的势能要发生变化,但势能的符号与结合能相反。由于假定原子核为不可压缩的带电液滴,其体积能不变,对称能和对能也近似不变,唯有库仑能随形变加大而减小,而表面能随形变加大而增加。当原子核形变较小时,表面能的增加超过库仑能的减小,因而阻止形变的进一步增大,此时原子核是稳定的。当原子核形变较大时,表面能的增加不足以阻止库仑能的减小,形变将进一步增大导致原子核分裂。

利用液滴模型可以估算裂变反应:

$$^{A}_{Z}M \longrightarrow {}^{A_1}_{Z_1}M_1 + {}^{A_2}_{Z_2}M_2 \tag{2-1}$$

释放的能量=两个裂变片的结合能之和-母核的结合能　　(2-2)

虽然液滴模型是一个宏观模型,在解释重核裂变的方面取得了成功,但其没有考虑原子核的壳层结构,还需进行修正。核裂变正是基于此模型。

以铀为例，铀核裂变的产物是多种多样的，一种典型的反应是裂变成钡和氪，同时放出三个中子。核反应方程为

$$^{235}_{92}U + ^{1}_{0}n \longrightarrow ^{141}_{56}Ba + ^{92}_{36}Kr + 3^{1}_{0}n$$

裂变时会释放出巨大的核能。在上述裂变的前后的质量亏损为

$$\Delta m = 0.358 \times 10^{-27} \text{ kg}$$

释放的核能为

$$\Delta E = \Delta mc^2 = 201 \text{ MeV} \qquad (2-3)$$

铀核裂变的产物不同，释放的能量也不同。一般说来，铀核裂变时平均每个核子释放的能量约为 1 MeV。

一般说来，铀核裂变时总要释放出 2～3 个中子，这些中子又引起其他的铀核裂变并释放更多的中子，这样裂变就会自动的不断进行下去，释放出越来越多的能量，这一过程称为链式反应(chain reaction)。如果对链式反应不进行控制，雪崩式的链式反应就会在瞬间发生，数量巨大的铀核在不到百万分之一秒内全部裂变会放出惊人的能量，并形成剧烈爆炸，即裂变武器——原子弹爆炸的原理。

2.1.3.2 聚变武器

聚变武器是使氢的同位素氘或氚化锂这类热核燃料中产生起爆条件，用裂变核弹的方法使核武器中的热核燃料具有 1.0×10^7～2.0×10^7℃高温，从而引起核聚变，即氚(T)和氘(D)聚合产生能量，常称为二相弹。例如，一个氘核和一个氚核结合成一个氦核(同时放出一个中子)时，释放 17.6 MeV 的能量，平均每个核子放出的能量在 3 MeV 以上，比裂变反应中平均每个核子释放的能量大 3～4 倍，这时的核反应方程式为

$$^{2}_{1}H + ^{3}_{1}H \longrightarrow ^{4}_{2}He + ^{1}_{0}n + 17.6 \text{ MeV}$$

氢弹爆炸实际上由两次核反应组成：氢弹是核裂变加核聚变，由原子弹引爆氢弹，原子弹通过重核裂变放出的高能中子与氘化锂反应生成氚，氚和氘发生核聚合，即轻核聚变，放出能量。那为什么需要用裂变引发聚变反应呢？这是因为核聚变需要较高的温度，当温度达到几百万摄氏度以上时，原子核剧烈的热运动足以克服相互之间的库仑斥力作用，在发生碰撞时即产生聚变反应。因此，聚变反应又叫热核反应。

一般原子弹可达几千到几万吨 TNT 当量，而氢弹可能达到数千万吨 TNT 当量。

在二相弹基础上，还可采用三级设计：最先在外围第一级先用核裂变，造成聚变条件。中部第二级聚变发生后，再引起弹头中心的第三级的第二次裂变反应，造成裂—聚—裂反应的三级核弹，是现在最大破坏性的武器。此核弹称为三相弹、氢铀弹、三级效应超级炸弹或肮脏的氢弹。

另外还有中子弹，以氘和氚聚变原理制作，以高能中子为主要杀伤力的核弹。中子弹是一种特殊类型的小型氢弹，是核裂变加核聚变——但不是用原子弹引爆，而是用内部的中子源轰击钚-239 产生裂变，裂变产生的高能中子和高温促使氘氚混合物聚变。它的特点是：中子能量高、数量多、当量小。如果当量大，就类似氢弹了，冲击波和辐射也会剧增，就失去了"只杀伤人员而不摧毁装备、建筑，不造成大面积污染的目的"，也失去了小巧玲珑的特点。中子弹最适合杀灭坦克、碉堡、地下指挥部里的有生力量。

威力排序：氢铀弹＞氢弹＞原子弹＞中子弹；辐射排序：中子弹＞氢铀弹＞氢弹＞原子弹；污染排序：氢铀弹＞氢弹＞原子弹＞中子弹。

2.1.4　核武器的危害

我们以B-61核弹头内的引爆核材料为例，一个核子武器的能量主要通过五种机制放射出来：冲击波40%～60%；热辐射30%～50%；原始粒子辐射4.9%；核电磁脉冲0.1%；残留放射性（放射性尘埃）5%～10%。能量以何种形式被释放还要仰赖武器的设计以及爆炸时的环境。

2.1.4.1　核武器破坏建筑

核武器的主要破坏力源于其产生的冲击波。除了特别加固和抗冲击结构的工事，绝大多数的建筑，将受到致命的摧毁。冲击波的速度将超过超声速的传播，而它肆虐的范围会随着核武器当量的增加而增加。两种相似又不同的现象将随冲击波的到来而产生：

（1）静态超压：冲击波带来的压强急速升高，任何给定位置点的静态超压正比于冲击波中的空气密度；

（2）动态压强：即被形成冲击波的疾风拉扯的效应，疾风会推动、摇晃和撕裂周围的物体。

大多数核武器空爆造成的破坏就是由静态超压和动态的疾风合成的效果。较长时间的超压拉动建筑结构使其变得脆弱，这时吹来的疾风再将其一举摧毁。压缩、真空和拉扯效应总共会持续若干秒钟，或者更长。而这里的疾风比世界上任何可能出现过的飓风都要更加凶猛。

2.1.4.2　核武器对环境危害

核武器爆炸后放射性尘埃的能量释放是持续的，放出我们肉眼看不见，也感觉不到，只能用专门的仪器才能探测到的射线。α射线、β射线、γ射线还有X射线和中子射线等，这些射线各具特定能量，对物质具有不同的穿透能力和间离能力，从而使物质或机体发生一些物理、化学以及生化变化。在大气层进行核试验的情况下，核弹爆炸的瞬间，由炽热蒸汽和气体形成大球（即蘑菇云）携带着弹壳、碎片、地面物和放射性烟云上升，随着与空气的混合，辐射热逐渐损失，温度渐趋降低，于是气态物凝聚成微粒或附着在其他的尘粒上，最后沉降到地面，而这些尘粒和碎片等，均可能带有放射性物质。沾染区的地面剂量率随着时间的增加而不断下降。当爆后时间增加至7倍时，地面剂量率约下降到爆后1 h的1/10，爆后49 h约下降到爆后1 h的1%。这些尘埃随大气漂移，从而给大气环境带来危害。

如果是水下进行的核试验，则这些放射性物质会污染水环境，水中的放射性物质通过水的流动和循环进行传播产生危害；地下核爆炸对土壤产生放射性危害。

2.1.4.3　核武器对生物的危害

原子弹爆炸，会产生近200种有辐射性的同位素，使抛入空中的泥土、尘埃成为放射性沾染物。在数小时内或数天之内，微尘和碎片又会回落到地面上来，将可以置人于死地的剂量的放射物质撒到数百平方英里（1英里=1 609.3米）的范围之内，危害范围大，对周围生物破坏极为严重，持续时期长。在大剂量的外照射下，放射性对人体和动物存在着某种损害作用。如在400 rad的照射下，受照射的人有5%死亡；若照射650 rad，则人100%死亡。照射剂量在150 rad以下，死亡率为零，但并非无损害作用，往往需经20年以后，一些症状才会表现出来。放射性物质可通过呼吸吸入，通过皮肤伤口及消化道吸收进入体内，引起内辐射。内外照射形成放射病的症状有疲劳、头昏、失眠、皮肤发红、溃疡、出血、脱发、白血病、呕吐、腹泻等。有时还会增加癌症、畸变、遗传性病变发生率，影响几代人的健康。身体接受的辐射能量越多，其放射病症状越严重,致癌、致畸风险越大。

2.1.5 环境放射性的防护

2.1.5.1 核武器的放射性尘粒处理

放射性废物中的放射性物质,采用一般的物理、化学及生物学的方法都不能将其消灭或破坏,只有通过放射性核素的自身衰变才能使放射性衰减到一定的水平。而许多放射性元素的半衰期十分长,并且衰变的产物又是新的放射性元素,所以放射性废物与其他废物相比在处理和处置上有许多不同之处。

1. 放射性废水的处理

放射性废水的处理方法主要有稀释排放法、放置衰变法、混凝沉降法、离子变换法、蒸发法、沥青固化法、水泥固化法、塑料固化法以及玻璃固化法等。

2. 放射性废气的处理

(1)一般可通过改善操作条件和通风系统得到解决。

(2)高浓度的放射性废气,通常是需要预过滤,然后通过高效过滤后再排出。

3. 放射性固体废物的处理和处置

放射性固体废物主要是被放射性物质污染而不能再用的各种物体,其处理和处置方式主要有:①焚烧;②压缩;③去污;④包装。

2.1.5.2 核爆炸的防护

1. 冲击波的防护

冲击波通过凹凸地区以后,冲击力量明显减弱,所以在战壕内、土坑内、土丘后、坚固的矮墙后等亦能起一定防护作用。进入人防工事和坑道内能有效地防护冲击波伤害。

2. 核辐射的防护

(1)早期核辐射的防护:早期核辐射作用时间持续几秒至十几秒,因此发现闪光后,立即进入掩体或工事,可以减少核辐射的照射剂量。光辐射作用时间很短,其热能只能被物体表面吸收,对地下工事不产生破坏作用。

(2)放射性沾染的防护:核爆炸后,蘑菇烟云中的放射性物质,在较短时间内就能降落到地面。为防止放射性灰尘沉降时随呼吸道进入人体或降落到皮肤上,沾染区的人员要及时戴好防毒面具或口罩,扎好三口(裤口、袖口、领口),用雨衣、塑料布、床单等把暴露皮肤遮盖起来。在室内的人员,应立即关闭门窗,贴上封条,堵住孔口,密封食品、饮水,进入地下室或建筑物中心房间,静听外面关于落尘情况的通报。

(3)消除放射性沾染的方法。消除服装上的放射性灰尘通常采用拍打、扫除、抖拂、洗涤等方法。人员始终要站在上风处,以免被扬起的灰尘再次沾染。

人员身体受到沾染后,要尽快洗消。头、颈部要用清水和肥皂进行擦洗,还要清洗鼻腔,漱口,擦洗耳窝。条件允许时,严重沾染的人员,应利用肥皂、洗涤剂等进行全身淋浴。无水时,可用干净毛巾、纱布等干擦,从上到下,顺一个方向进行。擦拭一次将毛巾、纱布翻一次,防止已消除部位被重新沾染。

对被沾染的粮食、蔬菜和饮水的消除方法:包装完好的粮食,可采用扫除、拍打的方法,消除包装表面的沾染物;对未包装好的粮食,可把沾染层铲掉;对谷类、豆类等,可用扬筛和水洗的方法进行消除；对被沾染的蔬菜、水果类的消除应采取清水冲洗和剥皮的方法；对饮水沾染的消除，可以采用土壤净化、过滤或吸附凝沉方法进行净化处理。经过处理的粮食、蔬菜、饮水等，必须经专业技术人员检验符合食用标准方可食用。

误食了受沾染的食物和水时，应遵医嘱尽快采取催吐、洗胃、利尿等消除方法。

对被沾染道路、地面的消除可视具体情况，采用铲除、铺盖或用水冲洗等办法实施。

2.2 化学武器

化学武器作为一种全新的武器并大规模的使用，是在第一次世界大战爆发期间。其始作俑者，就是被称为“战争魔鬼”的德国著名化学家弗里茨·哈伯。1915 年 4 月 22 日，德国军队在比利时战场上第一次大规模使用了化学武器——氯气，英法联军有一万五千人中毒，其中五千人身亡。带有苦杏仁味的氢氰酸(HCN)是杀人不见血的“魔王”。在第二次世界大战中，德国法西斯在波兰境内的奥斯威辛集中营，曾用这种易挥发的毒剂杀害了几百万难民。在现代化学武器库中，还有许多“魔王”，像能散发诱人苹果香味的神经性毒剂沙林；能使全身糜烂的毒剂芥子气，还有使人窒息死亡的“光气”；破坏人的中枢神经系统的高级调节功能的毒剂。本节对化学武器的定义、特点、分类、危害及防护进行介绍。

2.2.1 化学武器的定义

战争中用以杀伤人、畜和毁坏植物、牵制和扰乱对方军事行动的有毒物质统称为化学战剂，简称“毒剂”。装填有化学战剂的弹药称化学弹药(chemical munitions)、装有施放毒剂的武器、器材，如手榴弹、地雷、炮弹、火箭弹、导弹弹头，飞机布洒器等统称为化学武器，也就是说化学战剂、化学弹药及其施放器材合称为化学武器。化学弹药装填在炮弹、地雷、航空炸弹和火箭弹的战斗部中，通过爆炸将其撒布于空中、地面，使人员中毒，使器材、粮食、水源、土地等受到污染。

2.2.2 化学武器的分类

狭义的化学武器是指各种化学弹药和毒剂布洒器。

按化学武器按其分散方式，可分为以下三种类型。

(1)爆炸分散型：借炸药爆炸使毒剂成气雾状或液滴状分散。主要有化学炮弹、航弹、火箭弹、地雷等。

(2)热分散型：借烟火剂、火药的化学反应产生的热源或高速热气流使毒剂蒸发、升华、形成毒烟(气溶胶)、毒雾。主要有装填固体毒剂的手榴弹、炮弹及装填液体毒剂的毒雾航弹等。

(3)布洒型：利用高压气流将容器内的固体粉末毒剂、低挥发度液态毒剂喷出，使空气、地面和武器装备染毒。主要有毒烟罐、气溶胶发生器、布毒车、航空布洒器和喷洒型弹药等。

按装备使用对象不同，化学武器可分为步兵化学武器，炮兵、导弹部队化学武器和航空兵化学武器等三类。第一类化学武器适用于小规模、近距离攻击或设置化学障碍；第二类主要用于快速实施突袭、集中的化学袭击和化学纵深攻击；第三类则适用于灵活机动地远距离、大纵深、大规模的化学袭击。

按照作用不同，化学毒剂可分为神经性毒剂、糜烂性毒剂、窒息性毒剂、血液型毒剂及其他类型的毒剂等。

2.2.3 化学武器的特点

化学武器具有以下四个特点：

(1)化学武器毒性作用强。化学武器主要靠化学毒物的毒性发挥战斗作用。化学战剂多属剧毒或超毒性毒物,其杀伤力远远大于常规武器。根据第一次世界大战统计,化学战剂的杀伤效果为高爆炸药的2～3倍。近代化学武器的发展,已使毒剂的毒性比第一次世界大战所用毒剂的毒性高达数十乃至数百倍,因此在化学战条件下可造成大批同类中毒伤员。

(2)化学武器中毒途径多。常规武器主要靠弹丸或弹片直接杀伤人员。化学武器则可能通过毒剂的吸入、接触、误食等多种途径,直接或间接地引起人员中毒。

(3)化学武器持续时间长。常规武器只是在爆炸瞬间或弹片(丸)飞行时引起伤害。化学武器的杀伤作用不会在毒剂施放后立即停止。其持续时间取决于化学毒剂的特性、袭击方式和规模以及气象、地形等条件。

(4)化学武器杀伤范围广。化学袭击后的毒剂蒸气或气溶胶(初生云)随风传播和扩散,使得毒剂的效力远远超过释放点。故其杀伤范围较常规武器大许多倍。染毒空气还能渗入要塞、堑壕、坑道、建筑物、甚至装甲车辆、飞机和舰舱内,从而发挥其杀伤作用。

2.2.4 化学武器对人类的危害

根据化学武器采用的毒剂不同,其对人体的危害也不同。

2.2.4.1 神经性毒剂

神经性毒剂是破坏人体神经的一类毒剂,会引起体内乙酰胆碱的增多,导致人体中毒以致死亡,在现有毒剂中其毒性最高。神经毒剂包括G类毒剂(塔崩[GA]、沙林[GB]、梭曼[GD]、环沙林[GF])和V类毒剂(含硫有机磷化合物VX和Vx)。沙林可闻到烂苹果味、臭味。梭曼无味。其中毒症状有瞳孔缩小、流口水、出汗、胸闷、呼吸困难、头痛、昏迷、肌肉跳动、全身抽搐直至死亡。在神经性毒剂中,VX的毒性最高,毒性是GB和GA的10倍。在G类毒剂中GD的毒性最高。神经性毒剂的毒性由大到小排序为

$$VX > GD > GA, GB, GF$$

1.塔崩(GA)

塔崩是由德国科学家格哈德·施拉德(G. Schrader)在1936年合成的,且他本人由于轻微中毒称为塔崩的第一个受害者。GA的分子结构式如图2-1所示,其化学名称为二甲氨基氰基膦酸乙酯,是一种无色到褐色的液体。其蒸气也是无色的。不纯的GA有果香味。GA主要通过呼吸道进入人体内,为超级毒王,曾在两伊战争中大量使用。

2.沙林(GB)

沙林是德国科学家格哈德·施拉德(G. Schrader)在1939年合成的,其分子结构式如图2-2所示,化学名称为甲基氟磷酸异丙酯。GB是一种无色液体,纯的沙林几乎是无气味的,GB的分子中含有氟原子,这不同于GA中的—CN基团。沸点58℃,能与水及多种有机溶剂任意混合。毒性比塔崩高3～4倍。1995年日本奥姆真理教就是用沙林制造了骇人听闻的东京地铁中毒事件。

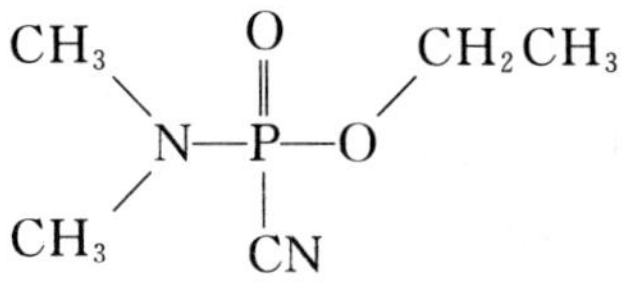

图2-1　GA:二甲氨基氰基膦酸乙酯 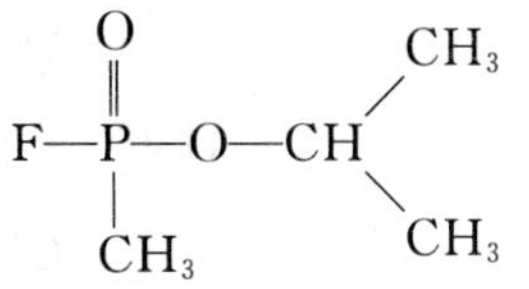　　图2-2　GB:甲基氟膦酸异丙酯

3. 梭曼(GD)和环沙林(GF)

继GA和GB之后，1944年由德国诺贝尔奖获得者理查德·库恩首次合成了梭曼。GD分子可以在数分钟内渗入到人的中枢神经系统中。常温下，GD也是无色的液体，挥发后成为有果味的无色蒸气。由于它与人体受体的结合是牢固和持久的，所以梭曼的中毒很难医治。与GB相似，在GD的分子中也含有氟原子，化学结构式如图2-3所示，化学名称为O-环己基-甲氟膦酸酯。水解缓慢，氢离子、羟离子、次氯酸离子等能加速其水解，还能与酚钠、羟胺、肟等发生亲核取代反应，产物无毒。具有中等挥发性，毒性比沙林约高2倍，且中毒后难以治疗。

环沙林是又一种含氟原子的G类毒剂，它的化学结构式如图2-4所示，化学名称为O-环己基-甲氟膦酸酯。常温下，环沙林为液态，是一种无色的液体，熔点-30℃，沸点239℃，但是环沙林极其易燃，闪点仅为94℃。与沙林不同的是，环沙林常温下难溶于水，而且比沙林蒸发的速度要慢69倍，但是纯的环沙林的蒸汽是有淡淡的水蜜桃的甜味的。环沙林的毒性远比沙林强，其致死量为1.2 mg(对70 kg成年人)。1950年，英、美开始了对环沙林的研究，但是迄今为止，使用环沙林最多的还是萨达姆政权，在两伊战争中，伊拉克军队把沙林和环沙林混合在一起使用。

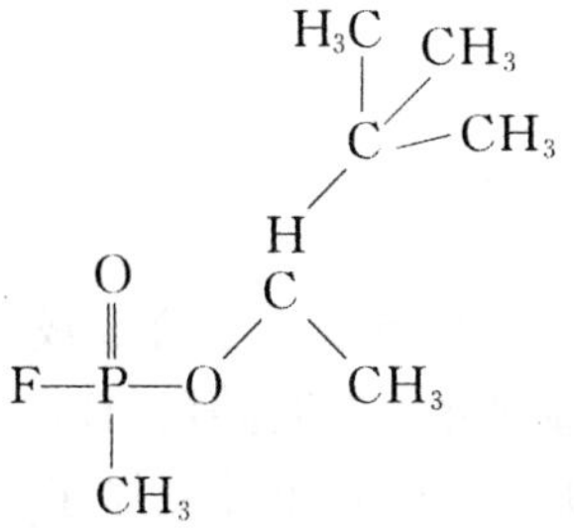

图2-3　GD:甲氟膦酸频哪基酯 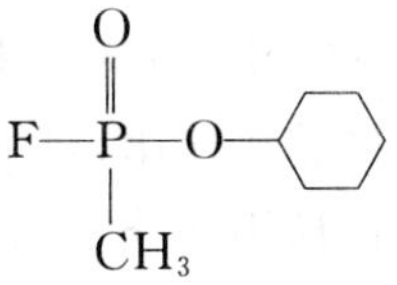　　图2-4　GF:O-环己基－甲氟膦酸酯

4. 维埃克斯(VX)和Vx

维埃克斯(VX)，化学名称为O-乙基-S-(2-二异丙氨基乙基)甲基硫代膦酸酯，是1952年英国的拉纳吉特·戈施博士首先发现了V类毒剂。苏联科学家研制出了一种与VX稍有不同的化合物O-乙基-S-(二乙氨基乙基)异丙基硫代膦酸酯，它与VX的分子式相同，代号Vx。这些化合物都是20世纪50年代发现的。化学结构式如图2-5所示。与G类化合物相比，它们的毒性更高，但挥发性要低很多，因此更持久。除了在刚分散的动态气溶胶中暴露以外，受这类毒剂危害的主要途径是在气溶胶沉降后与其污染的物体表面接触。VX毒性比G类毒性最高的毒剂还高出5～10倍。

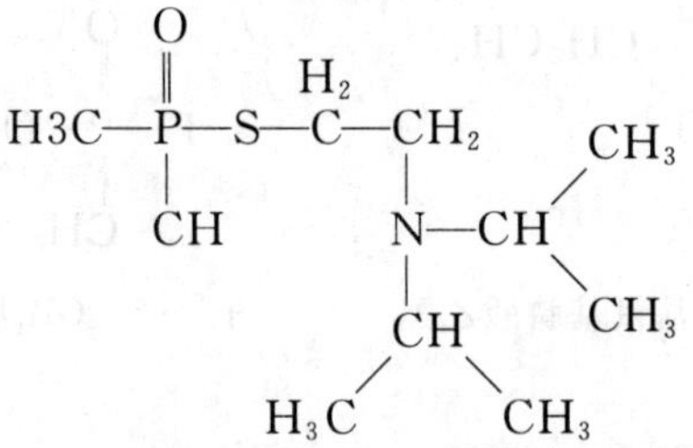

图 2-5　VX:O-乙基-S-(二乙氨基乙基)异丙基硫代膦酸酯

2.2.4.2　糜烂性毒剂

引起皮肤起泡糜烂，并使暴露的身体部位产生化学烧伤的一类毒剂。人的眼睛、黏膜和肺部最容易受到伤害。与神经性毒剂能迅速致人死亡的毒性不同，糜烂性毒剂的主要作用是伤害人而非致人死亡。

芥子气是最常见的糜烂性毒剂之一，包括氮芥气和路易氏剂、硫芥子气。吸入芥子气及路易氏剂后，在短时间内立即出现支气管炎、流涕、咳嗽，严重时呕吐、便血，甚至死亡。眼睛接触到芥子气及路易氏剂后，会引起眼睛感染，严重时会失明。糜烂性毒剂造成的伤害可能需要几个月的时间才能治愈。图 2-6 所示为常用的糜烂性毒剂的化学结构及化学名称。

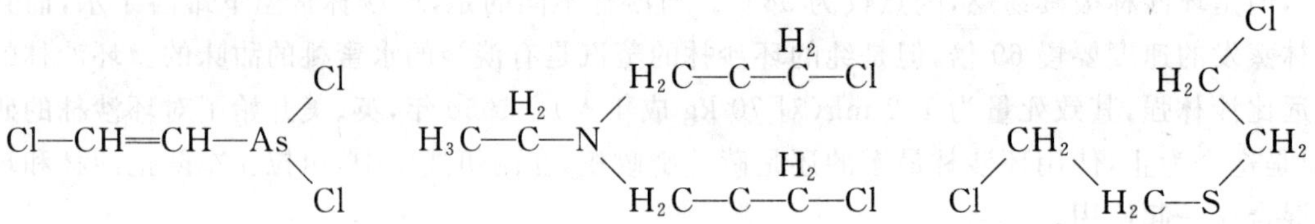

L:二氯-(2-氯乙烯)胂　　HD:双-(2-氯乙基)硫醚　　HN1:2,2'-二氯三乙胺

(a)　　(b)　　(c)

图 2-6　常用的糜烂性毒剂

(a)路易氏剂；(b)硫芥子气；(c)氮芥子气 1

1822 年，德斯普雷兹发现了芥子气，1886 年，德国的梅耶首次人工合成成功。1917 年在比利时伊博尔地区首次使用，在第一次世界大战中有“毒剂之王”的称号。日本在侵华战争中对中国军民也多次使用。芥子气有芥末味，难溶于水，加碱、加热、搅拌能加速水解，易溶于二氯乙烷、四氯化碳、苯、煤油等有机溶剂和脂肪中，与氧化剂作用，能生成无毒或低毒物质。

路易氏剂(L)1918 年春，由美国人路易士上尉等人发现，并建议用于军事，因此而得名。路易氏剂在纯液态时是无色、无味液体，其工业品有强烈的天竺葵味。沸点 190℃，凝固点 −18℃。微溶于水，易溶于有机溶剂和动植物油脂中，水解快，产物有毒，在碱性溶液中迅速分解为无毒物质，氧化、氯化反应能破坏其毒性，在战场上经常和芥子气结合使用。

2.2.4.3　窒息性毒剂

损伤呼吸道和肺组织，引起肺水肿使人窒息而死的一种毒剂。窒息性毒剂进入呼吸道以后，毒剂分解成盐酸和不含氧的基团，这些物质将刺激呼吸道，引起呼吸道的发炎和肿胀，咳嗽不止，肺里过量的分泌液不能咳出时，会导致窒息。这种毒剂包括光气(CG)和双光气(DP)，其化学结构和化学名称见图 2-7。光气沸点低(7.6℃)，室温下为气体，中毒时，人首先感到强烈刺激，然后产生肺水肿窒息而死。光气中毒有 4～12 h 的潜伏期。双光气的沸点较高

(127℃),室温下是无色液体,具有与光气一样的新割干草的气味。

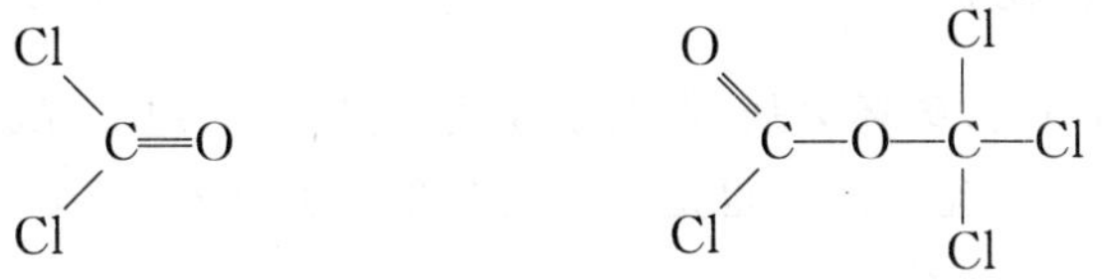

$$Cl_2C{=}O \qquad ClC(=O){-}O{-}CCl_3$$

CG:光气(碳酰氯)　　DP:氯甲酸三氯甲酯

图 2-7　窒息性毒剂的分子结构和化学名称

2.2.4.4　血液型毒剂

通过呼吸道进入人体,破坏人体血细胞的供氧能力,引起窒息死亡的一类毒剂。这类毒剂包括氢氰酸(AC)、氯化氰(CK)和砷化氢(SA),它们的分子结构和化学名称见图 2-8 所示。

1. 氢氰酸和氯化氰

氢氰酸和氯化氰为无色液体,可闻到苦杏仁味。这类毒剂极易使空气染毒,经过呼吸道进入人体,使人中毒。中毒后,舌尖麻木,严重时感到胸闷、呼吸困难、瞳孔散大、甚至呼吸衰竭而死亡。AC 能抑制细胞色素氧化酶的反应,而该反应决定着血液对氧的利用。在 AC 中暴露时,会使呼吸加速,在高浓度中暴露时,不到 15s 就会致人死亡。CK 的毒性机理与 AC 一样,所不同的是,CK 的强烈刺激和窒息作用会导致呼吸速度减慢。

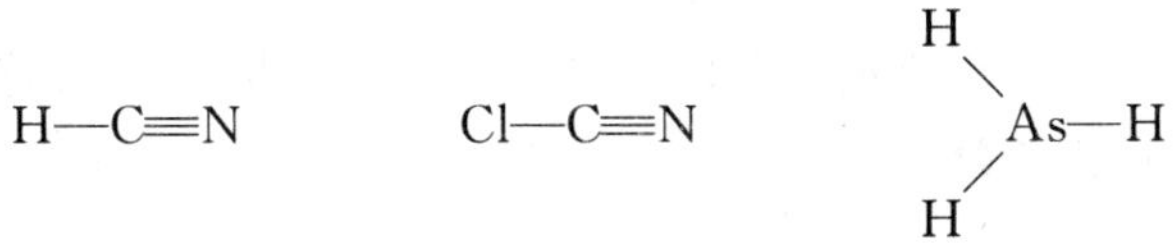

$$H{-}C{\equiv}N \qquad Cl{-}C{\equiv}N \qquad AsH_3$$

AC:氢氰酸　　CK:氯化氰　　SA:砷化氢

图 2-8　血液性毒剂的分子结构和化学名称

2. 砷化氢

砷化氢损坏人的肝和肾。轻微的 SA 中毒会引发头痛和焦虑不安。高浓度中毒会使人发冷、恶心和呕吐。严重中毒会损坏血细胞,导致贫血并最终死亡。

2.2.4.5　其他类型的毒剂

失能剂,使人精神失常、四肢瘫痪,即失去作战能力的一类毒剂。主要有毕兹(BZ),化学名称为二苯羟乙酸-3-喹咛环酯,是一种白色结晶性粉末,无特殊气味。其中毒症状有人产生幻觉,判断力和注意力减退,出现狂躁、激动、口干、皮肤潮红、瞳孔散大、嗜睡、行动不稳、精神失常。BZ 中毒后(吸入染毒空气)有 0.5～1 h 潜伏期,在最初 4 h 内出现心跳加快、眩晕、运动失调、口干、皮肤干燥、视力不清、无力、语言不清;4 h 后出现幻视、定向障碍、活动迟钝、谵妄、反应力差。12 h 后症状减轻,2～7 d 后恢复正常,无后遗症。

呕吐剂,即降低作战能力,产生呕吐,例如二苯氯胂、二苯氰胂、二苯胺氯胂等。

刺激性毒剂,即刺激皮肤使人流泪,例如苯氯乙酮、溴苯乙腈、西埃斯(CS)、西阿尔(CR)等,西埃斯无色,有胡椒味。亚当气无色无味。苯氯乙酮无色,有荷花味。其中毒症状有流泪、喷嚏、流涕、咳嗽、恶心、皮肤烧灼感。这些化学毒剂毒性较小,不会对人产生深的伤害,一般在数小时后恢复。

2.2.5 化学武器的防护

化学武器虽然杀伤力大,破坏力强,但由于使用时受气候、地形、战情等的影响使其具有很大的局限性,同核武器一样,化学武器也是可以防护的。其防护措施主要有探测通报、破坏摧毁、防护、消毒、急救。探测通报等。

(1)破坏摧毁。采用各种手段,破坏敌方的化学武器和设施等。

(2)采取适当的防护。根据军用毒剂的作用特点和中毒途径,防护的基本原理是设法把人体与毒剂隔绝。如构筑化学工事、器材防护(戴防毒面具、穿防毒衣)等。

防毒面具分为过滤式和隔绝式两种,过滤式防毒面具主要由面罩、导气管、滤毒罐等组成。滤毒罐内装有滤烟层和活性炭。滤烟层由纸浆、棉花、毛绒、石棉等纤维物质制成,能阻挡毒烟、雾,放射性灰尘等毒剂。活性炭经氧化银、氧化铬、氧化铜等化学物质浸渍过,不仅具有强吸附毒气分子的作用,而且有催化作用,使毒气分子与空气及化合物中的氧发生化学反应转化为无毒物质。隔绝式防毒面具中,有一种化学生氧式防毒面具。它主要由面罩、生氧罐、呼吸气管等组成。使用时,人员呼出的气体经呼气管进入生氧罐,其中的水汽被吸收,二氧化碳则与罐中的过氧化钾和过氧化钠反应,释放出的氧气沿吸气管进入面罩。

(3)沾染后的消毒处理。主要是对神经性毒剂和糜烂性毒剂染毒的人、水、粮食、环境等进行消毒处理。

(4)中毒的处理。针对不同类型毒剂的中毒者及中毒情况,采用相应的急救药品和器材进行现场救护,并及时送医院治疗。

2.3 生物武器

有一部描写日本“731部队”的国产影片,它所反映的是一个真实的故事。1940年这个部队驻扎在离哈尔滨市20千米的平房地区,他们用活人进行实验,残害了无数的爱国志士和抗日同胞。这支部队又叫“细菌部队”。他们使用的“陶瓷炸弹”,也就是我们所说的“生物武器”。本节对生物武器的定义、特点、分类、危害及防护进行介绍。

2.3.1 生物武器的定义

生物武器是以装有生物战剂的生物弹药杀伤有生力量和破坏植物生长的各种武器、器材的总称。生物战剂是用以杀伤人、畜和破坏农作物的致病微生物、毒素和其他生物活性物质的总称,包括立克次体、病毒、毒素、衣原体、真菌等。它可制成液态或干粉制剂,装填在炮弹、炸弹、火箭弹的战斗部中,通过爆炸或机械方式抛撒于空气中或地面上,形成生物气溶胶,污染目标或通过媒介物(如昆虫)感染目标。

生物武器的研究至今约有百年历史,20世纪初至第一次世界大战结束为第一阶段,主要研制者是德国;研制的生物战剂仅是几种人畜共患的致病细菌,如炭疽杆菌、鼠疫杆菌等;其生产规模小,施放方法简单,主要由间谍秘密污染水源、食物或饲料。20世纪30—70年代为第二阶段,其发展的特点是生物战剂种类增多、生产规模扩大,主要施放方式为飞机播撒带有生物战剂的媒介物,该时期是历史上生物武器使用最多的年代。第三阶段始于20世纪70年代中期,其特征是生物技术迅速发展,特别是DNA重组技术的广泛应用,不但有利于生物战剂的大量生产，而且为研制适用于生物战要求的新战剂创造了条件，使生物武器进入“基因武器”阶段。

生物战剂是军事行动中用以杀死人、牲畜和破坏农作物的致命微生物、毒素和其他生物活性物质的统称（旧称细菌战剂）。生物战剂是构成生物武器杀伤威力的决定因素。

2.3.2　生物战剂的分类

生物战剂的种类很多，据国外文献报道，可以作为生物战剂的致命微生物约有 160 种之多，但就具有引起疾病能力和传染能力的来说就为数不算很多。现代生物战剂按照形态和病理主要分六大类。

(1)病毒类，如天花病毒、各种马脑炎病毒、热病毒等。

(2)细菌类，主要有炭疽菌、鼠疫杆菌、霍乱弧菌、野兔热杆菌、布氏杆菌等。这是二战前后使用得最多的生物战剂。

(3)立克次氏体类，一种能导致斑疹伤寒、战壕热等流行疾病的特殊病原体；主要有流行性斑疹伤寒立克次体、Q 热立克次体等。

(4)衣原体类，主要有鸟疫衣原体。

(5)真菌类，主要有球孢子菌、组织孢浆菌等。

(6)毒素类，主要有肉毒杆菌毒素、葡萄球菌糖毒素等。

根据生物战剂对人的危害程度，可分为两类。

(1)致死性战剂。致死性战剂的病死率在 10%以上，甚至达到 50%～90%。炭疽杆菌、霍乱弧菌、野兔热杆菌、伤寒杆菌、天花病毒、黄热病毒、东方马脑炎病毒、斑疹伤寒立克次体、肉毒杆菌毒素等。

(2)失能性战剂。病死率在 10%以下，如布鲁氏杆菌、Q 热立克次体、委内瑞拉马脑炎病毒、B 型葡萄球菌肠毒素等。

根据生物战剂有无传染性可分为两类。

(1)传染性生物战剂，如天花病毒、流感病毒、鼠疫杆菌和霍乱弧菌等。

(2)非传染性生物战剂，如土拉杆菌、肉毒杆菌毒素等。

2.3.3　常见的生物战剂

1. 病毒

病毒是以核酸为核心，用蛋白质包膜的微小生物体，它是已知的最小生物。病毒广泛存在于自然界，可感染一切动、植物及微生物。人类的急性传染病中，许多是由病毒引起的。病毒分为动物病毒、植物病毒和细菌病毒（即噬菌体）三类，对人类有致病性的病毒一般属于动物病毒。应用生物工程技术可以人工复制病毒，用作生物战剂，例如天花、黄热、脑炎、登革热拉沙等病毒。

2. 细菌

细菌是在显微镜下才能看到的单细胞生物，细胞的内部基本构造与一般植物细胞相似，有胞壁、胞浆膜、胞浆、胞核、空泡和细胞内颗粒。其大小不一，有的杆菌长达 8 μm，有的长度只有 0.5 μm。在合适的环境条件下，细菌具有生长繁殖和新陈代谢能力。能够作为生物战剂的细菌一般是致病性、传染性和战场使用性强的。

3. 立克次体

立克次体是介于细菌与病毒之间的一类微生物，它比细菌小，比病毒大。它们有与细菌一样的细胞壁和其他相似结构。含有的酶系统不如细菌完全，故其生活要求近似病毒，需要活细胞培养才能生长繁殖。目前发现的立克次体共有40多种，仅一小部分为致病性，是引起人类Q热、斑疹、伤寒等病的病原体。

4. 衣原体

衣原体也是一类介于细菌和病毒之间、在细胞内寄生的原核细胞型微生物。衣原体广泛寄生于人和动物，仅少数有致病性，引起人类疾病的有鹦鹉热衣原体等。

5. 真菌

真菌是一类真核细胞型微生物。细胞结构比较完整，有典型的细胞核，不含叶绿素，无根、茎、叶的分化。少数以单细胞存在，大多数是由丝状体组成的多细胞生物。真菌种类繁多，分布广泛，大多数对人无害或有利。但也有对人类不利的一面，有些真菌能使人致病，直接危害人类；另一些真菌能使家畜和农作物致病，或使粮食、食品和日用品霉烂，间接危害人类。使人致病的真菌不到100种，大部分引起皮肤、指甲、毛发和皮下组织的慢性病变。能作为生物战剂的真菌，主要有经呼吸道引起全身病变的粗球孢子菌和荚膜组织胞浆菌。农作物的传染病80%～90%由真菌引起，故真菌是平衡农作物的主要生物战剂。

6. 毒素

毒素是致病细菌或真菌分泌的一种有毒而无生命的物质。其特点是毒性强，1 g的肉毒毒素可使8万人中毒。微量毒素侵入机体后即可引起生理机能破坏，致使人、畜中毒或死亡。毒素没有传染性。毒素有蛋白质毒素和非蛋白质毒素。由细菌产生的蛋白质毒素，毒性强，能大规模生产，曾被作为潜在的战剂进行了广泛研究。可能作为毒素战剂的有A型肉毒毒素和B型葡萄球菌肠毒素，前者为致死性战剂，后者为失能性战剂。

2.3.4 生物战剂的特点

1. 致病性强，传染性大

生物战剂多为烈性传染性致病微生物，少量使用即可使人患病。在缺乏防护、人员密集、平时卫生条件差的地区，因其所致的疾病极易传播、蔓延。电影《生化危机》里明显表示生化病毒对人类伤害的效果，严重扩散可至全人类灭亡。

2. 污染面积大，危害时间长

直接喷洒的生物气溶胶，可随风飘到较远的地区，杀伤范围可达数百至数千平方公里。在适当条件下，有些生物战剂存活时间长，不易被侦察发现。例如炭疽芽孢具有很强的生命力，可数十年不死，即使已经死亡多年的朽尸，也可成为传染源。

3. 传染途径多

生物战剂可通过多种途径使人感染发病，如经口食入，经呼吸道吸入，昆虫叮咬、伤口污染、皮肤接触、黏膜感染等都可造成传染。

4. 成本低

有人将生物武器形容为“廉价原子弹”。据有关资料显示，以1969年联合国化学生物战专家组统计的数据，以当时每平方千米导致50%死亡率的成本，传统武器为2 000美元，核武器为800美元，化学武器为600美元，而生物武器仅为1美元。

5. 使用方法简单，难以防治

生物战剂可通过气溶胶、牲畜、植物、信件等多种不同形式释放传播，只要把 100 kg 的炭疽芽孢经飞机、航弹、鼠携带等方式散播在一个大城市，就会危及 300 万市民的生命。投放带菌的昆虫、动物还易与当地原有种类相混，不易发现。

6. 受影响因素复杂性

生物武器易受气象、地形等多种因素的影响，烈日、雨雪、大风均能影响生物武器作用的发挥。此外，生物武器使用时难以控制，使用不当可危及使用者本身。

2.3.5 生物战剂的危害

生物战剂有极强的致病性和传染性，能造成大批人、畜受染发病，并且多数可以互相传染。受染面积广，大量使用时可达几百或几千平方千米。危害作用持久，炭疽杆菌芽孢在适应条件下能存活数十年之久。带菌昆虫、动物在存活期间，均能使人、畜受染发病，对人、畜造成长期危害。致病微生物一旦进入机体（人、牲畜等）便能大量繁殖，导致破坏机体功能、发病，甚至死亡。它还能大面积毁坏植物和农作物等。不同生物战剂其危害不同，现在介绍几种常见的生物战剂的危害。

1. 炭疽

炭疽杆菌是人类历史上第一个被证实引起疾病的细菌，也是有悠久历史的一种生物武器。在恐怖分子可能利用的所有潜在的生物战剂中，炭疽杆菌是最容易获得的。炭疽是由芽孢菌炭疽杆菌引起的急性传染病，是一种人兽共患传染病，主要是直接或间接接触病畜而感染，也可由吸血昆虫叮咬感染。炭疽通常流型在有蹄哺乳动物中，也感染人体。人体的炭疽病有吸入型、肠道型和皮肤型等，一般在接触炭疽杆菌 7d 内发病。吸入型炭疽的最初症状类似普通的感冒，几天后出现呼吸困难、休克，甚至死亡；肠道型炭疽由食入被炭疽杆菌污染的食品或水引起，其症状是急性肠炎。如不治疗，吸入型和肠道型炭疽的致死率接近 100%。人与人之间直接传播炭疽的可能性极小。2001 年 8 月，日本科学家在奥姆真理教总部大楼的地下室内，发现了大量的炭疽杆菌溶液。同年 10 月，恐怖分子在美国利用信件传播炭疽杆菌干粉，造成了数人死亡，引起了人们心理上的极度恐慌。

2. 肉毒毒素

肉毒毒素是肉毒梭状芽孢杆菌产生的毒素，为多肽链的简单蛋白质，是一种嗜神经毒素，也是已知的天然毒素中毒性最强的物质，可引起肌肉麻痹。食物性肉毒中毒是吃进已感染毒素的食品引起的，通常 6 h～2 周内发病，主要症状有复视、视力模糊、眼睑下垂、言语含糊不清、吞咽困难、口干，尤其是快速发展的全身肌无力，如不进行人工呼吸，呼吸肌麻痹将致呼吸停止而死亡。肉毒中毒不在人与人之间传播。发病早期使用抗毒素可减轻症状，采用几个月的支持救护措施以后，大多数人最终均可痊愈。人经口服的致死量约为 0.002 mg，若以喷雾发放，人只需吸入 0.3 mg 就能致死。因此它可以算最具威胁的恐怖生物毒素。肉毒毒素的毒性虽高，但在实际使用中，由于它在空气中很快失活，故其杀伤力仅与神经性毒剂相当。

英国在第二次世界大战期间，使用肉毒毒素成功暗杀了纳粹头目莱茵哈德·海德里希。

3. 肺鼠疫

鼠疫曾在人类历史上有过三次大流行，约 2 亿人丧生。鼠疫是一种典型的自然疫源性人畜共患病。肺鼠疫是由鼠疫耶尔森菌引起的动物与人之间的传染病。鼠疫菌存在于许多地区的啮齿动物及其身上的跳蚤体内。鼠→蚤→人→人是本病的主要传播方式。肺鼠疫最初症状是发热、头痛、虚弱和咯血性或水性痰，在2～4 d内发生肺炎，可导致中毒性休克。肺鼠疫通过呼吸道呼出的飞沫在人与人之间传播，只有在与病人面对面接触时才易被感染。鼠疫可以借染菌的鼠类和蚤类进行生物战，还可以通过大量气溶胶的释放对人群进行攻击。其有效的抗生素有链霉素、四环素和氯霉素。

4. 天花

天花是天花病毒引起的，潜伏期7～17 d。天花病毒最初出现在古埃及，后来逐渐扩散到世界各地。天花病毒主要通过空气传播。天花是被人类最早消灭的传染病。天花病毒是DNA病毒，在自然环境中较为稳定，可通过空气、飞沫传染。人是天花病毒的唯一宿主，起初主要是通过病人的口咽部分分泌物直接在人群中散布，也可以通过直接与溃烂皮肤、排泄物或其他有污染的物品接触而传播。如果被用作生物武器很可能通过气溶胶散布。最初症状有高热、疲劳、头痛、背痛，2～3 d后出现特异性皮疹，后进一步发展成浅红色溃疡，其表面初期有脓性分泌物，于第2周初开始结痂，3～4周后脱落。天花通过病人的唾液飞沫感染易感人体而传播。在发病第1周内传染性最大。

5. Q热

Q热是一种全身性感染细菌，急性发病，寒战高热，伴有头痛、肌痛，不经治疗时，死亡率低于1%，可经呼吸道、消化道、皮肤、蚊虫叮咬传染，其传染性强。Q热病虽然死亡率低，但恢复较慢，可使病人长时间丧失活动能力，是失能性战剂。

2.3.6 生物战剂的防护

由于生物武器独有的强致病性和强传染性，前方和后方、军队和居民、人员和牲畜都可能受到袭击，发病后又可能互相传播。因此在组织防护时，可采取以下防护措施。

1. 做好经常性的防疫工作

如进行防疫、防护的宣传教育，开展群众性卫生运动，贯彻各种防疫制度，有计划地接种各种疫苗等。

2. 组织观察、侦察和检验，及时发现敌生物武器袭击

各种观察哨均兼有观察生物武器袭击的任务，发现袭击征象，及时通知部队进行一般防护。专业防护人员进行现场侦察，采集标本进行检验，确定生物战剂种类，通报部队采取针对性的防护措施，并从政治上揭露敌人。

3. 做好个人防护和集体防护

发现敌人进行袭击，接到防护指令后，立即戴上防菌口罩，扎紧裤脚、袖口，上衣塞入裤腰，颈部围上毛巾，战斗情况允许时，可进入工事，减少受染。受染后要抓紧时间，利用个人消毒包擦拭暴露的皮肤；利用战斗间隙，消灭服装、武器和车辆上的生物战剂；服用预防药物，补充接种疫苗，并定期接受医学观察。

生物武器气溶胶主要是经呼吸道侵入人体，因此，保护好呼吸道非常重要。防护的方法主要有以下几种。

(1)戴防毒面具。防毒面具的式样很多，但主要由滤毒罐和面罩两部分组成。滤毒罐包括装填层和滤烟层。装填层内装防毒炭，用于吸附毒剂蒸气，但对气溶胶作用很小。滤烟层是用棉纤维、石棉纤维，或超细玻璃纤维等做的滤烟纸制成的。为了增加过滤效果，滤烟纸折叠成

数十折，它的作用是过滤放射性尘埃、生物战剂和化学毒剂气溶胶，滤效可达99.99%以上。

(2)使用防护口罩。例如使用那种用过氯乙烯超细纤维制成的防护口罩。这种口罩对气溶胶滤效在99.9%以上。在紧急情况下，如果没有防毒面具或特殊型的防护口罩，也可采用容易得到的材料制造简便的呼吸道防护用具，例如脱脂棉口罩、毛巾口罩、三角巾口罩、棉纱口罩以及防尘口罩等。此外，还需要保护好皮肤，以防有害微生物通过皮肤侵入身体。通常采用的办法有穿隔绝式防毒衣或防疫衣以及戴防护眼镜等。

4.对污染区要及时标示范围

监视疫情，控制人员通行。发动广大军民对工事、住房、仓库和交通要道，进行消毒、杀虫和灭鼠。

5.加强疫区管理，控制传染病向外传播

发现鼠疫、霍乱、天花等烈性传染病人时，要尽快封锁疫区，组织好检疫工作，检疫时间根据传染病潜伏期确定。传染病人原则上应就地隔离治疗，不作远距离后送，以防传播。

为了更有效地防止生物武器的危害，在可能发生生物战的时候，可以有针对性地打预防针。对于清除生物战剂来说，可以采用的办法有两种。

(1)烈火烧煮。烈火烧煮是消灭生物战剂最彻底的办法之一。

(2)药液浸喷。药液浸喷是对付生物战剂的主要办法之一。喷洒药液可利用农用喷药机械或飞机等。用做杀灭微生物的浸喷药物主要有漂白粉、三合二、优氯净(二氯异氰尿酸钠)、氯胺、过氧乙酸、福尔马林等。对于施放的战剂微生物，由于它们可能附在一些物品上，既不能烧，又不能煮，也不能浸、不能喷，对付的办法就是用烟雾熏杀。此外，皂水擦洗和阳光照射以及泥土掩埋等也是可以采用的办法。

2.4　常规武器

2.4.1　常规武器定义

武器是直接用于杀伤地方有生力量和破坏敌方作战设施的器械、装置。除核武器、化学武器、生物武器等有大规模杀伤破坏性的武器以外的武器，通常称为常规武器。常规武器战斗部的弹药是含有火药、炸药或其他装填物，爆炸后能对目标起毁伤作用或完成其他战术任务的军械物品。炸药是爆炸做功，以摧毁对方武器装备、破坏工事设施以及杀伤有生力量。

2.4.2　弹药的组成及分类

1.弹药的组成

弹药一般由战斗部、投射部、稳定部和导引部组成。

(1)战斗部。战斗部是弹药毁伤目标或完成既定终点效应的部分，某些弹药战斗部仅由战斗部单独构成，如地雷、水雷、航空炸弹、手榴弹等。典型的战斗部有壳体、装填物和引信组成。装填物是毁伤目标的能源物质或战剂。常用的装填物有炸药、烟火药、预制或控制成型的杀伤穿甲原件等。弹药通过装填物的自身反应或其特性，产生力学、热、声、光等效应来毁伤目标。

战斗部依据目标作用和战术技术要求不同，可分为以下五类。

1)爆破战斗部：壳体较薄，内装大量高能炸药，主要利用爆炸的技术作用或爆炸的冲击波毁伤各类地面、水中和空中目标。

2)杀伤战斗部:壳体厚度适中,内装炸药及其他杀伤元件,通过爆炸后形成的高速破片来杀伤有生力量,毁伤车辆、飞机或其他轻型技术装备。

3)破甲战斗部:为聚能装药结构,利用聚能效应产生高速金属射流或爆炸成型弹丸,用以毁伤各类装甲目标。

4)动能穿甲战斗部:单体为实心或装少量炸药,强度高,断面密度大,以动能击穿各类装甲目标。

5)特种战斗部:母弹体内装有抛射系统和子弹等,到达目标区后抛出子弹,毁伤较大面积上的目标。

(2)投射部。投射部是提供投射动力的装置,使战斗部具有一定速度射向预定目标。

(3)稳定部。稳定部是保证战斗部稳定飞行,以正确姿态击中目标的部分。

(4)导引部。导引部是弹药系统中导引和控制弹丸正确飞行运动的部分。

2.弹药的分类

按照用途,可分为主用弹药、特种弹药、辅助弹药等。主用弹药用来毁伤各类目标,包括杀伤弹、爆破弹、穿甲弹、破甲弹、燃烧弹等;特种弹药用于完成某些特定作战任务,如照明弹、发烟弹、信号弹、宣传弹、干扰弹等;辅助弹药包括训练弹、教练弹、试验弹,是部队完成演习、训练、试验等非战斗使用的弹药。

按投射方式分为射击式弹药、自推式弹药、投掷式弹药和布设式弹药等。

按装填物的类别分为常规弹药、核弹药、化学弹药、生物弹药等。其中核弹药、生物弹药和化学弹药不仅具有大面积杀伤破坏作用,而且污染环境,属于大规模杀伤弹药,本章前面的内容已经阐述。

按配属可分为炮兵弹药、海军弹药、空军弹药、轻武器弹药和地雷、爆破器材等。

2.4.3 常规弹药的特点

常规弹药对目标的毁伤一般是通过其在弹道终点处于目标发生的碰击、爆炸作用将自身的动能或爆炸能或其产生的作用元(破片、射流等)对目标进行机械的、化学的、热力效应的破坏,使之暂时或永久地局部或全部丧失其正常功能,丧失作战能力。

1.破片杀伤

弹药爆炸时,形成不同质量、不同大小、不同速度、不同可见分布的破片,对不同目标(人员、军械等)起到毁伤作用。

2.弹药爆破

装填猛炸药的弹丸或战斗部爆炸时,形成爆轰产物和冲击波(或应力波)对目标具有破坏作用。由于作用于目标上的压力随距离的增大而下降很快,因此它对目标的破坏区域很小,只有与目标接触爆炸才能充分发挥作用。

爆轰产物的直接破坏作用。弹丸爆炸时,形成高温高压气体,以极高的速度向四周膨胀,强烈作用于周围邻近的目标上,使之破坏或燃烧。此种作用对目标的破坏趋于很小。

冲击波的破坏作用。当弹丸、战斗部或爆炸装置在空气、水等介质中爆炸时,形成强压缩波对目标形成破坏。它是由爆炸时高温高压的爆轰产物,以极高的速度向周围膨胀飞散,强烈压缩邻层介质,使其密度、压力和温度突跃升高并高速传播而形成的。

3. 弹药燃烧

弹药燃烧作用是燃烧弹(火种温度达 1 100～3 300 K)等弹药通过纵火对目标的毁伤作用。目标通常指可燃的木质建筑物、油库、弹药库、干木材以及地表面的易燃覆盖物等。

4. 弹药的穿甲作用

弹丸等以自身的动能侵彻或穿透装甲,对装甲目标所形成的破坏作用。弹丸速度为500～1 800 m/s,有的可高达 2 000 m/s。在穿透装甲后,利用弹丸或弹、靶破片的直接撞击作用,或由其引燃、引爆所产生的二次效应,或弹丸穿透装甲后的爆炸作用,可以毁伤目标内部的仪器设备和有生力量。

5. 弹药破甲

破甲弹等空心装药爆炸时,形成高速金属射流,对装甲目标的侵彻、穿透和后效作用产生毁伤效应。头部速度一般在 8 000 m/s 以上,而尾部速度则为 1 000 m/s 左右。

6. 弹药碎甲

碎甲是炸药装药紧贴装甲板表面爆炸,使装甲背部飞出崩落碎片并毁伤装甲目标内部人员与设备的破坏效应。它是利用高猛度塑性炸药与装甲板接触爆炸的爆轰波能量,转化为向板中传播的强冲击波能量来破坏装甲的。崩落碎片(主要是碟片)的质量和速度越大,则碎甲威力越大。

7. 弹药的软杀伤

软杀伤包括对人员的非致命杀伤效应和对武器装备的失能效应。对人员的软杀伤主要是生物效应和热效应。生物效应是由微弱能量的微波照射后引起的神经紊乱、行为错误、烦躁、致盲,或心肺功能衰竭等。对装备的毁伤主要有高功率微波战斗部作用时定向辐射高功率微波;电磁脉冲弹作用时,发出混频单脉冲。可以使电路失效,热效应可作为点火源和引爆源,瞬时引起燃烧甚至爆炸,也可以使元器件过热,造成局部热损伤等。

2.4.4　常规武器的防护

1. 开阔地上的防护

在开阔地上运动时,如突遭敌轻火力射击,应迅速卧倒,全身伏地,头部要低,以减少敌火杀伤,视情况也可出枪向敌射击。如遭敌炮真和空中火力袭击时,卧倒后,胸部不要紧贴地面,防止被炮弹、炸弹的爆炸震浪损伤。也可将双手交叉放在胸部或头部下进行保护。在开阔地上防敌炮击一旦敌火力减弱,应观察周围地形,并迅速向有利地形或下个位置运动(最好采取匍匐姿势)。敌火力猛烈的时候,一般不要移动。但如发现炮弹、炸弹和火箭来袭时,应快速离开原来位置进行隐蔽,躲避敌火力打击。

2. 利用地形防护

地形,是地貌和地物的总称。地貌是地而高低起伏的状态,如山地、平原、洼地等。地物是地面上固定的物体,如土丘、坟包、土坎、树木、房屋等。地形是地面上防敌火力袭击较好的遮蔽物。由于遮蔽物的存在,就在遮蔽物的后面形成了一定范围的遮蔽界和死角。遮蔽物越高大,其遮蔽界和死角就越大,反之,遮蔽物越矮小,遮蔽界和死角就越小。在利用地形时,要根据遮蔽物的高低、大小、形状、敌火力的威胁程度等情况,采取适当的姿势利用遮蔽界和用角防护。应做到快速接近,细致观察,隐蔽防护。敌火力减弱时,应视情况灵活地变换位置。

利用堤坎、田埂时,应利用背敌斜面,根据地物的高低采取不同姿势隐蔽防护。田埂低,应卧倒,身体紧贴田埂。堤坎高,也可采取跪、蹲、坐、立等姿势进行防护。如要射击,可利用堤坎的右侧或顶部。利用田坎防护利用土堆、坟包时,应利用土堆的背敌斜面;如果土堆比较小,可纵向卧倒,头紧靠土堆;如土堆较大,也可横向卧倒,但不要暴露身体。需要射击时,可利用土堆的右侧和顶部。利用土堆防护利用土(弹)坑、沟渠时,通常利用其前沿和底部;纵向沟渠利用弯曲部;根据敌情和坑的大小、深度,可采取跳、滚、匍匐等方法进入。在坑里可采取卧、跪、仰等各种姿势实施防护。敌火力减弱时,才能实施观察、射击或转移。利用弹坑防护树木可以有效防敌直瞄和间瞄火力的杀伤。利用树木防护时,通常利用其背敌面,树干较粗(直径50 cm以上)可采取卧、跪、立各种姿势;树干较细,通常采用卧姿。

3. 利用工事防护

所谓工事,就是为作战而构筑的防护性建筑物。如各种射击掩体、堑壕、交通壕、掩蔽部、崖孔(猫耳洞)、地堡、坑(地)道等,这些工事都能起到很好的防护作用。在工事内或在阵地附近行动而遭敌空、炮火力袭击时,要按信号或命令迅速进入隐蔽部或坑(地)道防护;如来不及进入隐蔽部时,应迅速在壕内卧倒或取适当姿势防护(有掩盖的堑壕、交通壕防护效果更好)。利用跪、立姿掩体防护时,应将随身武器迅速收回,靠至胸前,采取坐、跪、蹲等适当姿势防护。时间允许,应沿堑壕或交通壕快速进入掩蔽部、崖孔(猫耳洞)内。利用掩体防敌炮火袭击崖孔(猫耳洞)是构筑在壕壁边上的一种防护工事。由于是构筑在地下,有一定的天然防护层(50~100 cm),防敌空、炮火力打击的效果较好。特别是有拐弯或孔口有防护设施的崖孔更好。进出洞可采用跨腿屈身进入、撤腿屈身。进入和退出猫耳洞退出的方法。进入时,先进靠近崖孔的内侧腿,在屈身转体收武器的同时臀部进入,然后是上体、头部,撤回外侧腿进入并坐好。退出时,先出外侧腿,在转体屈身的同时头部、上体、臀部出洞,最后撤出内侧腿。

4. 利用建筑物防护

坚固的建筑物对敌空、炮火力打击具有一定的防护作用。当收到敌空、炮火力袭击警报和号令时,应利用墙根、房角、床、桌等物体,采取蹲、跪或卧倒姿势进行防护。但要尽可能避开易倒塌、易燃烧建筑物,不要在独立明显或敌可能会重点攻击的建筑物内隐蔽防护,以免造成间接伤害。如发现敌精确制导武器向防护的建筑物袭来时,应迅速离开建筑物进行躲藏,并利用其他地形实施防护。在建筑物内需要射击时,应尽可能靠近门窗,采取适当姿势射击。

利用建筑物防护注意:由于空中火力可以不断地变换攻击方向,因此,在防护的同时要不断观察空中情况,及时调整防护的方向。另一方面,在条件允许的情况下,也可按统一的命令,集火打击敌飞机。

2.5 新概念武器

随着高科技的不断发展,区别于现有常规武器的所谓新概念武器将可能出现,其中有些已经进入实际发展阶段或已经投入使用。这些新概念武器在一定程度上代表了未来武器装备的发展方向。有些新武器攻击的目标可以是大气、地壳、海洋、生物圈、天体或空间等。它可以改变环境,形成洪水、热风暴、地震、海啸、火山爆发、严寒,甚至可以通过破坏地方上空的臭氧层,使大量紫外线直射到地面,从而将地面上的全部生物烧死。更可怕的是基因武器的出现,倘若蔓延开来,将毁灭整个人类。可以想象在未来战场,这些技术一旦被使用,那对环境无疑是一场浩劫。

2.5.1　新概念武器的定义

新概念武器是指在工作原理和杀伤机理上有别于传统武器、能大幅度提高作战效能的一类新型武器。

新概念武器主要包括定向能武器、动能武器和军用机器人。

定向能武器又称束能武器，是利用各种束能产生的强大杀伤力的武器。它是利用激光束、粒子束、微波束、声波束的能量，产生高温、电离、辐射、声波等综合效应，采用束的形式，而不是面的形式向一定方向发射，用以摧毁或损伤目标的武器系统。依据被发射能量的载体不同，可分为激光武器、微波武器和粒子束武器。

动能武器指的是一类能够发射超高速(5 倍于声速)飞行的具有较高动能的弹头，利用弹头的动能直接撞毁目标的武器。主要有动能拦截弹(分为反卫星、反导弹 2 种)、电磁炮(分为线圈炮、轨道炮和重接炮 3 种)、群射火箭等。

军用机器人是一种用于军事领域的具有某种仿人功能的自动机器。可以用于执行战斗任务、侦察情况、实施工程保障等。有地面机器人、无人机、水下机器人、空间机器人等。

目前正在研制的新概念武器，还有气象武器、深海战略武器等。

2.5.2　新概念武器的特点

新概念武器是相对于传统武器而言的高新技术武器群体，正处于研制或探索性发展之中。它在原理、杀伤破坏机理(杀伤效应)和作战方式上，与传统武器有显著的不同，其特点如下。

1. 创新性

与传统武器相比，新概念武器在设计思想、工作原理和杀伤机制上具有显著的突破和创新，它是创新思维和高新技术相结合的产物。

2. 高效性

一旦技术上取得突破，可在未来的高技术战争中发挥巨大的作战效能，满足新的作战需要，并在体系攻防对抗中有效地抑制敌方传统武器作战效能的发挥。

3. 时代性

新概念武器是一个相对的、动态的概念。随着时代的发展和科技的进步，某一时代的新概念武器日趋成熟并得到广泛应用后，也就转化为传统武器。

4. 探索性

新概念粒子基因武器与传统武器相比，高科技含量大，技术难度高，在技术途径、经费投入、研制时间等多方面的不确定因素多，因而探索性强，风险也大。

2.5.3　新概念武器的简介

2.5.3.1　束能武器

束能武器的特点：

(1)束能传播速度可接近光速，这种武器系统，一旦发射即可命中，无需等待时间；

(2)能量集中而且高，如高能激光束的输出功率可达到数百至数千千瓦，击中目标后使其破坏、烧毁或熔化；

(3)由于发射的是激光束或粒子束，它们被聚集得非常细，来得又很突然，所以对方难以发现射束来自何处，对方来不及进行机动、回避或对抗。

定向能武器通常包括定向能束源、发射传输系统、目标捕获跟踪识别和杀伤评估系统等部分。定向能武器主要分为两类：一类是常规定向能武器，包括各类激光 、高能粒子束（中性氢原子束和电子束）武器；另一类是核定向能武器，包括核泵浦、X 光激光器和尚处于概念研究阶段的定向电磁脉冲弹和定向等离子体武器。例如，激光武器、粒子束武器、微波武器等。

可作定向能武器的激光器主要有化学激光器、准分子激光器、X 光激光器、自由电子激光器和 γ 射线激光器。定向能武器部署方式分天基和地基两种。天基部署是指把定向能武器设置于轨道高度为千千米级的卫星或作战平台上。化学激光器、核泵浦 X 光激光器、γ 射线激光器具有很高的能量重量比，因而可用于天基部署；中性粒子束主要用作目标识别，它仅能在高空（120 km 以上）运行，故只能用于天基部署。另一类如准分子激光器和感应直线加速器型自由电子激光器，能量重量比小，重量和体积很大，只能用于地基部署。

1. 激光武器

激光武器是利用激光束直接攻击目标的定向能武器。激光武器具有以下特点。

（1）快速。“光炮弹”以光速攻击目标，发射不需要时间上的“提前量”，只要预警能提供适当的作战准备时间（约几秒）。

（2）灵活。光射束的静质量为零，无后坐力，易于调整再发射方向，可对一个目标实施多次拦击，或在短时间内拦截多个目标。

（3）精确。激光方向强，加上精确的定向器，可将光束精确地聚焦在目标上，甚至目标物上的某一部位。

（4）作战消费比高。单发激光作战消耗约为千美元量级，而单发的对空导弹的价格为数万乃至数十万美元量级。

（5）不怕电磁干扰。电子战干扰手段几乎不影响其作战能力。

激光武器的弱点：在大气层使用时，云、雾、雨及烟尘会影响激光的有效传输，因而其效能不是全天候的，需要与其他武器配合使用，以发挥其所长。

激光武器按应用目的分为战术激光武器（激光致盲与干扰武器、激光放空武器）、战略激光武器（激光反卫星武器核反洲际弹道导弹激光武器）和战区激光武器（介于战术和战略激光武器之间）。

激光武器按布基方式不同分为步兵便携式、机载、舰载、地基和天基激光武器等。

激光武器的主要作战目标是各类导弹、飞机和卫星等。可将破坏目标分为软部件和硬部件破坏。

软部件的破坏是指导弹、卫星上的光电传感器（可见光和红外探测器）。其破坏机理按破坏阈值可分为两种，一是热致盲，即在较弱激光的作用下，探测器元件温度升高，使调制信号减弱乃至消失，从而导致功能暂时失效，导致这种破坏约需数瓦至 10 W/cm^2 的功率密度，照射时长 10 ms。二是永久性破坏，即在强激光照射下，探测器元件被烧坏、崩裂、脱落，不能再使用，其破坏阈值约为几十瓦每平方厘米的功率密度，照射约 1 s。

硬部件包括导弹壳体材料、机身、油箱、战斗部等。破坏机理有热破坏（包括热熔融、气体穿孔，引爆其内部的燃料，发生热爆炸）；力学破坏（包括变形、断裂等）；热力联合破坏等。

2. 粒子束武器

粒子束武器是用高能强流加速器将粒子源产生的电子、质子和离子加速到接近光速，并用磁场把它聚集成密集的束流，直接或去掉电荷后射向目标，靠束流的动能或其他效应使目标失效。

粒子束武器包括粒子加速器、能源、目标识别与跟踪、粒子束瞄准定位和指挥与控制等系统。其中粒子加速器是粒子束武器系统的核心，用于产生高能粒子束。为了对付加固目标，要把被加速粒子的能量提高到 100 MeV，甚至要提高到 200 MeV，并要求能源在 600 s 内连续提供 100 MW 的功率，最大流强 10 kA，脉冲宽高 70ns。平均每秒产生 5 个脉冲。

粒子束武器对目标的破坏能力比激光武器更强。其主要特点如下。

(1)穿透力强。能量在 100～400 MeV 的氩原子束的轰击时，需要 4～41 cm 厚的铝屏蔽层。

(2)能量集中。粒子束武器是通过聚焦的方法使得单位面积上通过的能量达到相当大，高能加速器每秒大约发射 6×10^4 个离子，这些高速运动的粒子通过聚焦后所形成的粒子束射向目标，其威力与 1lb(453.6g)高能炸药直接在目标上爆炸所具有的威力相当。大功率的粒子束武器能够击毁洲际导弹、卫星和宇宙飞船等。

(3)效能高。它除了像激光武器那样以热爆炸波来毁伤目标外，还由于粒子束同目标材料直接作用时，其耦合系数较高，这样对目标具有更大的毁伤作用。例如要烧穿 5mm 厚的银合金材料，在使用激光武器时，每平方厘米输入 1MJ 的激光能量，而使用粒子束武器每平方厘米只需要输入 0.03MJ 的能量。

(4)反应速度快。粒子束武器与激光武器一样，基本无惯性，通过“磁镜”可以随时改变粒子束的发射方向，可以多次、灵活、方便地改变发射方向，在极短时间内对付多批次目标的大规模袭击。粒子束运动速度接近光速(3×10^8 m/s)，而洲际导弹的速度为 7m/s 左右，因此在用粒子束武器反导时，无需提前量，能在 1s 的时间内摧毁 1 000 km 以外的目标。

(5)具有全天候作战能力。由于高能粒子束在穿过大气时，产生三种效应：①电离效应，使空气电离，形成导电气体，具有穿云透雾的能力；②升温效应，形成亚真空通道，电子脉冲通过时，损失的能量较少；③磁效应，带电粒子产生磁场可以克服离子之间的部分排斥力。因此粒子束武器基本不受气象条件限制，从而具备全天候作战的能力。

由于上述特点，粒子束武器称为打击空间飞行器、洲际导弹和其他高速运动点状目标的理想武器。

根据其使用特点，粒子束武器分为两大类：一类是在大气中使用的带电粒子束武器，它可以实施直接击穿目标的“硬”杀伤，也可以实施局部失效的装备发展“软”杀伤；另一类是在外层空间使用的中性粒子束武器，主要用于拦截助推段导弹，也可以拦截中段或再入段目标。

粒子束武器的杀伤机理与激光武器相似，分为烧蚀效应、引爆药早爆和破坏目标电子设备与器件三种方式。烧蚀效应是基于高能粒子束射到目标瞬间可产生 8 000℃的高温，会使目标表层迅速汽化、破碎、热破裂，造成目标结构和内部设备的破坏。引爆药早爆，即由于能量沉积和粒子束强烈冲击，引起起爆药提前起爆，粒子束拦截巡航导弹时，1 km 处的能量为 0.7～10MJ 就可使引爆药引爆；在 2 km 处，能量可达 0.1MJ，可以用静电起爆引爆系统。破坏目标的电子设备和器件，高强度的粒子束可以直接烧毁电子设备或形成脉冲电流，使电子设备受到破坏，据报道，只要粒子每毫秒在每立方厘米的材料中能沉淀 1 000 J 的能量，就会彻底破坏武器装备中的电子线路。

3. 微波武器

微波武器又称射频武器，是一种采用强微波发射机、高增益天线以及其他配套设备，使发射出来的强大的微波束(300～30 000 MHz,波长 0.01～1 m)会聚在窄波束内,以强大的能量杀伤、破坏目标的定向能武器,其辐射的微波波束能量,要比雷达大几个数量级。

可用于攻击军事卫星、洲际弹道导弹、巡航导弹、飞机、坚挺、坦克、C^4I系统以及空中、地面、海上的雷达、通信和计算机设备,尤其是智慧通信枢纽、作战联络网等重要的信息战节点和部位,使目标遭受物理性破坏,并丧失作战效能。

微波武器的杀伤作用有三方面。一是可用于杀伤人员,就其杀伤机理而言,有“非热效应”与“热效应”两种”。“非热效应”是利用 3～13 W/cm^2 的弱波能量照射人体,以引起人员烦躁、头痛、神经紊乱、记忆力衰退等。这种效应如果用到战场上时,可使各种武器系统的操作人员产生上述心理变态,导致武器系统的操作失灵。而“热效应”则是利用强微波辐射照射人体,能量密度为 20～80 W/cm^2,照射时间为 1～2 s,通过瞬时产生的高温高热,造成人员的死亡。微波束另一个特点是,它可以穿过缝隙、玻璃或纤维进入坦克装甲车辆内部,烧伤车辆内的乘员。二是破坏各种武器系统中的电子设备。0.01～1 $\mu W/cm^2$ 的弱微波,即可使工作在相应频段的雷达和通信设备受到干扰而无法正常工作。1 $\mu W/cm^2$～1 W/cm^2 的微波,可直接使通信、雷达、导航等系统的微波电子元件失效或烧毁;1～100 W/cm^2 的强微波,可使金属目标的表面产生感应电流和电荷,使武器装备完全丧失作战效能。100～10 000 W/cm^2 的超强微波,可在极短时间内加热破坏目标,可使 14 m 远的铝燃烧,260 m 处的闪光灯泡瞬间点燃,甚至引爆远距离的弹药库或核武器。三是攻击隐身武器。当隐身飞机等隐身武器遇到强微波武器的高能波束,轻者瞬间被烧毁,重者即刻熔化。

微波武器与激光束、粒子束武器相比作用距离更远,受天气影响更小,从而使对方相应对抗措施更加复杂化。战术微波武器,例如车载战术性的微波武器的研究进展较快,可望在下世纪初装备部队。此外,目前美国已研制能在微波波段产生千兆瓦脉冲功率的实验型微波发射管,并希望最终脉冲功率达到 100 千兆瓦。

微波武器目前存在的以下几个问题。①对有核防护设施的目标无效。许多国家的军用电子系统装有防原子破坏设备,并开始制定了有关军用电子设计标准。这些设备对微波武器也有同样的防范作用,其原因是金属板可保护电子设备不受微波热效应的影响;②使用中对友邻部队可能构成威胁。为了发挥微波武器的作用,其功率必须很大,这样就可能对在一定范围内的友邻部队的电子系统构成巨大威胁。为防止这一点,就必须采用高度定向的天线或利用地面屏蔽物;③微波武器可能遭受反辐射导弹(ARM)的攻击。ARM 是一种寻的无线电和雷达信号的导弹。不言而喻,由于微波武器能发射出功率很大的电磁波,因此,ARM 被看作是微波武器的天敌,但对这一问题,国际上有学者持不同看法。其理由:一是认为微波武器功率很高,因此可能事先引爆来犯导弹;二是微波武器可能会影响 ARM 制导系统中的微电子线路,从而破坏 ARM 对其的跟踪而偏离航向。

2.5.3.2 动能武器

动能武器是能发射超高速飞行的具有较高动能的弹头,利用弹头的动能直接撞毁目标,可用于战略反导,反卫星和反航天器,也可于战术防空,反坦克和战术反导作战。

动能武器是指利用发射高超速弹头的动能直接撞毁目标的武器。所谓高超速,通常指具备 5 倍以上的声速(331.36 m/s)的速度。由于弹头的速度极快,人们把它形象地称为“太空神箭”。动能武器分为动能拦截武器、电磁发射武器、群射火箭等。现在介绍几种动能武器。

1. 电磁炮

(1)概念。电磁炮属于电磁发射武器，是一种利用电磁力沿导轨发射炮弹的武器。

(2)组成。电磁炮通常由电源、加速器、开关及能量调节器等组成。

电源：发射电磁炮弹所需要的大量能源，来源于燃料驱动发电机和储能器。先由储能器从发电机获取能量，并把它储存起来，一旦需要发射，能在瞬间向加速器提供巨大的电流脉冲能量。因此，储能器是电磁炮的动力源泉。所采用的储能器有蓄电池组、磁通压缩装置、单极发电极和补偿型脉冲交流发电机等。其中单极发电机可能是短期内最有发展前途的能源。

加速器：即轨道炮，是把电磁能量转换成炮弹动能，使炮弹达到高速的装置。它有多种结构类型。其中主要的有两种，一种是使用低压直流单极发电机供电的轨道炮加速器，另一种叫同轴同步线圈加速器，亦称“大型驱动机”。

开关：犹如火炮的炮闩，是接通电源和加速器的装置，能在几毫秒之内把兆安级电流引进加速器中。常用的一种由两根铜轨和一个可在其中滑动的滑块组合而成。

能量调节器：调节输入加速器的脉冲电流的装置。又称中间级储能感应线圈。作用是对输入加速器的电流整流，使之适合发射要求的电感量。

此外，电磁炮还包括瞄准装置，目标探测，跟踪、识别系统等等。

(3)特点。电磁炮与普通火炮或其他常规动能武器相比，具有很多独特的优势。

1)射速快，动能大，射击精度高，射程远。电磁炮的发射速度突破了常规火炮发射速度的极限。弹头具有的动能可达同质量炮弹的几十倍甚至上百倍，一旦瞄准目标，命中概率大，摧毁的可能性高。由于电磁炮是靠其动能毁伤目标的，一些采用抗激光、粒子束防护的“装甲”和一般加固措施的导弹，虽能突破定向能武器的防御，但也难逃脱电磁炮的摧毁。

2)射击隐蔽性好。电磁炮射击时，既无炮口焰、雾，也无震耳欲聋的炮声，不产生有害气体。无论白天还是夜晚射击都很隐蔽，对方难以发现。

3)射程可调。常规火炮的射程及射击范围是通过改变发射角和发射不同弹药来调整的，操纵复杂，变化范围有限。而电磁炮只需调节控制输入加速器的能量即可达到调整目的，简便易行，精确度高。但尺有所短、寸有所长，电磁炮也存在着炮管使用寿命短、轨道部件易遭损坏、体积庞大等不足。

(4)应用。电磁炮以其独特的优势在军事上具有十分广泛的应用及不可估量的发展前景，主要表现在以下几方面。

1)用于反卫星和反导弹。美国国防部和美国空军正在联合主持一项天基动能武器研究计划，名曰“电磁轨道系统”。由安装在模拟空间环境的真空室里的电磁炮发射的小型弹头的速度已达 8.6 km/s。实验中的第一代电磁炮，能将 1 000～2 000 g 重的炮弹，以每秒 5～25 km 的速度射向 2 000 km 外的目标，可用于拦截洲际弹道导弹和中低轨道卫星。

2)用于战术防空。用电磁炮代替高射炮和防空导弹执行防空任务。美国研制中的战术用电磁炮，其发射速度可达每分钟 500 发，射程几十千米。美国海军也考虑利用轨道电磁炮代替舰上的“火神/方阵防空系统”。它与舰上防空、反导探测系统相配合，不仅能打击各种飞机，还能远距离拦截类似法国“飞鱼”式的导弹。

3)用于反装甲。电磁炮的巨大动能，可穿透现有坦克的各种装甲。

4)用于增大常规火炮射程。如在普通火炮炮管口部加装电磁加速器，可大大提高火炮的射程。

此外，随着电磁发射技术的发展，今后的电磁炮不仅能用来发射炮弹，还可用来发射无人飞机、载人飞机，发射导弹、卫星，甚至航天器等。

2. 动能拦截器

(1)概念。动能拦截器是一种自主寻的，利用与其目标直接碰撞的巨大动能来杀伤目标的飞行器。分为拦截器本体直接碰撞杀伤，一般用于反战略弹道导弹；拦截器带有杀伤增强装置，即能增大拦截器与目标的碰撞的面积。

(2)杀伤机理。物体的动能传递给另一个物体，并使之受到损伤。计算和实验验证，当两个飞行器的相对速度大于 5 km/s 时，动能拦截器的质量只需 40 g 就能实现有效的杀伤，如果动能拦截器的质量为 2.3 kg，相对速度 10 km/s，其相撞的动能相当于 73 kg 的 TNT 爆炸所释放的能量，大约是能可靠摧毁一枚洲际弹道导弹所需能量的 100 倍。

(3)特点。由于动能拦截器省略了引信和战斗部，既减轻了质量又提高了安全可靠性，但在同时又要求有更高的精确性，以完成与目标的直接碰撞，为此，需要有高精度制导和快速响应控制作为技术保证，因而也带动了与之密切相关的高精度红外成像导引头和直接侧向力等新技术的快速发展。

(4)应用。实际应用中，例如反卫星动能拦截器、反导弹动能拦截器、用于地基和海基的中断防御拦截器以及用于战区高空防御的动能拦截器等。

反卫星动能拦截弹，是一种靠弹头的动能，击毁敌方卫星的机载空对空导弹。

反卫星动能拦截弹，基本上利用的是现成导弹技术。比如，苏联从 1963 年开始研制的这种武器，导弹长为 4.2 m，直径 1.8 m，用 SS－9 洲际导弹或其改进型运送入轨。它由推进系统、侦察瞄准制导系统和战斗部等组成。推进系统包括主发动机（推力 5 780 N、工作时间 400 s)，轨道发动机和自控发动机。侦察瞄准制导系统能在 111～185 km 范围内捕获目标，并在 9.3～55.6 km 的范围内锁定目标，最后在雷达引导下逼近目标。战斗部，是用于摧毁目标的装置，通常使用常规炸药，也有使用核装料的。苏联的这种反卫星拦截弹虽然比较笨重，只能拦截低轨道卫星，且反应时间长，生存能力与抗干扰能力较差，但它将成为未来世界上第一代具有实战能力的反卫星系统。

美国从 20 世纪 60 年代开始研究核能反卫星动能拦截弹。20 世纪 70 年代转向发展非核杀伤的战斗部，1977 年开始研制非核杀伤的反卫星拦截导弹。该导弹全长 5 428 mm，直径 501.9 mm，重 1 220 kg，有效拦截高度 500 km。该导弹由三级组成一、二级为火箭发动机，采用近程攻击导弹火箭和“牵牛星Ⅲ”固体火箭。第三级为战斗部，即弹头。上面装有动能撞击杀伤器、8 个红外望远镜、数据处理机、激光陀螺和 56 个操纵火箭，采用惯性加红外制导方式。反卫星动能拦截弹由 F－15 战斗机运载。其拦截卫星的过程是：根据地面指挥中心指令，F－15战斗机从 10.7～15.24 km 的高度上发射；导弹脱离飞机后，靠弹上惯性制导，飞抵预定空间点；弹上红外传感器开始搜索目标，一旦捕捉到目标，即自动跟踪；当拦截弹达到最大速度时，战斗部与第二级火箭脱离；弹头依靠小型计算机控制，通过点火与熄灭自身火箭，进行弹道修正，直至战斗部以 13.7 km/s 的高速度与目标相撞，将其摧毁。该拦截弹虽具有成本低、机动灵活，命中精度高等优点，但也只能攻击 500 km 以下的低轨道卫星。它有可能成为美国最先投入实战部署的星战武器。

反导弹动能拦截弹，是一种利用弹头动能，摧毁来袭导弹弹头的导弹。它是未来星战武器中的重要成员。与反卫星动能拦截弹一样，反导弹动能拦截弹大部分也是采用现成的导弹技术。例如，海湾战争中，美国使用的“爱国者”地空导弹就属于此类。

“爱国者”是美国陆军研制的第三代全天候、全空域武器系统，能在电子干扰条件下以强大的火力快速投入战斗，用以拦截低、中、高空进攻的多个地空导弹、巡航导弹和近程弹道导弹等。该导弹系统于1965年开始研制，1985年开始装备部队。据称，每枚导弹的造价约80万美元。

“爱国者”武器系统由以下五部分组成：发射架/导弹发射厢、指挥控制车、雷达装置、天线/天线杆组合、电源车。每个“发射单位”由8～16辆发射车组成，每个发射厢有4枚导弹。“爱国者”导弹弹长5.3 m，弹径0.41 m，翼展0.87 m，弹重约1 000 kg。最大速度是音速的三倍，战斗部重6 kg。采用破片效应摧毁目标，杀伤半径为20 m。战斗部装有高能装药或核装药，杀伤概率为90%，采用无线电近炸引信，具有良好的抗干扰能力，并装有反雷达导弹诱饵系统。它的作战半径为3～100 km；作战高度300 m至24 km。由于采用能对相当大空域内分布的100个目标实施搜索、监视的相控阵雷达TVM末段制导，大大提高了系统的制导精度和抗干扰能力，该雷达可同时以9枚导弹拦截不同方向、不同高度的目标。此外，该系统还可安装于舰船上，并能用大型运输机或直升机空运，具有很好的机动能力。

3. *群射火箭*

(1)概念。所谓群射火箭，就是一种子弹式旋转稳定的无控火箭。主要用于摧毁再入段洲际弹道导弹弹头。设计中的这种火箭发射装置是一种可横向旋转360°的由数十个管集合而成的圆桶形发射器。这种火箭直径约2.54～7.62 cm，长度为25.4～38.1 cm，大小如60 mm迫击炮炮弹。火箭使用普通钢质壳体和一种较好的高氯酸铵推进剂。飞行速度可达1.5 km/s，拦截范围是1.2 km左右。

(2)工作过程。其拦截来袭导弹的过程是：接到指令后，群射火箭发射，在来袭弹头再入大气层的临空弹道上，形成一个多层次的密集的火箭雨阵，与来袭的弹头相碰撞，将弹头摧毁。用这种火箭保护洲际导弹的地下发射井，预计每个井需配备5 000～10 000枚火箭，拦截成功率约为85%以上。在美国的研制计划中，它是构成星球大战计划最后一道反导屏障的武器系统。

(3)特点。由于该武器具有重量轻、体积小，便于生产和使用，操作易于实现全自动化等优势，因而，将成为未来实战中最先投入使用的武器之一。

4. *反卫星卫星*

(1)概念。又称拦截卫星，是一种对敌方有威胁的卫星实施摧毁或使其失效的人造地球卫星。它是苏联一直致力于研究、试验的反卫星系统。被认为可能成为世界上具备反卫星实战能力的第一种太空动能武器，仍在不断改进之中。

(2)组成。拦截卫星一般包含跟踪引导系统、飞行控制系统、动力系统、战斗部和星体等主要部分。

跟踪引导系统包括地面跟踪引导部分和拦截卫星的星体内的跟踪测量部分。其中星体内的跟踪测量设备用于测量目标运动参数，确定拦截卫星与目标的相对距离和速度，并将信息传给控制系统，引导卫星遵循一定路线飞行、接近目标。飞行控制系统包括制导和稳定部分。制导部分控制卫星的飞行路线，保证它按选定的攻击路线飞行。稳定部分是一组设置在拦截卫星上的装置，用于保证卫星在空间飞行时，不随便转动，保持方向和稳定星体。动力系统是拦截卫星作轨道机动和稳定等提供动力的。常采用推力大小和方向可调的发动机或小喷嘴。战斗部是杀伤目标的具体执行者，它的任务是摧毁或破坏目标使之失效。它的形式有多种，可以是普通战斗部(装弹丸或弹片)或是核战斗部，以自身爆炸与目标同归于尽；也可以是激光或粒子束武器，及其他能使目标失效的武器。但一般是采用常规战斗部(装弹丸或弹片)。

(3)工作过程。反卫星的攻击手段有以下几种：一是椭圆轨道法——将拦截卫星发射到一条椭圆轨道上，远地点接近目标的轨道高度，多用于拦截高轨道的卫星；二是圆轨道法——将拦截卫星的圆轨道与目标卫星的轨道共面，这样便于进行机动变轨去接近攻击目标，也可节省推进剂；三是急升轨道法——将拦截卫星发射到一条低轨道上，并在一圈内进行变轨机动，快速拦截目标卫星，使其来不及采取防御措施，但需要消耗较多的推进剂。

2.5.3.3 军用机器人

1. 地面机器人

地面机器人主要是指智能或遥控的轮式和履带式车辆。地面军用机器人又可分为自主车辆和半自主车辆。自主车辆依靠自身的智能自主导航，躲避障碍物，独立完成各种战斗任务；半自主车辆可在人的监视下自主行使，在遇到困难时操作人员可以进行遥控干预。

2. 无人机

被称为空中机器人的无人机是军用机器人中发展最快的家族，从1913年第一台自动驾驶仪问世以来，无人机的基本类型已达到300多种，在世界市场上销售的无人机有40多种。美国几乎参加了世界上所有重要的战争。由于它的科学技术先进，国力较强，因而80多年来，世界无人机的发展基本上是以美国为主线向前推进的。美国是研究无人机最早的国家之一，今天无论从技术水平还是无人机的种类和数量来看，美国均居世界首位。纵观无人机发展的历史，可以说现代战争是无人机发展的动力，高新技术的发展是它不断进步的基础。

3. 水下机器人

水下机器人分为有人机器人和无人机器人两大类：其中有人潜水器机动灵活，便于处理复杂的问题，但人的生命可能会有危险，而且价格昂贵。

无人潜水器就是人们所说的水下机器人，“科夫”就是其中的一种。它适于长时间、大范围的考察任务，近年来，水下机器人有了很大的发展，它们既可军用又可民用。随着人对海洋进一步地开发，它们必将会有更广泛的应用。按照无人潜水器与水面支持设备(母船或平台)间联系方式的不同，水下机器人可以分为两大类：一种是有缆水下机器人，习惯上把它称作遥控潜水器，简称“ROV”；另一种是无缆水下机器人，潜水器习惯上把它称作自治潜水器，简称“AUV”。有缆机器人都是遥控式的，按其运动方式分为拖曳式、(海底)移动式和浮游(自航)式三种。无缆水下机器人只能是自治式的，还只有观测型浮游式一种运动方式，但它的前景是光明的。

4. 空间机器人

空间机器人是一种低价位的轻型遥控机器人，可在行星的大气环境中导航及飞行。为此，它必须克服许多困难，例如它要能在一个不断变化的三维环境中运动并自主导航；几乎不能够停留；必须能实时确定它在空间的位置及状态；要能对它的垂直运动进行控制；要为它的星际飞行预测及规划路径。

5. 无人作战平台

随着微机电、微制造技术的快速发展，微型无人作战平台在军事领域越来越显示出巨大的应用价值。世界研究的微型无人作战平台主要有两大类：微型飞行器和微型机器人。

微型飞行器。微型飞行器具有良好的隐蔽性，因此可执行低空侦察、通信、电子干扰和对地攻击等任务。美国 1997 年推出了为期 4 年的微型飞行器计划。其中的“微星”项目是一种可由单兵手持发射的微型飞行器，长度小于 15 cm，重量不足 18 g，因为形体微小，即使在防空雷达附近盘旋，也难以被探测到。2011 年美国空袭阿富汗，美军装备的无人驾驶飞行器第一次在战场露面就取得了不俗战绩，它在侦察的同时还能攻击地面活动目标，可谓“文武双全”。

微型机器人。微型机器人可分为厘米、毫米和微米尺寸机器人，有一定智能，可在微空间进行可控操作或采集信息，其最突出的优点是能执行常人无法完成的任务，而且可批量、廉价制造。美国研制的一种可探测核生化战剂的微型机器人，只有几毫米大小。还有一种构想中的“黄蜂”微型机器人，只有几十毫克重，可携带某种极小弹头，能喷射出腐蚀液或导电液，攻击敌方装备的关键电子部件。

2.5.3.4　气象武器

所谓“气象武器”是指运用现代科技手段，人为地制造地震、海啸、暴雨、山洪、雪崩、热高温、气雾等自然灾害，改造战场环境，以实现军事目的的一系列武器的总称。随着科学和气象科学的飞速发展，利用人造自然灾害的“地球物理环境”武器技术已经得到很大提高，必将在未来战争中发挥巨大的作用。

从理论上来说，干旱、龙卷风、雷电、洪灾、冰雹等极端天气都可以人为制造，其主要制造以控制平流层气流及气压来产生对气候的影响。如雷暴发生器、龙卷风器、人工造山等方法都将属于未来战争的武器系统及攻击装备。

在一定有利时机和条件下，通过人工催化等技术手段，对局部区域内大气中的物理过程施加影响，用较少的能量去“诱发”它们，就会发生巨大的能量转换，使天气向着预期的方向发展。

实际上，人工影响天气是一个系统工程，从催化剂选型、作业方法选择，到天气的监测预报，缺一不可，而且各项工作都要做到准确无误。即使是这样，在万里晴空的天气下，也很难做到人工降雨，对于一些系统性的强天气，比如大暴雨、大暴雪、台风等，人工影响天气的作用就显得微乎其微了。

据 1981 年 4 月 1 日英国《卫报》报道，英国经过 13 年的秘密研究，突破了传统的施放催化剂影响局部天气的框框，从调节大气基本结构的思路出发，通过人工调节对流层中静电屏蔽层的密度来决定气团的运动，从而实现对天气和气候的控制。据称，它可以控制 5 000 km 范围内的天气，而且成功率超过 93%。

气象武器和气象战十分隐蔽，人工影响天气所造成的后果与自然天气变化浑然一体，难以分辨；而且在某时、某地对天气施加的影响效果，可能在几小时甚至几天以后在距作业区很远的地区才表现出来，人们很难发现其与人工作业之间的联系。因此，气象战可在敌方毫无觉察中达到战争目的。但气象武器也有不足之处，如不能区别对待攻击对象，参战人员和平民、交战国和中立国，有时甚至连己方和友军部队的行动也会大受影响。

2.5.3.5　非致命武器

非致命武器是指为达到使人员或装备失去功能而专门设计的武器系统。按作用对象，非致命武器可分为反装备和反人员两大类。国外发展的用于反装备的非致命武器主要有超级润滑剂、材料脆化剂、超级腐蚀剂、超级黏胶以及动力系统熄火弹等。

1. 超级润滑剂

采用含油聚合物微球、聚合物微球、表面改性技术、无机润滑剂等作原料复配而成的摩擦因数极小的化学物质。主要用于攻击机场跑道、航母甲板、铁轨、高速公路、桥梁等目标，可有效地阻止飞机起降和列车、军车前进。

材料脆化剂是一些能引起金属结构材料、高分子材料、光学视窗材料等迅速解体的特殊化学物质。这类物质可对敌方装备的结构造成严重损伤并使其瘫痪。可以用来破坏敌方的飞机、坦克、车辆、舰艇及铁轨、桥梁等基础设施。

2.超级腐蚀剂

一些对特定材料具有超强腐蚀作用的化学物质。设想一下，对坦克手来说，刀枪不入的复合装甲在这种腐蚀剂的作用下变软该是多么可怕的事情！

3.超级黏胶

一些具有超级强黏结性能的化学物质。国外正在研究将它们用作破坏装备传感装置和使发动机熄火的武器，以及将它们与材料脆化剂、超级腐蚀剂等复配，以提高这些化学武器的作战效能。

4.反人员非致命性武器

它可使敌方战斗减员，使敌方造成沉重的伤员负担。国外正在研究的反人员非致命武器主要有化学失能剂、刺激剂、黏性泡沫等。

(1)化学失能剂。分为精神失能剂、躯体失能剂，它能够造成人员的精神障碍、躯体功能失调，从而丧失作战能力。国外又在研究强效镇痛剂与皮肤助渗剂合用，它能迅速渗透皮肤，使人员中毒而失能。严格说来，这也是化学毒气的一种，不过不取人性命而已。

(2)刺激剂。是以刺激眼、鼻、喉和皮肤为特征的一类非致命性的暂时失能性药剂。在野外浓度下，人员短时间暴露就会出现中毒症状，脱离接触后几分钟或几小时症状会自动消失，不需要特殊治疗，不留后遗症。若长时间大量吸入可造成肺部损伤，严重的可导致死亡。

(3)黏性泡沫。属于一种化学试剂，喷射在人员身上立刻凝固，束缚人员的行动。美军在索马里行动中使用了一种“太妃糖枪”，可以将人员包裹起来并使其失去抵抗能力。它可以作为军警双用途武器使用，美国已开发出了第二代肩挂式黏性泡沫发射器。

2.5.4 新概念武器的影响

1.突破传统战法

新概念武器以先进的现代电子技术为基础，是传统电子技术的延伸和拓展，可以实现高精度和高毁伤效能的有机统一，对未来战争产生革命性的影响。

2.影响战争进程

新概念武器突出的性能和效能倍增作用是常规武器无可比拟的，加快战争的步伐，改变战争进程。

3.关系战争胜负

新概念武器特别适合防空、防天、导弹攻防、对地攻防和信息对抗，即可用于战术作战，又可用于战略威慑。新概念武器的运用改变了战争样式和作战方式，也直接关系到战场力量对比的变化、战场主动前的得失以及战争结局的变化，最终关系到取得战争的胜利。

未来战争中，新概念武器有的将可能用于实战，有的正处于研制阶段，还有的尚处于设想阶段。但不管怎样，将会影响全人类的生活，这是值得人类共同关注的。

第3章 化学与食品添加剂

3.1 食品安全简介

食物对于人类生存至关重要。它不仅能够提供人体生存、生长、保持健康必不可少的蛋白质、碳水化合物、脂肪、纤维素、维生素和微量元素，有时还有社会和宗教意义。几千年来，食物在人类社会中扮演的角色几乎没有什么太大的变化。一般食用之前，人们会用各种烹饪的方法加工食材。人们在食物中加入各种化学物质，以改变食物的味道、颜色、口感，增加营养或改进口味，甚至开发出了许多自然界中不存在的食品。

现在的食品加工技术有利有弊。比如，从前很多食物只有在一年中的特定时间才能吃到，可是现在人们几乎随时都可以享用。有的食品只能在两三天内食用，而现在可以超过半年。但是，有的食品添加剂对人体健康有害，而且这类食品的蔓延可能会危害大自然和生态环境。

当今社会，食品加工技术层出不穷。究竟什么才算好食品，什么又是不好的食品？天然食品真的比加工食品更好吗？什么时候加入添加剂或者说什么时候加工能够提高食品营养价值，而什么时候又会降低食物的营养价值，甚至对人造成不好的影响？一般的消费者对这些问题大都不甚明了。

迄今为止，使用最普遍、最古老的食品加工方式就是食品保存，即防止食物变坏、变质的方法，这些方法几乎从人类文明萌芽就开始了，例如食品的腌制、烹饪、熏制、冷冻、风干等，都是古老的食品保存技术，其中最为重要的是腌制。但对其背后的原理和认识则是到了19世纪之后，随着科学研究的逐步认识和深入，人们才真正解释了这些方法为什么可以保存食物。例如风干的方法能够减少细菌生长需要的营养物质，达到保存食物的目的；冷冻的方法可以降低食品的温度，在低温下细菌很难生长繁殖。香料能释放出对细菌有害的化学物质，也能抑制细菌生长；熏制过的食品也能保存很长时间。这都说明许多化学物质都有助于保存食物。但现代社会开发新食品大多数处于个人利益，可能添加大量的色素、香精、防腐剂、固化剂等，给食品的食用带来了巨大的潜在危险，这就出现了食品安全问题。

本章从食品安全的定义出发，阐述食品的分类、食品安全保障体系、食品添加剂及我国的食品添加剂标准，并举例说明食品添加剂的正确使用，最后介绍了无公害食品、绿色食品及有机食品标准和特点。

3.1.1 食品的定义

食品的定义：食品是指各种供人类食用或饮用的成品和原料以及按照传统既是食品又是药品的物品，但是不包括以治疗为目的的物品。

从食品定义中，可以有三个明确的界定来理解所谓的食品：

(1)食品是指供人(高级动物)食用或饮用的物品，不包括动物(低级动物)吃、喝的物品，那些物品应称为饲料。

(2)食品既包括成品又包括原料。

(3)天然食品和加工食品中,有一些食品具有一定药用功能,即可以食用又可以治疗(食疗)某些疾病,这些也属于食品的范畴。

3.1.2 食品的分类

食品分类系统用于界定食品添加剂的使用范围。在《食品安全国家标准　食品添加剂使用标准》(GB 2760—2014)中食品分类系统共分十六大类:

①乳与乳制品;②脂肪、油和乳化脂肪制品;③冷冻饮品;④水果、蔬菜(包括块根类)、豆类、食用菌、藻类、坚果以及籽类等;⑤可可制品、巧克力和巧克力制品(包括类巧克力和代巧克力)以及糖果;⑥粮食和粮食制品;⑦焙烤食品;⑧肉及肉制品;⑨水产品及其制品;⑩蛋及蛋制品;⑪甜味料;⑫调味品;⑬特殊营养食品;⑭饮料类;⑮酒类;⑯其他类。

3.1.3 食品安全及立法

3.1.3.1 食品安全的定义

1974年11月,联合国粮农组织在第一届粮食大会中提出了食品安全的概念,食品安全是指一是在数量上继续满足人类的需求;二是质量安全,符合优质、营养、卫生、健康的要求,保证消费者使用食品时不受伤害;三是从发展的角度要求获取食物时,要注意生态环境的良好保护和资源利用的可持续性。

食品安全指的是食品应当无毒、无害、符合应当有的营养要求,对人体健康不造成任何急性、亚急性或者慢性危害。如果食品不能满足这些基本要求,或者不符合其中之一,就会出现食品安全问题。

3.1.3.2 食品安全保障体系

就食品安全保障体系而言,世界贸易组织WTO采取《技术贸易壁垒协定》(TBT)《实施卫生与植物卫生措施协定》(SPS)作为国际贸易的强制性措施。多数国家的食品安全保障体系有六部分:法律法规和标准体系、检验检测体系、技术推广体系、认证认可体系、执法监督体系以及市场信息体系。

美国早在1906年就有了《1906年纯净食物和药品法》,这也是美国第一部关于食品和药品的国家法案,这一法案有3个主要内容:一是创立了美国国家食品和药品管理局(简称"FDA"),主要负责评估美国境内所有人食用的食品和药品。二是定义了允许出售的处方药的种类。三是要求生产厂家务必在产品上列出所有可能的药物添加剂的成分。这个法案奠定了美国食品安全的立法基础,是第一部关于食品安全的法律,使消费者免受危险食品和药品的危害,具有里程碑式的意义。在此基础上,之后又出现了《1938年国家食品、药品和化妆品法》(简称"FDCA")。这一法案禁止了洲际间的造假食品交易。《1958年食品添加剂修正案》第一次明确定义了什么是食品添加剂,食品添加剂上市前都要做哪些检测,《1964年色素添加剂修正案》,主要针对改变食物颜色的化学物质。最近一部和食品与药物相关的法律是《1997年食品和药品管理局现代法案》,该法案涉及各式各样的内容,包括食品和药品管理局建立检测食品药品系统的必要性,到相关的标签管理政策,再到对新药品、新医疗器械的使用和管理政策都有涉及。美国食品和药品管理局建立了一个数据库，又称美国食品添加剂的百科全书（简称 EAFUS），数据库中包括 3 000 多种化学物质，都是美国法律允许或者可能允许使用的食品添加剂。其中许多物质都是大家熟悉的，例如醋酸、氢氧化铝、苯、氯化钙、丁香、硫酸钴、葡萄糖、铁、硫酸镁、苯酚、磷酸、氯化钠、维生素 A 等。

我国由中华人民共和国第八届全国人民代表大会常务委员会第十六次会议于 1995 年 10 月 30 日通过，正式颁布了《中华人民共和国食品卫生法》，标志着从国家法律角度对食品进行监管的开始。2004 年 7 月国务院法制办成立领导小组，组织起草《食品卫生法（修订草案）》。2007 年 10 月 31 日国务院第 195 次常务会议讨论通过《食品安全法（草案）》。2007 年 11 月 13 日国务院提请全国人大常委会审议。全国人大常委会前后四次审议。2009 年 2 月 28 日由十一届全国人大常委会第七次会议高票通过（赞成 158 票，反对 3 票，弃权 4 票）。《中华人民共和国食品卫生法》自 2009 年 6 月 1 日起废止，取而代之的是《中华人民共和国食品安全法》。《中华人民共和国食品安全法》是为保证食品安全，保障公众身体健康和生命安全而制定的。2015 年 4 月 24 日第十二届全国人民代表大会常务委员会第十四次会议修订形成了现在的《中华人民共和国食品安全法》。于 2015 年 10 月 1 日起正式施行。新版食品安全法共十章，154 条，经全国人大常委会第九次会议、第十二次会议两次审议，三易其稿，被称为“史上最严”的食品安全法。

除此之外，我国的食品安全保障体系还包括中华人民共和国标准化法、中华人民共和国计量法、中华人民共和国食品卫生行政处罚法、食品安全市场准入审查通则、散装食品卫生管理规范、中华人民共和国产品质量法、中华人民共和国农业法、中华人民共和国消费者权益保护法等。

2002 年开始实施的市场准入制所涉及的食品主要指加工食品，属工业品范畴，不包括天然食品。未经加工的天然食品属农产品范畴。

3.1.3.3　食品安全存在的主要因素

食品安全事件，有狭义和广义两种。狭义指的是食品安全事故，指食物中毒、食源性疾病、食品污染等源于食品，对人体健康有危害或者可能有危害的事故；广义指的是与食品安全相关的各种新闻事件，不仅包括各种食品安全事故，还包括食品安全法律的颁布、食品安全政策的出台、重大食品安全计划的实施等。中国的食品安全问题出现在改革开放之后，特别是 20 世纪 90 年代之后，每年都会出现大量的食品安全事件，说明食品安全问题对国人的伤害已到了不得不重视的地步。大量食品安全事件的发生，究其原因是由于食品添加剂的不当使用或非食品添加剂的在食品中的乱用造成的。例如有害的微生物、农兽药残留、抗生素、添加剂、重金属、食物自身有害物质（含转基因成分）以及营养素不平衡等直接因素。也有很多间接因素。例如收入与生活（存）条件因素；社会与传统文化因素；环境与原料生产因素；加工与贮运营销因素；营养与人为相关因素等。

1. 微生物对食品安全性的影响

（1）真菌对食品安全的影响。真菌在自然界中广泛存在，有些真菌被应用于食品工业中，如酿酒、制酱、面包发酵、医用抗生素等均为有益真菌，但有些真菌也通过食品给人体健康带来危害，例如产毒真菌、曲霉真菌、青霉真菌、链孢霉菌等，真菌污染食品可使食品的实用价值降低，甚至完全不能食用，从而造成极大的经济损失。据统计，油料作物的种子、水果、干果、肉类制品、乳制品、发酵食品和动物饲料中均发现过真菌毒素，玉米、大米、花生、小麦最易被污染。

(2)细菌对食品安全性的影响。细菌种类繁多,分布广泛,与人类有着密切的关系。有些食品如食醋、味精及多种氨基酸都是应用细菌制造的。但有些细菌也给人类带来危害。根据国内外统计,在各种食物中毒中,以细菌性食物中毒最多。例如2010年8月17日加利福尼亚州卫生部门宣布,加州多个地区暴发沙门氏菌疫情,自8月接到266例患病报告。初步调查显示,多数病人食用鸡蛋后染病。这些鸡蛋可能遭沙门氏菌污染。

(3)病毒对食品安全性的影响。引起人畜共患病的病毒主要有猪水庖病毒、狂犬病病毒、口蹄疫病毒、慢性病毒等。例如肉毒杆菌广泛分布于自然界的土壤中,国外报道,引起肉毒中毒的食品主要有鱼类、肉类、奶制品、水果罐头及蔬菜类等,国内引起肉毒中毒的食品主要是发酵类食品、密封越冬牛肉、自制的酱类,如腐乳、豆酱、面酱等。

(4)微生物污染造成的食源性疾病问题十分突出。食源性疾病是指通过摄食而进入人体的有毒有害物质(包括生物性病原体)等致病因子所造成的疾病。一般可分为感染性和中毒性,包括常见的食物中毒、肠道传染病、人畜共患传染病、寄生虫病以及化学性有毒有害物质所引起的疾病。食源性疾患的发病率居各类疾病总发病率的前列,是当前世界上最突出的卫生问题。据报告,食源性疾患的发病率居各类疾病总发病率的第二位。据世界卫生组织(WHO)和世界粮农组织(FAO)报告,仅1980年一年,亚洲、非洲和拉丁美洲5岁以下的儿童,急性腹泻病例约有10亿,其中有500万儿童死亡。英国约有1/5的肠道传染病是经食物传播的。美国食源性疾患每年平均爆发300起以上。1972年至1978年美国由于食源性疾患死亡病例达80例,其中肉毒中毒死亡30例。上海市1988年春,由于食用不洁毛蚶造成近30万人的甲型肝炎大流行,这是一次典型的食源性疾病的大流行。东南沿海地区每年都要发生食用河豚中毒死亡事故,仅上海市20世纪80年代每年死亡人数达20人左右。

2.化学性污染因素对食品安全的影响

化学性污染对食品安全的影响是多方面的。以下仅就农药残留、食品添加剂对食品安全的影响进行分析探讨。

(1)农药残留对食品安全性的影响。近年以来,杀虫剂、除草剂等农药在大量使用,特别是有机磷杀虫剂,是农作物中残留最为严重的农药。

(2)食品添加剂对食品安全性的影响。食品添加剂是食品工业中的一个重要"角色",可使食品色、香、味更佳,保质期更长。在食品加工过程中,添加一定限量的食品添加剂对人体是安全的,国家标准、行业标准中对食品添加剂的使用量做了明确的规定。但长期(或超量)使用食品添加剂会致癌,产生遗传毒性在人体内的残留,破坏新陈代谢等。在实际生活中,过量添加食品添加剂的现象比较严重,有的还是违法添加对人体有严重危害的化学品。

(3)环境污染对食品安全性的影响。在食品的生产、加工、储存、分配和制作的过程中,由环境污染造成的食品安全问题,主要针对动植物的生产过程。在这一生产过程中,由于呼吸、吸收、饮水,环境污染物质进入或积累在动植物中,从而影响食品安全性。

由此可知食品安全不仅涉及人、环境、社会及制度、法规等多方面的因素,下面针对食品中的添加剂进行重点阐述。

3.2　食品添加剂简介

3.2.1　食品添加剂的定义

《食品安全国家标准　食品添加剂使用标准》(GB 2760—2014)中定义食品添加剂：为改善食品品质和色、香、味，以及为防腐和加工工艺的需要而加入食品中的化学合成或者天然物质。营养强化剂、食品用香料、胶基糖果中基础剂物质、食品工业用加工助剂也包括在内。

为什么要使用食品添加剂呢？其目的有四个方面：一是保持食品本身的营养价值；二是作为某些特殊膳食用食品的必要配料或成分；三是提高食品的质量和稳定性，改进其感官特性；四是便于食品的生产、加工、包装、运输或者贮藏。

3.2.2　食品添加剂的种类

按照食品添加剂的来源可分为以下三类。

第一类，是天然提取物。从植物、食品中提取出来的添加剂。例如从辣椒中提取的辣椒红色素、辣椒素等，为天然提取物。

第二类，利用发酵等方法制取的物质。例如柠檬酸、各种类型的酒等。它们有的虽是化学合成的但其结构和天然化合物结构相同。

第三类，通过化工过程合成的，即纯化学合成物，如苯甲酸钠等。

依据食品添加剂的功能，可以分为酸度调节剂、抗结剂、消泡剂、抗氧化剂、漂白剂、膨松剂、胶基糖果中基础剂物质、着色剂、护色剂、乳化剂、酶制剂、增味剂、面粉处理剂、被膜剂、水分保持剂、营养强化剂、防腐剂、稳定剂和凝固剂、甜味剂、增稠剂、食品用香料、食品工业用加工助剂，还有其他类别。

另外还可根据安全评价资料分为 A,B,C 三类。

A 类：A(1)类——经联合国粮农组织/世界卫生组织(简称“FAO”/“WHO”，The United Nations Food and Agriculture organization/World Health Organization)的食品添加剂联合专家委员会(简称“JEFCA”，Joint FAO/WHO Expert Committee on Food Additives)认为已有每日摄入量(简称“ADI”，Acceptable Daily Intake)者或者安全无毒无需 ADI 者。ADI 者或者安全无毒无需 ADI 者；A(2)类——JEFCA 已制定暂定 ADI 者，但毒理学资料不完善。

B 类：B(1)类——JEFCA 曾进行过评价，由于毒理资料不足未制订者；B(2)类——JEFCA 未进行评价者。

C 类：C(1)类——JEFCA 根据毒理学资料认为在食品中不安全者；C(2)类——JEFCA 根据毒理学资料认为在食品中特殊使用者。

3.2.3　食品添加剂应满足的基本要求

3.2.3.1　毒理学安全评价

食品添加剂应经食品毒理学安全性评价，证明在使用限量内长期使用对人体安全无毒。理想的食品添加剂应该是：进入人体后参与正常代谢；在加工或烹调过程中分解或破坏而不摄入人体；进入人体后经体内正常解毒过程后排出体外，不在体内蓄积或与食品成分发生作用产生有害物质。

事实上，食品添加剂并非完全无毒，随着摄入食品添加剂种类的增加，长期少量摄入或一次大量摄入都可能会造成慢性急性中毒。因此。对食品添加剂要进行毒理学评价，确定对人体的安全性。毒理学评价以毒理学实验为科学实验依据，其评价程序如下。

(1)急性中毒试验。将食品添加剂在不同剂量水平一次或多次给予试验动物(小鼠或大鼠等)，观察动物的中毒情况(中毒性质、症状、持续时间、死亡率和病理解剖)，测定 LD_{50}(即半数致死量:指于既定动物实验期间和条件下统计学上使动物死亡的剂量)。如果 LD_{50}＜10 倍的人摄入量，放弃该添加剂用于食品。如果 LD_{50}＝10 倍的人摄入量，重复实验或采用另一种方法验证。如果 LD_{50}＞10 倍的人摄入量，可进行进一步毒理学实验。例如人对含某种食品添加剂可能摄入量为 1mg/kg 体重:当 LD_{50}＜10 mg/kg 体重，放弃该添加剂用于食品。当 LD_{50}＝10 mg/kg 体重，重复实验或采用另一种方法验证。当 LD_{50}＞ 10 mg/kg 体重，可进行进一步毒理学实验。

(2)蓄积毒性实验和致突变实验。蓄积毒性试验是用不同性别的动物连续给药 20 d 来确定有无剂量一反应关系以确定蓄积性强弱。若蓄积系数小于 3 则放弃试验，若大于或等于 3 则可进入以下试验。致突变试验是为了对试验化合物判断其有无致癌作用的可能性进行筛选。可用细菌诱变试验、微核试验、显性致死试验及 DNA 修复合成试验，可任选三种。根据试验结果确定是否进入下一步试验。

(3)亚慢性毒性实验(90 d 喂养实验和繁殖实验)和代谢试验。

1)亚慢性毒性实验:观察受试动物以不同剂量水平经 90 天喂养后对动物的毒性作用(性质和靶器官)，确定最大无作用剂量(MNL)，了解受试物对动物繁殖及对子代的致畸作用，为下一阶段实验提供理论依据。最大无作用剂量(MNL)是指于既定的动物实验毒性实验期间和条件下，对动物某项毒理学指示不显示毒效的最大剂量。当 MNL ⩽100 倍(人摄入量)表示毒理较强;当 100＜MNL＜300 倍，表示可进行慢性毒性实验;当 MNL ⩾300 倍，不必进行毒性实验。

2)代谢实验:了解添加剂在体内的吸收、分布和排泄情况、蓄积程度及作用的靶器官，了解是否有毒性代谢产物的形成。

第四，慢性毒性实验(包括致癌实验)。用不同性别的动物喂养 2 年以判断长期给予试验动物时是否呈现毒性作用，尤其是进行性或不可逆的毒性作用，以及致癌作用，为能否应用于食品提供依据。慢性试验所得到的重要结果是最大无作用剂量(MNL)，它小于人的可能摄入量 50 倍时表示毒性较强，应予以放弃;在 50～100 倍之间须由专家评议;而大于或等于 100 倍时，可考虑用于食品，应制定日允许摄入量(ADI)。

日允许摄入量(ADI):是指人类每日摄入该物质直到终生，对健康无任何毒性作用或不良影响的剂量，以每人每日摄入的 mg/kg 体重来表示。

一般 MNL 与 ADI 之间有以下的关系：

$$ADI(mg/kg)=MNL(mg/kg)/100 \qquad (3-1)$$

人与动物之间的安全系数为 100～1 000。例如某添加剂的动物最大无作用剂量(MNL)为 10 mg/kg 体重，则此添加剂的人体 ADI 为：10 mg÷ 100 kg＝0.10 mg/kg 体重，如果一般成人重以 60 kg 计，则此添加剂成人每日摄入量不应超过 0.10×60 mg/人。

通过以上的毒理学评价，添加剂才能确定用于食品中。

3.2.3.2　满足使用卫生标准和质量标准

食品添加剂应满足中华人民共和国卫生部颁布并批准执行的使用卫生标准和质量标准。GB 2760—2011《食品安全国家标准食品添加剂使用标准》，由中华人民共和国卫生部发布，从食品卫生出发，食品添加剂首先应该是使用的安全性，其次才是色、香、味、形态等工艺的效果。标准提供了安全使用食品添加剂的定量指标，它包括允许使用的食品添加剂品种，使用目的（用途），使用范围（对象食品），以及最大使用量（或残留量），有的还注明使用方法。最大使用量以 g/kg 为单位。该标准的制定是以食品添加剂使用情况的实际调查与毒理学评价为依据。为了消费者的利益，凡生产、经营、使用食品添加剂者均要严格执行。在食品添加剂使用原则中规定了使用食品添加剂的基本要求：

(1)不应对人体产生任何健康危害；

(2)不应掩盖食品腐败变质；

(3)不应掩盖食品本身或加工过程中的质量缺陷或以掺杂、掺假、伪造为目的而使用食品添加剂；

(4)不应降低食品本身的营养价值；

(5)在达到预期目的前提下尽可能降低在食品中的使用量。

标准中说明在下列情况下可使用食品添加剂：

(1)保持或提高食品本身的营养价值；

(2)作为某些特殊膳食用食品的必要配料或成分；

(3)提高食品的质量和稳定性，改进其感官特性；

(4)便于食品的生产、加工、包装、运输或者贮藏。

使用的食品添加剂应符合相应的质量规格要求。

3.3　食品添加剂

3.3.1　常用的食品添加剂及作用

食品添加剂的用法主要有三类：防腐剂、营养添加剂和适应市场需要的添加剂。下面介绍几种常用的食品添加剂。

3.3.1.1　防腐剂

1. 防腐剂定义

食品防腐剂为了防止食品被微生污染，抑制微生物增殖以延长食品的保藏期的一类化学物质。

食品变质究其原因有两个方面：食物中微生物的作用（细菌、酵母菌、真菌等）和食物自身的降解，这两种情况都会发生一系列化学变化，最终导致食物变质。

食物中的细菌、酵母菌、真菌等微生物会导致食物变质，这些生物能利用食物中的营养物质进行自身的新陈代谢而生长繁衍。其新陈代谢过程会生成有毒的副产品，使得食物腐烂变质。微生物新陈代谢的副产品会对食物的口感、营养、外观造成各种各样的影响，有的变质食物比如泡菜、臭豆腐，对有的人来说是难得的美味而有的人则避之唯恐不及。不过变质食物最大的危害在于其中含有的有毒物质，可能危害食用者的健康。

2. 防腐剂机理

防腐剂对微生物繁殖的抑制机理有以下两种：一是干扰微生物的酶系，破坏其正常的代谢，从而抑制其繁殖。二是改变胞浆膜的通透性使酶或代谢物逸出而导致菌体失活。

值得注意的是：没有任何一种防腐剂能对食品中的霉菌、细菌和酵母菌完全抑制，即没有一种防腐剂能抑制存在于食品的所有腐败微生物。对大多数防腐剂来讲一般对霉菌和酵母菌的抑制作用较强，而对细菌抑制效果较差。

3. 影响防腐剂抑菌效果的因素

(1)pH 值。常用的防腐剂是有机酸（如苯甲酸、山梨酸和脱氢醋酸），以分子形式并发挥防腐作用，所以只有 pH 较低时有利于防腐剂的抑菌，例如苯甲酸（pH 值范围为 3.0～5.0）、山梨酸（pH＜5.5）、脱氢醋酸（pH＜6.5）。

(2)食品的微生物污染程度。一般来讲微生物的污染情况较低时，防腐剂的抑菌效果就好，但当食品中微生物污染严重时，则防腐剂的抑制效果差甚至完全不起作用，所以防腐剂应及时加入并防止食品的二次污染。

(3)防腐剂的分布状况。防腐剂应均匀分布于整个食物之中才能发挥其抑菌作用，否则一处微生物大量繁殖可以污染其他部分，最后导致整个食品的腐败变质。因此对于难溶防腐剂可以采取碱溶、醇溶或热溶的方法溶解后加入。

(4)注意在合适的加工工艺中使用。防腐剂与物理保藏如冷藏、加热、辐射等结合一起更能有效地发挥作用，如杀菌处理可以将微生物数量降低；但应注意的是多数防腐剂可随水蒸气一起挥发，故应在加热完成后再加入，以防止防腐剂在加热过程中的损失。

(5)防腐剂可能具有协同作用、增效作用和拮抗作用。协同作用：一种防腐剂抑菌效果是有限的，当二种以上的防腐剂共同应用时，其抑菌效果会大大增强。增效作用：食品中的一些成分本身无抑菌作用，但它们却能增强或削弱防腐剂的抑菌能力，如柠檬酸、葡萄糖酸、Vc 等。拮抗作用则是降低防腐剂的抑菌能力，如 $CaCl_2$。

4. 针对微生物作用的防腐方法

如果是微生物作用引起的食品变质，可以通过杀死微生物、减缓/抑制微生物生长或阻止其繁殖等手段均可达到防腐的目的。一般可以采用物理法和化学法防腐。

物理法就是改变微生物的生存环境，使之不适合微生物生存。大部分微生物对环境有共同的要求：氧气（有氧微生物需要）、润湿、温暖以及一定的酸度。物理防腐的方法就是剥夺上述条件中的一种或几种，使得微生物不能生长繁衍。例如将食物加热到一定温度（低温消毒法）可以杀死食物里已有的微生物，阻止食物变质或者降低变质的可能性。冰冻的方法只能减慢微生物的新陈代谢，并不能杀死微生物，因此不如低温消毒有效。干燥能够剥夺微生物生长繁殖所必需的养料，是一种十分有效的食物保存手段。这些物理防腐方法中，每种都只能对某些食物有效而对有的食物则效果不显著。

化学防腐是直接针对微生物本身，通过改变微生物的生化结构或者参与新陈代谢和繁殖中进行的化学反应达到防腐的目的。化学防腐的方法可以分为以下三大类。

一是改变微生物细胞膜的渗透压，使细胞不能从周围获取营养物质进而死亡。

二是参与微生物新陈代谢的反应过程，通常破坏酶的活性进而导致微生物死亡。

三是抑制或参与微生物繁殖过程中的反应，使得新的微生物不能生成。

上述这些方法中的一个关键影响因素就是 pH 值。科学家研究发现，在 pH 值小于 4.6 时，只有极少数微生物能够存活，而大多数有毒微生物生长的最适 pH 值更高(见表 3－1)。

表 3－1　各种微生物生长所需的最适 pH 值

微生物	pH	微生物	pH
细菌	约 7.0	梭状芽孢杆菌	6.0～7.5
大肠杆菌	6.0～8.0	真菌	约 5.6
沙门氏菌	6.8～7.5	原生动物	6.7～7.7
链球菌	6.0～7.5	藻类	4.0～8.5
葡萄球菌	6.8～7.5		

5. 针对自然降解的防腐方法

食物中天然含有的某些酶在氧气、水存在的环境下，将碳水化合物、脂肪、蛋白质等分解为小分子化合物。这种形式的食物变质有许多外在的表现：一就是食物发臭，由于脂肪酸和甘油所致；二是自然变化也能影响食物的外观、气味和口味，褐变反应。褐变反应是指水果、蔬菜以及甲壳类动物表皮被削掉或擦破时发生的变化。已知的褐变反应分为两种：酶促褐变和非酶促褐变。植物组织中自然生成的酶和蔬菜水果中的苯酚类化合物反应就会导致酶促褐变。食物中的糖和蛋白质相互作用时发生非酶促褐变反应，生成另一种褐色聚合物，蛋白黑素。这类褐变反应受温度影响很大，许多常用的烹饪手法和烘焙技术都能促进这一过程的发生。

6. 常用的防腐剂

有机酸和无机酸都是广泛使用的化学防腐剂，这些酸能降低食物的 pH 值进而抑制或者防止食品变质。很多情况下，酸还能参与微生物的某种或某几种生化反应。防腐剂可分为酸型防腐剂、酯型防腐剂和生物防腐剂。酸型防腐剂包括苯甲酸、山梨酸和丙酸。其抑菌效果主要取决于它们未解离的酸分子，其效力随酸碱性而定，酸性越强，效果越好，在碱性环境中几乎无效。酯型防腐剂包括对羟基苯甲酸酯类，其使用成本较高，对霉菌、酵母与细菌有广泛的抗菌作用。生物型防腐剂主要是乳酸链球菌素，而乳酸链球菌素是乳酸链球菌属微生物的代谢产物，可用乳酸链球菌发酵提取而得。下面介绍几种常用的防腐剂。

苯甲酸及其钠盐的化学结构式如图 3－1 所示。

COOH　　　　COONa

苯甲酸　　　　苯甲酸钠

图 3－1　苯甲酸和苯甲酸钠的化学结构式

苯甲酸及其钠盐是自然界中存在的天然化合物。是目前应用历史最长的一种防腐剂，为白色结晶或粉末；苯甲酸微溶于水，但溶于有机溶剂，钠盐溶于水并微溶于醇，适用 pH 值为 3～5，抑菌有效浓度在 0.1%～0.2%，ADI＝0～5 mg/kg，现在其应用逐渐减少。苯甲酸进入机体后，大部分在 9～15 h 内与甘氨酸化合成马尿酸而从尿中排出，剩余部分与葡萄糖醛酸结合而解毒。橘子、梅子、肉桂等植物中都含有这类化合物。苯甲酸及其盐类不仅能降低食物的

pH 值，也会阻碍某类酶的活性，这类酶能催化分子中氧化磷酸化反应，如果其活性充足，微生物就不能储存营养物质新陈代谢过程中释放出的能量。此外苯甲酸和苯甲酸盐还会限制甚至抑制细胞膜中的某些物质，使其不能把必需的营养物质传输到细胞内部。苯甲酸对霉菌的抑制作用最为有效，酵母菌次之，细菌最弱。一般用于果汁、糖浆、软饮料、调味品和人造黄油中。通常以盐的形式存在，比如钠盐或者铵盐。

山梨酸（又名花楸酸）及其钾盐或钠盐。山梨酸的分子式为

$$CH_3—CH═CH—CH═CH—COOH$$

山梨酸钾（钠）的分子式为

$$CH_3—CH═CH—CH═CH—COOK(Na)$$

一般为白色粉末或无色结晶，酸由于在水中的溶解度有限，故常使用其钾盐。山梨酸是一种不饱和脂肪酸，可参与机体的正常代谢过程，并被同化产生二氧化碳和水，故山梨酸可看成是食品的成分，按照目前的资料可以认为对人体是无害的。空气中久置易氧化分解；适用 pH＜5.5，最高不能超过 6.5，其抑菌有效浓度为 0.05%～0.3%。与亚硝酸盐共用时可提高亚硝酸盐对肉制品中梭状芽孢杆菌的抑菌及毒素的形成；ADI＝0～25 mg/kg，是目前应用最多的防腐剂。其优点是一旦与亚硝酸盐作用可提高亚硝酸盐的护色作用、对芽孢杆菌的抑制、减少毒素的形成。但缺点是一旦食品中有菌体生长，反而会促进其生长。其作用机理是降低食物的 pH 值，与某些酶发生反应。可用于奶酪、肉类、烘焙类食品、速食沙拉、糕点、腌制等食品中。

脱氢醋酸及其钠盐：又称脱氢乙酸，简称“DHA”，分子式为 $C_8H_8O_4$，相对分子质量为 168.15，白色结晶或粉末，酸不溶于水，易溶于有机溶剂，1g 约溶于 35mL 乙醇和 5mL 丙酮。而盐易溶于水，其脱氢乙酸饱和水溶液 pH 等于 4，适用 pH 可达 6.5，其抑菌能力为苯甲酸的 2～25 倍，对霉菌抑菌有效浓度在 0.005%～0.1%，一般用量为 0.03%～0.05%。它与一些金属离子作用生成有色化合物，使用时应注意。我国《食品添加剂使用卫生》(GB 2920—1996)规定，脱氢乙酸可用于腐乳、酱菜、原汁桔浆，最大使用量为 0.30g/kg，汤料、糕点和干酪、奶油、人造奶油等（最大用量 0.5 g/kg）；在盐渍蔬菜中最大用量为 0.3 g/kg。我国台湾省和日本规定允许在人造奶油、奶油和干酪三种食品中添加 0.5g/kg 以下。美国规定允许用于处理切块或者去皮南瓜中，最高残留限量为 65 mg/kg。苏联规定作为杀菌剂用于处理新鲜蔬菜、水果，也用于浸泡包装材料、酿酒。毒理学研究表明，LD_{50} 大鼠口服 1 000 mg/kg 体重。脱氢醋酸及其钠盐的化学结构式如图 3－2 所示。

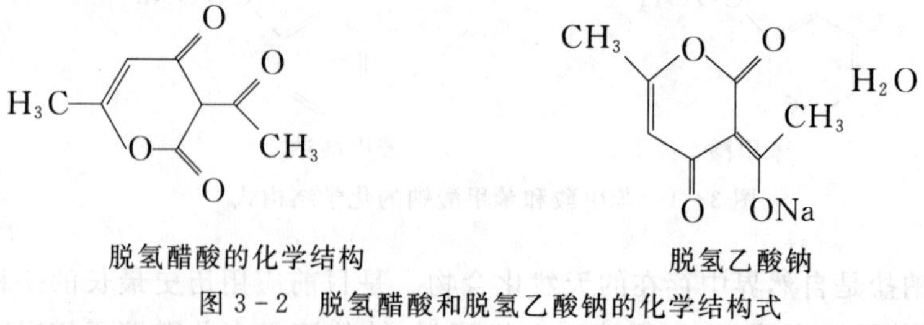

脱氢醋酸的化学结构　　脱氢乙酸钠

图 3－2　脱氢醋酸和脱氢乙酸钠的化学结构式

对羟基苯甲酸酯类（又称尼泊金酯类）难溶于水的白色粉末、易溶于醇，适用 pH 值为 4～8，对细菌的抑制作用较强，但在一些生鲜食品中（如酱油中）由于酶作用将其酯基水解从而破坏其抑菌作用。我国主要使用对羟基苯甲酸乙酯和丙酯。日本使用最多的是对羟基苯甲酸丁

酯。其防腐机理是破坏微生物的细胞膜，使细胞内的蛋白质变性，并能抑制细胞的呼吸酶系的活性。尼泊金酯的抗菌活性成分主要是分子态起作用，由于其分子内的羟基已被酯化，不再电离，pH 值为 8 时仍有 60％的分子存在，因此尼泊金酯在 pH 值为 4～8 时的范围内均有良好的效果。不随 pH 值的变化而变化，性能稳定且毒性低于苯甲酸。其化学结构式如图 3－3 所示。

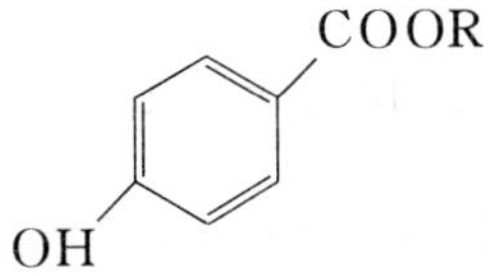

COOR

OH

图 3－3　尼泊金酯类的化学结构式

结构中的 R 可为 CH_3，CH_2CH_3，$—CH_2CH_2CH_3$，$—CH_2CH_2CH_2CH_3$

丙酸及钙盐：常用的是钙盐或钠盐，可溶于水，有时有丙酸的臭味；其抑菌能力主要是对霉菌，对其他微生物有很小的抑制作用，故常用于面包、糕点的防腐，适用 pH 在 5.5 以下。

乳酸链球菌素：从乳酸链球菌培养物中分离出来的一种多肽分子，含 29～34 个氨基酸，相对分子质量 7 000～10 000，其作用范围相当窄小，对酵母和霉菌无作用，只是对革兰氏阴性菌、芽孢菌等起抑制作用，它的安全性高。

另外还有使用最为广泛的防腐剂硝酸盐（NO_3^-）和亚硝酸盐（NO_2^-）。亚硝酸盐是对付食物自然氧化褐变反应最有效的食品添加剂。维生素 C 、柠檬酸、EDTA 等也能抑制醌类化合物的聚合，防止食物褐变。亚硝酸盐是对付非酶促褐变反应有效的食品添加剂。可以与糖结合，使其不再与氨基结合。

3.3.1.2　抗氧化剂

1. 抗氧剂的定义

抗氧化剂是能够推迟或防止食品氧化，从而提高食品稳定性，延长其贮存期的添加剂。

2. 抗氧剂的分类

按照抗氧剂在水中的溶解性分为油溶性抗氧化剂、水溶性抗氧化剂和抗氧化增效剂。一些物质本身没有抗氧化作用，但与酚型抗氧化剂（BHA，BHT，PG 等）并用时，却能增强氧化剂的抗氧化效果。如柠檬酸（CA）、磷酸、酒石酸、植酸等。

3. 几种常用的抗氧化剂

（1）油溶性抗氧化剂：此类抗氧化剂能均匀分布于油脂之中，常作为油脂及富含油脂的食品中抗氧化剂。它们主要有丁基羟基茴香醚（BHA）、二丁基羟基甲苯（BHT）、没食子酸丙酯（PG）、生育酚（VE）、其他油溶性抗氧化剂等。

1）丁基羟基茴香醚（BHA）：BHA 为白色为微黄色粉末，熔点 48～63℃，沸点 264～270℃（98kPa），高浓度时略有酚味，易溶于乙醇（25 g/100 mL，25℃）、丙二醇和油脂，不溶于水。BHA 对热、弱碱稳定，长时间光照可变色，其中 3－BHA 的抗氧化效果比 2－BHA 高 1.5～2 倍；在猪油中加入 0.000 05％ BHA 可使其贮藏期延长 5 倍，与其他抗氧化剂共用时效果更佳，其顺序是：BHA＋BHT＞BHA＋PG＞BHT＋PG；BHA 与抗氧化增效剂共用时的效果也很明显，如同柠檬酸的共用。由于 BHA 是一个酚类化合物，所以它对一些细菌和一些霉菌也有一定的抑制效果。2－BHA 和 3－BHA 的化学结构式如图 3－4 所示。

OH
$C(CH_3)_3$
OCH_3

OH
$C(CH_3)_3$
OCH_3

3－BHA(3－丁基－4－羟基－苯甲醚)　　2－BHA(2－丁基－4－羟基－苯甲醚)

图 3－4　2－BHA 和 3－BHA 的化学结构

2)二丁基羟基甲苯(BHT):BHT 为白色粉末,对光、热稳定,价格比 BHA 低,用于长期保存食品或焙烤食品中效果不错;与 BHA 和柠檬酸共用时其重量比组成为:BHA∶BHT∶柠檬酸 ＝2∶2∶1;其抑菌能力不如 BHA。BHT 的化学结构式如图 3－5 所示。GB/T 1900—2010 标准为食品级 BHT 应满足的具体技术指标。

OH
$C(H_3C)_3$　$C(CH_3)_3$
CH_3

OH
OH—　—$COOC_3H_7$
OH

BHT(2,6－二叔丁基－4－甲基苯酚)　　PG(3,4,5－三羟基－苯甲酸丙酯)

图 3－5　BHT 和 PG 的化学结构

3)没食子酸丙酯(PG),又名棓酸丙酯,化学结构如图 3－5 所示。为白色或淡黄色粉末,对热稳定,遇光促使其分解,由于含多个酚基,可与 Fe,Cu 离子显色;它在含油食品的抗氧化效果不如 BHA,BHT,但在猪油中抗氧化效果比二者好,并且与柠檬酸共用时效果更好,当然最好是它们之间共用以产生协同作用。

4)生育酚(VE),是一种天然食品抗氧化剂,它在许多国家被批准使用。它的抗氧化性以 α 型最强,δ 型最弱,与其生物活性正好相反;VE 的抗氧化性还会因应用食品的不同而效果不同,对于动物油脂因它们不含 VE 故其效果不错,但对于植物油类,由于含有一定量的 VE,故此效果不明显,超过一定量的时候甚至成了助氧化剂,一般认为在植物油中的浓度大约是其天然浓度时效果最好。

还有其他油溶性抗氧化剂,例如乙氧基喹(EMQ)可用于苹果保鲜,防止因氧化而导致的虎皮病;特丁基对二苯酚,是一种效果优于 BHA,BHT,PG 的抗氧化剂,它遇 Fe,Cu 离子不变色等。

(2)水溶性抗氧化剂:主要用于食品的护色,防止食品因氧化而降低风味及质量。它们主要有以下两类。

1)异抗坏血酸及钠盐:为抗坏血酸(Vc)的异构体,白色粉末或结晶,遇光变色,可被重金属离子催化氧化,其抗氧化性超过 Vc 但无 Vc 的生理作用;它常用于肉品的腌制来防止肌红蛋白被氧化,减少亚硝胺的生成并加强亚硝酸对对肉毒梭菌的抗菌能力,它在肉中的用量约 0.06%。

2)植酸,又称肌醇六磷酸,它除了可以作为抗氧化剂外,还可作为金属离子螯合剂,防止水产品罐头中鸟粪石的产生,但摄入过多时会影响 Ca,Fe 在人体内的吸收。也可用作稳定剂和保鲜剂。作为抗氧化剂主要用于油脂食品、鱼、肉、蛋、面包、糕点等。制法：以玉米、米糠或小麦为原料，用稀酸提取、分离提取液、去除蛋白质、碱化后分离沉淀，在洗涤，通过离子柱和活性炭脱色，浓缩至 40%以上而得。国外有采用肌醇与 H_3PO_4 合成的方法等制备的。

(3)天然的抗氧化剂，例如愈创树脂是由 α-愈创木脂酸，β-愈创木脂酸，愈创木酸以及少量胶质，精油等组成，其油溶性好，对油脂有良好抗氧化性能，也有防腐性能，它是由愈创树心材粉碎加热提取之的。正二氢愈创酸，简称“NDGA”，抗氧化效果好，也有防腐能力，它是由愈创木脂酸二甲酯加氢，脱甲醛制得。栎精为五羟黄酮，可作为油脂，Vc 的抗氧化剂，其制备方法是将栎树皮磨碎，用热水洗涤，稀氨水提取后，稀 H_2SO_4 中和，煮沸滤液，析出结晶而得。

3.3.1.3　漂白剂

1. 漂白剂的定义

能破坏或抑制食品的发色因素，使食品的色素褪掉或使食品避免褐变的添加剂叫作漂白剂。

2. 漂白剂的分类

按照漂白剂的作用方式可以分成两类：氧化性漂白剂和还原性漂白剂。

(1)氧化性漂白剂：如漂白粉，H_2O_2，$KMnO_4$，$KBrO_3$ 及过氧化苯甲酰等，它们将色素氧化分解后使之褪色，并且不受空气中的 O_2 作用而再呈色；但它们的作用有局限性，有些色素不被氧化，而且易残留于食品中；它们对微生物有显著的抑制作用。

(2)还原性漂白剂：这是我国主要应用的品种，主要是亚硫酸盐类，它们可以防止食品在空气中因氧化而产生颜色，尤其是褐变的颜色。但由于属于还原性漂白，故此时间久长又会因氧化而呈色。

亚硫酸盐在食品中有抗氧化作用、防腐作用、抑制褐变、漂白等多种作用。抗氧化作用表现为亚硫酸盐具有还原性，可以同食品中的 O_2 和 H_2O_2 反应，形成硫酸根：

$$2SO_3^{2-}+O_2 \longrightarrow 2SO_4^{2-}$$

$$SO_3^{2-}+H_2O_2 \longrightarrow SO_4^{2-}+H_2O$$

它可以有效地防止食品中 Vc 的氧化，故此有利于食物中 Vc 的保留：

$$Vc+O_2 \longrightarrow \text{脱氢 } Vc+H_2O_2$$

亚硫酸盐的防腐作用主要利用其对微生物有一定的抑制作用，它可消耗组织中的氧抑制好氧微生物，或抑制一些微生物的酶的活性，其效果与 pH 值、浓度、温度及微生物的种类有关，一般来讲它们对细菌的抑制作用较强，对酵母的抑制作用很小，只有在高浓度下才对霉菌起抑制作用。

亚硫酸盐的抑制褐变作用有两种：一种是针对非酶褐变，亚硫酸盐可以与羰基化合物发生加成反应，从而阻断了缩合反应。第二种是针对酶促褐变，亚硫酸盐对多酚氧化酶有很强的抑制作用，因而可以防止食品褐变。

亚硫酸盐的漂白作用有两个方面的表现，一是使食品中一些色素还原而漂白(加成反应)；二是与花青苷色素加成使之色泽褪去，但对胡萝卜素作用很小，对叶绿素无作用。

尽管亚硫酸盐有如此多的作用，但在使用时应注意：

(1)亚硫酸盐溶液不稳定，易挥发、分解而失效，宜现配现用；

(2)亚硫酸盐的作用在有一定的 SO_2 残留时才可维持，故此加工时必须要控制一定的残

留量,但太高可能会对风味产生不良影响;

(3)亚硫酸盐可以破坏 VB_1 故此必要时需加入 VB_1;

(4)只适用于植物性食品,不适用于动物性食品。

3.3.1.4 甜味剂和酸味剂

甜味剂和酸味剂在食品中的主要目的就是赋予食品以甜味、酸味,它们在食品中的应用具有许多优点或还具有其他的作用。

1.甜味剂

按照其营养价值可分为营养性甜味剂和非营养性甜味剂;按照甜度可分为低甜度甜味剂和高甜度甜味剂;按其来源可分为天然甜味剂和合成甜味剂。

甜味剂的主要作用一是口感,甜度是许多食品的指标之一,为使食品、饮料具有合适的口感,需要加入一定量的甜味剂。二是风味调节和增强,在糕点中需要甜味;在饮料中,风味的调整就有"糖酸比"一项。甜味剂可使产品获得好的风味,又可保留新鲜的味道;三是风味的形成,甜味和许多食品的风味是相互补充的,许多产品的味道就是由风味物质和甜味剂的结合而产生的。下面介绍几种常见的甜味剂。

(1)糖精钠。人工合成的非营养型甜味剂。白色粉末,易溶于水,其甜味是由阴离子产生,分子状态有苦味;其阈值为 0.004%,甜度为蔗糖的 200~700 倍(一般为 500 倍),有后苦味,与酸味剂同用于清凉饮料之中可产生爽快的甜味,不允许单独作为食品的甜味剂,必须是与蔗糖共同使用以代替部分蔗糖。ADI = 0 ~ 0.002 5 g/kg,不得应用于婴儿食品。其化学结构式如图 3-6 所示。

(2)甜蜜素。人工合成非营养型甜味剂。白色结晶性粉末,溶于水;甜味为蔗糖的 40~50 倍,甜味非常接近蔗糖,但遇含 SO_3^{2-},NO_2^- 的水质时会产生石油或橡胶味。ADI = 0 ~ 0.011g/kg 果冻的用量为 0.02%~0.05% ,无蓄积现象,40%由尿液排出,60%由粪便排出。其化学结构式如图 3-7 所示。

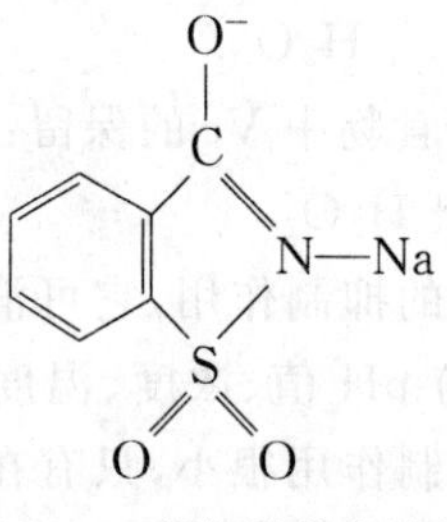

图 3-6 糖精钠的化学结构 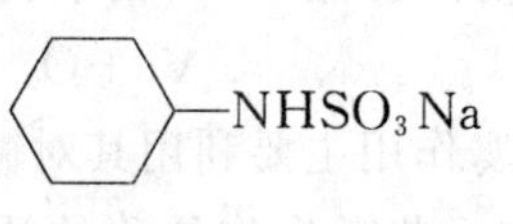　　图 3-7 甜蜜素的化学结构

(3)甜味素。人工合成甜味剂,化学结构如图 3-8 所示。白色结晶,溶于水,高温时可形成环状化合物而失去甜味;其甜度为蔗糖的 100~200 倍,机体可消化、吸收、利用,但因用量小产热量低。一般应用于饮料中(0.1%)、胶姆糖(1.0%)、甜食(0.3%)。

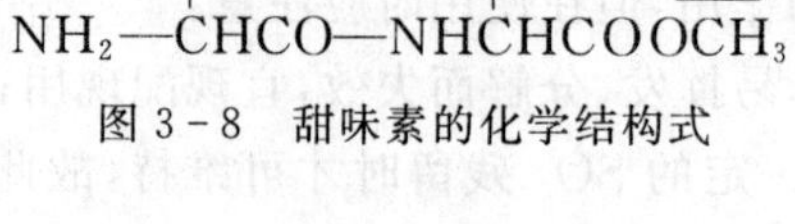

$$\begin{array}{l} \quad\;\; CH_2COOH\;\; CH_2-C_6H_5 \\ \qquad\;\; | \qquad\qquad\quad | \\ NH_2-CHCO-NHCHCOOCH_3 \end{array}$$

图 3-8 甜味素的化学结构式

(4)糖醇类。主要是山梨糖醇和麦芽糖醇，分别由葡萄糖和麦芽糖经加氢而得，它们甜度比蔗糖低，①不能被微生物代谢，可防止龋齿；②因为它们不升高血糖，故适用于糖尿病患者；③它们还是非结晶性的，可以用于食品保水或防止糖，盐结晶；④由于它们不含羰基所以它们不能发生美拉德反应而导致褐变。

合成甜味剂有如下优点，因此在食品中使用。

1)甜度高。一般为蔗糖的几十倍至几百倍，食品只需加入少量即可达到所需的甜度，比较经济，同时还可解决蔗糖产量不足的问题。

2)控制热量。由于不被人体代谢或产生的热量很小，故可有效降低能量物质的摄入或满足糖尿病患者的需要。

3)可避免热加工时产生不需要的焦糖色泽或褐变。

2. 酸味剂

酸味剂是以赋予食品酸味为主要目的的食品添加剂。酸味剂除了赋予食品以适口的酸味外，它还可以作为抗氧化剂助剂，防腐剂的增效剂，缓冲剂和疏松剂的成分；同时它们有利于胃液的分泌，有利于消化，并有助于 Ca，Fe 的吸收；有些酸味剂还可掩盖合成甜味剂的后苦味。

酸味剂根据物质性质不同分为有机酸和无机酸酸味剂。有机酸味剂，例如甲酸、乙酸、柠檬酸、苹果酸等。无机酸味剂，例如盐酸、硝酸、硫酸、磷酸等。对于相同浓度的酸味剂，有不同的酸味强度：盐酸>硝酸>硫酸>甲酸>乙酸>柠檬酸>苹果酸>乳酸>丁酸。

常见的酸味剂化学结构式如图 3-9 所示。

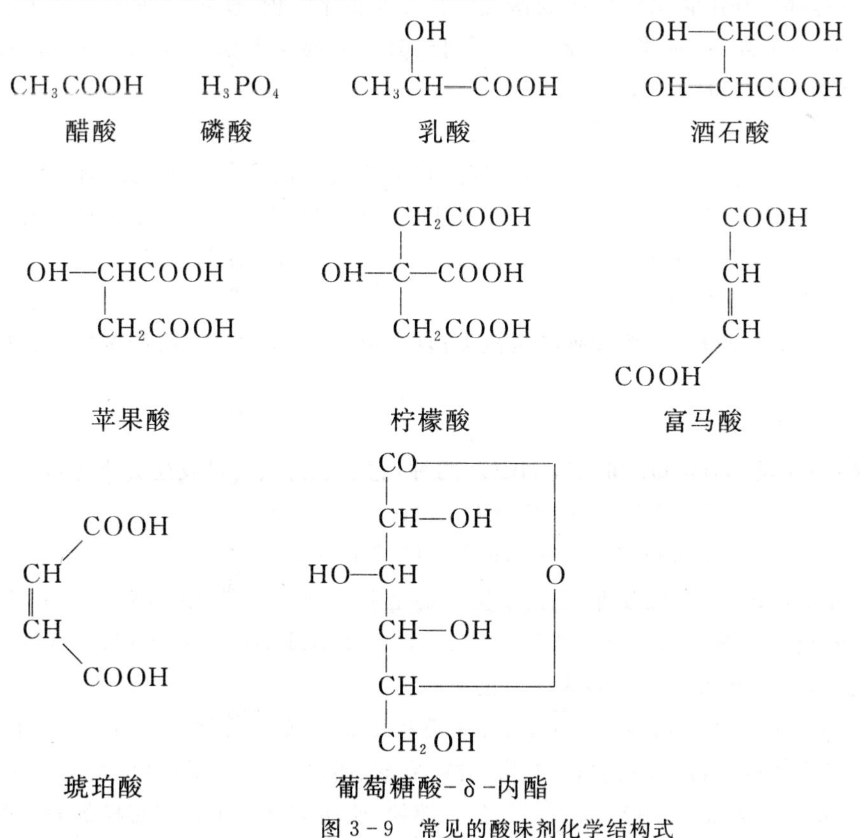

图 3-9　常见的酸味剂化学结构式

在这些酸中,有一些是人体代谢时的正常产物。在这些酸中柠檬酸与Fe^{2+}之间的螯合最重要,100 g 柠檬酸可以螯合 19 g Fe^{2+},而富马酸的抑菌能力最强;葡萄糖酸-δ-内酯等,在水中可以转化成为相应的酸,它同时还是一些凝固剂和疏松剂的成分之一;苹果酸与甜味剂共用时可以很好地掩盖其后苦味并在饮料中产生调香的作用,目前食品中酸味剂的使用量稳中有升,主要是富马酸、苹果酸、葡萄糖酸的用量逐渐增加。

3.3.1.5 凝固剂和疏松剂

1.凝固剂

凝固剂是能使蛋白质凝固或防止新鲜果蔬软化的食品添加剂。常见的凝固剂有熟石膏、盐卤、葡萄糖酸-δ-内酯和 $CaCl_2$ 等。

石膏($CaSO_4$):微溶于水,对蛋白质的凝固较慢,豆腐的质地、持水性均佳,但有残留 $CaSO_4$ 的涩味。用量一般为 2%~4%(以黄豆计)。

盐卤($MgCl_2$ 为其主要成分):多为北方豆腐加工用,特点是豆浆凝固速度快,但质地、持水性差,易破碎;用量一般为豆浆的 2%~3%(1∶5 先溶于水再加入此量溶液),北方豆腐常用盐卤。

$CaCl_2$:$CaCl_2$ 的用量约为原料量的 4%。在食品加工中用作组织凝固剂,保持果蔬的脆性(0.26 g/kg),如整番茄罐头生产中,把去皮后的番茄投 0.3% $CaCl_2$ 溶液中,经多次处理,使番茄汁中含有 0.1%的 $CaCl_2$ 即可保证产品质量。

葡萄糖酸-δ-内酯:利用它水解生成的糖酸降低豆浆的 pH 值,使蛋白质产生凝集,每千克大豆加入量为 6~7 g 左右(豆浆 3 g/kg);它同时还具有防腐保鲜作用,使夏季的保质期可达 3 d;质地、持水性均较未加入时好。

2.疏松剂(膨松剂、膨发剂、膨胀剂)

疏松剂是生产面包、饼干、糕点时使面胚在焙烤过程中起发的食品添加剂。通常,疏松剂是在和面过程中加入,在焙烤加工中因受热分解产生气体使面胚起发,在内部形成均匀,致密的多孔性组织,从而使制品具有酥脆或松软的特征(酵母不作食品添加剂对待)。

疏松剂主要分为以下两大类。

(1)化学疏松剂:碱性疏松剂,例如碳酸氢盐类;复合疏松剂,是由酸性盐和碱性盐、填充料组成,投入发酵粉。

(2)生物疏松剂:例如酵母。

碳酸氢盐类:主要是 $NaHCO_3$ 和 NH_4HCO_3 两种,它们在受热时可发生如下分解。

$$2NaHCO_3 \longrightarrow Na_2CO_3 + H_2O + CO_2 \uparrow$$

$$NH_4HCO_3 \longrightarrow NH_3 \uparrow + H_2O + CO_2 \uparrow$$

它们的特点是 $NaHCO_3$ 产气较慢,但由于生成物是 Na_2CO_3,碱性较强,易使面团出现黄斑而影响质量,用于糕点、饼干时用量一般为 0.3%~1%;而 NH_4HCO_3 产气快、产气量大,所以易出现空洞现象,NH_3 的残留可能带来不良的风味。

复合疏松剂一般由三部分组成:碳酸盐类、酸类和淀粉。碳酸盐常用 $NaHCO_3$,用量占 20%~40%。酸类常用的是柠檬酸、酒石酸、富马酸、乳酸、明矾等,与 $NaHCO_3$ 发生中和反应生成 CO_2 并降低成品的咸味,其用量 35%~50%。淀粉、脂肪酸是为了提高膨松剂的保存性,防止吸潮结块和失调,也有调节气体产生的速度或是产生气孔均匀等作用。

钾明矾($AlK(SO_4)_2 \cdot 12H_2O$)也是一种常用的疏松剂，又名硫酸铝钾、钾矾，用于油炸食品，膨化食品，水产品，豆制品，威化饼干，虾片，发酵粉等。

硫酸铝铵($AlNH_4(SO_4)_2 \cdot 12H_2O$)又名铵矾，铝铵矾。无色结晶、白色颗粒，或结晶性粉末、片、块。无臭、味微甜而涩。在120℃时失去10分子结晶水，约250℃时变为无水品，280℃以上分解。折光率1.459。易溶于热水，水溶液呈酸性。有强收敛性。加热至250°时，脱去结晶水成为白色粉末，即烧明矾。超过280°则分解，并释放出氨气。可微溶于水(20℃溶解度为15 g)、稀酸、甘油，水溶液呈酸性，不溶于乙醇。1 g溶于7 mL水、0.5 mL沸水。水溶液对石蕊呈酸性。0.05 mol/L溶液的pH为4.6。相对分子质量:453.33。《食品安全国家标准 食品添加剂使用标准》(GB 2760—2014)中规定可用于油炸食品、虾片、豆制品、发酵粉、威夫饼干、膨化食品和水产品，按生产需要适量使用，铝的残留量≤100 mg/kg。根据世界卫生组织的评估，规定铝的每日摄入量为0～0.6 mg/kg，kg指人的体重，即一个60 kg的人允许摄入量为36 mg。实际使用参考:本品可代替硫酸铝钾作为复合膨松剂的原料(酸性剂)，其用量约为面粉的0.15%～0.5%(参见硫酸铝钾)；用于腌茄子，其中的铝和铁盐遇茄子的蓝色素形成络盐而不褪色，用量以铝计为0.01%～0.1%。此外亦可用于煮熟的红章鱼护色等。

3.3.1.6　品质改良剂

品质改良剂是指在食品生产或加工中能提高和改善食品品质的食品添加剂。品质改良剂是通过保水、保湿、黏结、填充、增塑、稠化、增容、改善流变性能和螯合金属离子等改善食品品质。

品质改良剂的作用:①增加肉的保水、结著作用，使肉制品在加工过程中保持一定的水分，肉质柔嫩。②螯合金属离子，增强抗氧化作用并保持食品的正常色泽。③面粉品质改良剂可使面粉中的类胡萝卜素氧化褪色，并能加强面筋的强度和稳定性，所以它具有漂白和促进面粉成熟的功效。④面包、糕点等经保水、吸湿可避免表层干燥。⑤果酱类和涂抹食品通过增稠和改善流变性能提高口感。

(1)磷酸盐类品质改良剂:能提高肉品的保水性的机理。①磷酸盐类的加入可以提高肉品的pH值，使其pH升至等电点以上，从而可提高蛋白质结合水的能力；②对肉中的一些金属离子进行螯合，将同Ca^{2+}，Mg^{2+}结合的—COOH游离出来，增加了蛋白分子之间的斥力，使蛋白质网状结构膨胀、网眼增大，因此提高肉的保水性；③磷酸盐类将肌动球蛋白解离为肌动蛋白和肌球蛋白，而肌球蛋白的持水力强，从而有利于保水性的提高；④磷酸盐类的加入可以提高离子强度从而增加了蛋白质的溶解性能，有利于蛋白质向溶胶状态转化，持水能力增强，因此肉的持水性提高。

磷酸盐类在食品中应用时一般分为以下三类形式:

1)正磷酸盐类:可以是正盐(PO_4^{3-})、一氢盐(HPO_4^{2-})和二氢盐($H_2PO_4^-$)，其中正盐呈强碱性，二氢盐呈酸性；一般使用的是其钠盐，其中二氢盐中由于所含$H_2PO_4^-$可离解出H^+故呈酸性，而磷酸根(PO_4^{3-})的强烈水解使其呈强碱性。它们除用于肉品品质改良外，还可以用于牛乳中防止牛乳浓缩时因Ca^{2+}产生的沉淀，并延长贮存期，用于奶酪的加工以便改善结构，改善成形、乳化性质并贮存期延长；酸式盐可作为膨松剂的酸性组分等。

2)焦磷酸盐类:是磷酸加热脱水产物形成的盐，常用焦磷酸盐($P_2O_7^{4-}$)和三聚磷酸盐($P_3O_10^{5-}$)；以三聚磷酸钠为代表，除了对肉品品质改良外，它还能:①与除碱金属外的金属离子螯合，可以作为稳定剂、软水剂、软化剂，例如在果蔬加工中作用于外皮，使果胶酸钙、草酸钙等的 Ca^{2+} 溶出，从而使外表皮软化。②作为乳化剂利用；它可使脂肪很好地在食品中分散，可使肉制品的断面平整、光滑，易于切片。③螯合重金属离子，具有抗氧化增效作用。④可与 Ca^{2+} 形成胶质聚磷酸钙而用于布丁(Pudding)作为胶凝剂。

3)偏磷酸盐：可以用 $(PO_3)_n^{n-}$ 来表示，相对分子质量不固定，常用的是六偏磷酸钠 $Na_6(PO_3)_6$，又称 Graham 盐。它的性能与三聚磷酸钠大多相同，但是其分散性、螯合金属离子能力更强；它还可用于酱油、豆酱之中以提高黏度、防止变色并缩短发酵周期；用于冰淇淋可提高脂肪的乳化、膨胀力，改善其口感；用于水果、饮料之中可以提高果汁出率，增加黏度、防止 Vc 氧化，此外六偏磷酸钠还有一个独特的性质，那就是它有抗菌能力，这是其他磷酸盐没有的。它与酸溶液共同用于腌肉表面时可以提高肉品的抗肉毒梭菌能力，与 $NaNO_2$ 共用时效果更好，其抑菌浓度在 0.2%～0.5%左右最佳，也可与山梨酸共同与 $NaNO_2$ 协同作用以提高抑制肉毒梭苗的能力。

磷虽然是人体的重要无机元素，正常摄入不会在体内产生不良影响，但是滥用磷酸盐类则会造成人体内 Ca/P 比例失调((1.5 ～ 2)∶1)，影响 Ca 的吸收，造成发育缓慢，骨、牙齿质量不好等不良后果，因此必须反对磷酸盐在食品中的滥用，控制它在食品中的应用量及应用范围。

(2)面粉品质改良剂：因为面粉中含有类胡萝卜素及蛋白分解酶，所以对制作面包是不利的，必须经过适当的氧化漂白和成熟。这一个过程可以通过面粉在贮存过程中氧气的缓慢作用而达到，但该过程需时过长，故此需要加入品质改良剂来加快漂白和成熟过程. 品质改良剂除了具有漂白作用外还具有促进面团成熟、改善品质的作用，此类品质改良剂现在多用 $KBrO_3$ 及过氧化苯甲酰。

1) $KBrO_3$：白色结晶或结晶性粉末，易溶于水，氧化性强，与易氧化的物质混合以后可因冲击而爆炸，加热至 370℃会分解。溴酸钾对面粉的漂白作用不太强，但可使类胡萝卜素褪色，它可与面粉之中的氨基酸作用活化谷胱甘肽中的三肽部位，抑制面粉中蛋白质分解酶的活性，使其活性适中以改善面筋的性质，可加强面筋的强度、伸展性、弹性和稳定性；可缩短面团发酵时间并使其体积增大 1/3 左右；加入鱼肉制品中可使弹力加强，有改善其嘴嚼感的效果。

2)过氧化苯甲酰：白色结晶粉末，微溶于水，溶于有机溶剂，在 105℃左右分解，受冲击易发生爆炸，有杀菌作用，其化学结构式如图 3-10 所示。

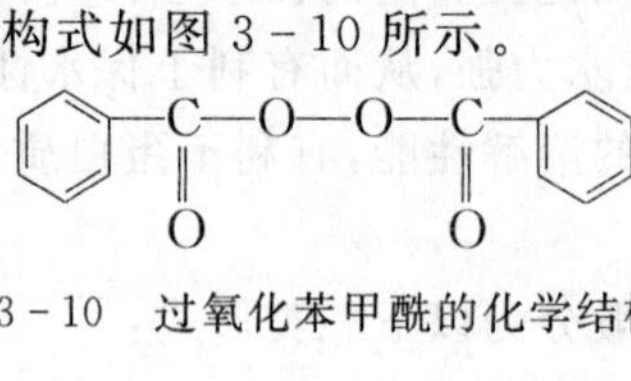

图 3-10　过氧化苯甲酰的化学结构式

过氧化苯甲酰由于氧化作用强故亦能漂白面粉，但是漂白速度较慢，缓缓放出氧气：一般氧化作用需要一周以上方可完成，其反应式为

$$(C_6H_5CO)_2O_2 \xrightarrow{H_2O} C_6H_5COOH + O_2$$

3.3.1.7　增稠剂

1. 增稠剂的定义

黏稠剂又称糊料，是一种能改变食品的物理性质，增加食品的黏稠性，赋予食品以柔滑适

口性，且具有稳定乳化状态和悬浊状态的物质。

2. 增稠剂的特性

食品增稠剂应属于胶体，分子中应有许多亲水基，如$-OH$，$-COOH$，$-NH_2$等，能与水产生水化作用。它经水化后以分子状态分散于水中，是属于亲水性高分子胶体物质。

3. 增稠剂的分类

依据增稠剂的来源不同，分为天然增稠剂和合成增稠剂两大类。

天然增稠剂包括三大类：一类是从含海藻和多糖类的黏质中提取的增稠剂，例如海藻酸、淀粉、阿拉伯胶、瓜尔胶、卡拉胶、果胶、琼脂等。第二类是从含蛋白质的动植物中提取的增稠剂，明胶。例如酪蛋白、酪蛋白酸钠等。第三类是从从微生物中提取的增稠剂，黄原胶(汉生胶)。

合成增稠剂则包括羟甲基纤维酸钠(CMC)、羧甲基淀粉钠、藻酸丙二酯、羟甲基纤维酸钙、磷酸淀粉钠、乙醇酸淀粉钠等。

4. 增稠剂一般性质

增稠剂分子结构中因存在着大量亲水性基团，与水分子发生作用形成大分子溶液即胶体。其性质包括增稠剂的黏度和胶凝性。

(1)增稠剂的黏度。食品增稠剂的溶液通常都有一定甚至很高的黏度，这是由于两个方面的原因：一是亲水胶体分子所占的体积很大，它们之间可以通过相互作用形成空间结构，阻碍液层的流动。二是亲水基团对水分子的吸附会使水分子失去运动的自由。降低其黏度的因素：① 电解质。减少了增稠剂对水分子的吸附作用。② 微生物分子对增稠剂分子降解。③果胶酶(分解果胶)、蛋白酶(分解明胶)。④pH 值和温度。pH 值愈小，黏度愈高。温度越高，黏度越小。

(2)增稠剂的胶凝性。在浓度达到胶凝浓度以上时，在一定的条件下可形成凝胶，分散介质全部包含在网状结构之中。

1)胶凝条件：胶体浓度 1%，Ca^{2+}，高甲氧基果胶>55 %，pH=2.6～3.4。

2)热可逆凝胶：卡拉胶、琼脂、明胶和低甲氧基果胶。高温度时凝胶融化，低温度时又形成凝胶，有凝固点(热可逆凝胶的热溶液冷却时，胶凝现象最初出现时的温度)。

3)热不可逆凝胶：海藻酸钠、高甲氧基果胶它们形成的凝胶受热不再熔化。既无凝固点，也无熔点，只要达到了胶凝条件即可形成凝胶，它们的稳定性好，在加工中可以进行杀菌处理、烹饪等。

4)凝胶的强度和泌水性。

凝胶强度：表示凝胶主要性能的技术指标，一般是通过专用的凝胶强度仪来测定，以其能承受的最大荷重来表示。

泌水：凝胶在放置时间较长时，在表面可以分泌出一些水珠，甚至可连成一片，这种现象称之为泌水，它是凝胶脱水收缩的结果，会影响食品的外观和质量，一般可以通过增稠剂的混用来解决。

5)凝胶速度：凝胶形成时的速度快慢会影响产品的质量，因此应在具体生产中选用不同型号的增稠剂，或者是通过控制胶凝条件来控制胶凝胶速。

5. 增稠剂在食品中的作用

增稠剂在食品加工中主要起稳定食品形态的作用，如乳化稳定、悬浮稳定、凝胶等，同时还对于改善食品的感官质量起着相当程度的作用。

(1)增稠作用。提高食品的黏稠度,使原料更易以容器中挤出,或更好地黏着在食品中,还可使食品有柔滑的口感。

(2)胶凝作用。果冻、奶冻、果酱、软糖及人造营养食品等的赋形剂。

(3)稳定作用。加入增稠剂使食品组织趋于稳定、不易变动、不易改变品质，添加到淀粉食品中防止食品老化。①在冰淇淋中有抑制冰晶生长;②糖果中有防止糖结晶;③饮料、调味品中有乳化稳定作用;④啤酒等中有泡沫稳定作用。

(4)保水作用。由于强烈的水化作用,因此存在于食品中时可使水分不易挥发,这样既提高了产品产量,又增强了食品的口感。

(5)其他作用。

1)果汁澄清(通过明胶絮凝作用);

2)多糖类可以起膳食纤维的作用;

3)与一些重金属离子生成沉淀,排出可解毒;

4)保鲜剂、保香剂。

6.常用的食品增稠剂

(1)明胶(Gelatin):白色或淡黄色片状物或粉末,不溶于水,但能吸水膨胀,40℃可转化为溶胶。具有强的起泡性,但稳定性很差;平均相对分子质量大于1.5×10^4时具有胶凝能力。

(2)干酪素钠(Sodium caseinate):白色或淡黄色物,可溶于水,是非常好的乳化稳定剂,具有很好的增稠、黏接、发泡性能,同时还可认为是一种营养强化剂,加热不凝集。

(3)海藻酸盐(Sodium alginete):白色或淡黄色粉末,不溶于有机溶剂,可与Mg^{2+},Hg^{2+}以外的二价离子形成凝胶,并为热不可逆凝胶。可以用于保水,保鲜;降低血糖、促进胆固醇排泄;不被人体吸收、不影响人体Ca/P平衡,它是疗效、保健食品的理想材料。

(4)琼脂(Agar):条状物或粉末,呈白色或淡黄色;冷水中不溶但可吸收20倍以上的水,加热即为凝胶。不被人体吸收,不被衍生物作用。

(5)卡拉胶(Carageenan):白色或淡黄色片状或粉末,可溶于热水,并形成高黏度的溶液。卡拉胶有三种不同形式:

1)K-型K^+存在下可形成凝胶,钾敏卡拉胶;

2)L-型Ca^{2+}或K^+存在下可形成凝胶(钙敏卡拉胶);

3)λ-型不能形成凝胶。

它特别适用于牛乳制品或仿牛乳制品中。

(6)黄原胶(Xanthan gum):乳白色或淡黄色粉末,常温下溶于水,低浓度下也具有很高的黏度,增稠性好;由于分子结构中具有侧链并紧紧缠绕主链,所以可保护主链不受酸、碱、微生物的作用,并不受pH、离子强度的影响,但可被强氧化剂降解;黄原胶的溶液经冷冻一熔化循环其黏度不变,也可与多价金属离子作用形成凝胶;它同其他的由半乳糖、甘露糖组成的增稠剂共用时有协同作用,可使黏度大大提高。

(7)阿拉伯胶(Arabic gum):白色或淡黄色粉末,或黄色块状物,极易溶于热水、冷水并形成黏稠的溶液;它的黏度受到了pH值、盐的影响,并随时间的延长而降低,加入三价金属离子或明胶可以使它发生沉淀;它在任何浓度下均可形成凝胶;由于其价格昂贵,所以一般只用于乳化香精之中。

(8)田菁胶(Sesbania gum):白色粉末,溶于水后形成高黏度的胶体溶液,比同类植物胶和海藻酸钠的黏度高 10 倍,如 1%溶液为 1 500～3 000cP,将它用于冰淇淋中代 CMC 具有明显的优越性。

(9)果胶(Pectin):白色至黄色粉末,具有特有的香味,溶于水;按酯化程度分为高甲氧基果胶(HM 果胶、酯化度为 50%～100%)和低甲氧基果胶(LM 果胶、酯化度低于 50%),它们二者性质有所不同,HM 果胶有一种非常好的香味,在含糖量达 55%以上,pH=2.6～3.4 时才能形成热不逆凝胶,其硬度随果胶量、糖、酸量的增加及酯化度的降低而增加,胶凝速度随果胶量、糖、酸及酯化度的增加而加快;而 LM 果胶只要有 Ca^{2+},Mg^{2+} 等多价离子存在,即使糖量降低至 1%,pH=2.5～6.5 之间时均可胶凝,不受糖、酸量的影响,凝胶的硬度主要受 Ca^{2+} 的影响,并对热、搅拌引起的变化是可逆的,其临界温度为 30℃,故此 LM 果胶产品贮藏温度不得高于 25℃,另外 LM 果胶在糖量达 50%～ 55%时不加 Ca^{2+} 也能形成凝胶;果胶特别适用于果味食品之中。

(10)藻酸丙二醇酯(PGA):白色或淡黄色粉末,有吸湿性,易溶于水,水溶液为黏稠的胶体溶液,它是由海藻酸与环氧乙烷作用而制得;其溶液的黏度在 60℃以下稳定,但煮沸时黏度急剧下降,对 Fe^{3+},Pb^{2+},Cu^{2+},Cr^{3+} 等金属离子不稳定,耐酸性强,耐碱性差,有较强的耐盐性;在酸性条件下对蛋白质有良好的稳定作用,并具有独特的泡沫稳定作用;还能与明胶等反应制成不溶于水、具有渗透性的膜。

(11)羧甲基纤维素钠(CMC):白色或微黄色粉末,有吸湿性,易分散于水中,其吸湿性和溶解性随取代度的增加而增大;CMC 一般与二价金属离子形成沉淀,当取代度为 0.3 左右时,在 pH=1～3 时可沉淀析出,当取代度在 0.5～0.8 时即使是酸溶液中也不沉淀;它具有良好的成膜性,对油脂具有良好的乳化稳定作用;加热温度不宜超过 80℃,超过此温长时间加热黏度下降,并生成不溶物。

(12)羧甲基淀粉钠(CMS):白色粉末,可溶于冷水并形成透明的黏稠溶液;其吸水性极强,吸水后可膨胀至原体积的 200～300 倍,其性质与 CMC 相似,但易受 α-淀粉酶的作用而降解,主要用于食品的增稠剂、乳化稳定剂。

(13)淀粉磷酸钠:白色粉末,在水中易溶解成不透明糊状,单酯在常温下即能糊化,但双酯在加热时也难糊化;其黏度在 pH=2～9 时稳定,超出此范围略有下降,高温下黏度也下降;可用于食品中作为增稠剂、稳定剂、悬浮剂和乳化稳定剂,可与其他增稠剂同用。

3.3.1.8　乳化剂

1. 定义

乳化剂是一种分子中具有亲水基和亲油基的物质,显著降低界面张力,使油、水形成的乳浊液具有相对稳定性,又称为表面活性剂。

2. 分类

乳化剂按其来源可以分为天然乳化剂和合成乳化剂;按溶解性可分为水溶性和油溶性;按其是否离解可分为离子型和非离子型;按其作用可分为水包型(O/W)和油包型(W/O)。

3. 乳化剂的 HLB 值

为了表示乳化剂分子的亲水、亲油性质,通常用亲水亲油平衡值(HBL)来反映一个乳化剂的性质及用途,HLB 值越大,则表示其亲水性越强,如 HLB 越小则表示其亲油性越强。

一般以石蜡等化合物为标准物质:石蜡 HLB=0,油酸 HLB=1,油酸钾 HLB=20,十二烷基磺酸钠 HLB=40;其他的表面活性剂的 HLB 值可以通过乳化实验,对比其乳化效果以后确定,非离子型表面活剂一般 HLB 在 1～20 之间。

当两种或两种以上的非离子型表面活性剂混合使用时,其 HLB 值具有加和性:

$$HLB值=(Wt_1 \times HLB_1)+(Wt_2 \times HLB_2)+\cdots\cdots$$

上式中 Wt 表示质量分数;1,2 等表示成分 1,成分 2 等。故此在实际生产过程时可以用两种不同 HLB 的非离子型表面活性剂来调制出不同 HLB 值的乳化剂来满足具体的需要。

4.乳化剂的选择

制备一个乳浊液时,乳化剂的选择原则如下。

(1)依据 HLB 值选择一个适宜的乳化剂,制备 O/W 型时乳浊液的乳化剂 HLB=8～18,而制备 W/O 型时 HLB 应在 3～8 之间,可以略高一些;若所需 HLB 值未知时可以通过实验来确定。

(2)采用复合乳化剂,满足不同亲水、亲油的需要。乳化剂是连接油相和水相的,所以它若对水相、油相均有强的亲和力则是十分理想的,但一种乳化剂很难达到这种效果,若是两种乳化剂(一个 HLB 值大,另外一个 HLB 值小)的混合使用则可得到较满意的结果,其乳化效果有相乘的作用,效果优于单一乳化剂,另外在 O/W 型乳浊液中乳化剂的亲油部分如果和油相的结构越相似越好,这样乳化剂和油的亲和力大,分散效果好。

(3)乳化剂浓度必须大于临界浓度,才起到乳化作用。

5.乳化剂在食品中的作用

乳化剂可使食品组分混合均匀、产品的流变性改善,同时还可以对食品的外观、风味、适口性和保存性有一定的作用。

(1)乳化作用。这是最主要的作用,由于食品中通常含有不同性质的成分,乳化剂有利于它们的分散,可防止油水分离,防止糖、油脂起霜,防止蛋白质凝集和沉淀,提高食品的耐盐性、耐酸及耐热能力,并且乳化后的成分更易为人体吸收利用。

(2)对淀粉和蛋白质作用。乳化剂和淀粉形成稳定的复合物可延缓淀粉的老化,可使面制品长时间保鲜、松软,同时还可以提高淀粉的糊化温度、淀粉糊的黏度及制品的保水性。乳化剂在面团中还可起到调理作用,强化蛋白质的网络结构,提高弹性,增加空气的进入量,缩短发酵时间,使气孔分布均匀,有利于面包、糕点等食品品质的提高。

(3)调节黏度。乳化剂有调节黏度的作用,可以作为饼干的脱模剂,降低巧克力物料的黏度有利于操作等。

(4)润湿和分散作用。在奶粉、麦乳精、粉末饮料中使用乳化剂可以提高其分散性、悬浮性和可溶性,有利于食品在冷水或热水中速溶。

(5)控制结晶作用。在巧克力中可促使可可脂的结晶变得细微和均匀,在冰淇淋中可以阻止冰晶的成长,而在人造奶油中低 HLB 值的乳化剂可防止油脂产生结晶。

(6)增溶作用。HLB>15 的乳化剂可以作为脂溶性色素、香料等的增溶剂,还可以作为破乳剂使用。

(7)抗菌保鲜作用。蔗糖酯还有一定的抗菌作用,还可作为水果、鸡蛋的涂膜保鲜乳化剂,有防止细菌侵入、抑制水分蒸发和调节吸收的作用,又如磷脂还有抗氧化作用。

6.常用的食品乳化剂

(1)大豆磷脂:大豆磷脂主要是卵磷脂、脑磷脂、肌醇磷脂和少量的磷脂酸、磷酸丝氨酸酯等的混合物。在甘油的 1 位上通常为饱和脂肪酸，而 2 位上通常是不饱和脂肪酸。它可从大豆油脂精炼过程中得到的副产物油脂经加工提取而得到以下三种不同的商业大豆磷脂。

1)浓缩大豆磷脂：豆油的油脂经真空脱水后的产物，经漂白后的色泽较浅，否则色泽很深，为一黏稠状液体；主要成分是油脂和磷脂，在空气中久置会因氧化加深色泽或产生刺激性气味。

2)粉末磷脂：利用磷脂不溶于丙酮的特性，将浓缩磷脂用丙酮处理而除去油脂，可得到含油量很低的粉末磷脂，一般为浅黄色颗粒，吸湿性强，在空气中易被氧化。

3)分级磷脂：利用卵磷脂、肌醇磷脂在醇中的溶解性不同，将它们进行分离后而得到的富含卵磷脂的产品(醇溶部分)和富含肌醇磷脂的产品(醇不溶部分)。

卵磷脂的亲水性较强，而肌醇磷肌的亲油性较强。大豆磷脂的 HLB 值约为 9，它不耐高温，在 80℃开始变色，到 120℃开始分解；它不仅可以作为乳化剂、润湿剂、乳化稳定剂等用于食品中，它还有重要的药疗价值。

(2)单硬脂酸甘油酯(单甘酯)：$CH_2OH—CHOH—CH_2OCO(CH_2)_{16}CH_3$ 为白色或微黄色固体，不溶于水但可分散于水中，可溶于有机溶剂，HLB＝2.8～3.5，典型的 W/O 型乳化剂，它是由甘油和硬脂酸酯化而得，在人体中可被代谢、吸收。

(3)蔗糖脂肪酸酯(SE)：一般为白色或黄色粉末，也可能为无色或淡黄色液体，单酯易溶于水，多酯易溶于有机溶剂，蔗糖脂肪酸酯的化学结构如图 3－11 所示。蔗糖脂肪酸酯一般是利用 C_{12}～C_{18} 的脂肪酸甲酯同蔗糖进行酯交换反应而制得，它在酸性、碱性条件下可被皂化，加热至 145℃时开始分解。蔗糖酯单酯 HLB＝10～16，二酯 HLB＝7～10，三酯 HLB＝3～7，多酯 HLB≈1，所以蔗糖酯中各种酯的比例不同使得 HLB 不同，市售产品为其混合物，HLB＝ 3～16，基本上可满足不同的食品加工需要。

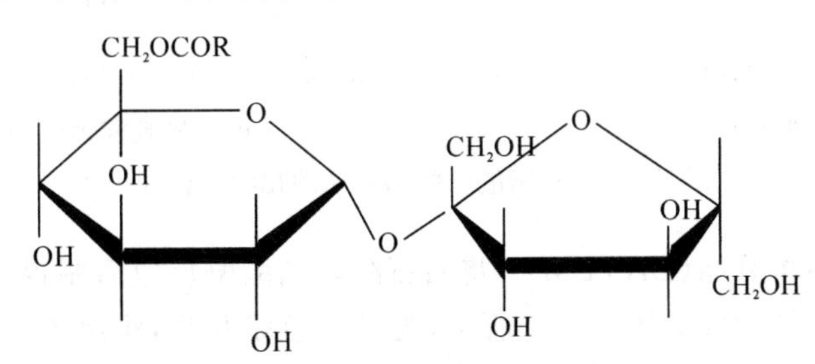

图 3－11　蔗糖脂肪酸酯的化学结构图

蔗糖酯除可以用于面制品、人造奶油、巧克力、冰淇淋、速溶食品、乳化香精等以外，它还具有抑菌作用和成膜作用，可用于禽蛋、水果等的涂膜保鲜，防止水分蒸发；用于制糖工业中还可抑制蔗糖分解，提高砂糖的收率；由于它在体内可分解为蔗糖和脂肪酸，因此可被正常代谢，对人体是安全的。

(4)山梨糖醇酐脂肪酸酯(司盘，Span)：司盘是由山梨糖醇或其酐与脂肪酸酯化反应而得到的脱水反应产物，是图 3－12 中的三种成分的酯类。其性状、性质随脂肪酸的不同及位置的不同而不同，一般为油状或固体，其 HLB 值大致为：Span20，HLB＝8.6；Span40，HLB＝6.7；Span60，HLB＝4.7；Span65，HLB＝2.1；Span80，HLB＝4.3；Span85，HLB＝1.8。故多为 W/O型乳化剂；它们可以单独使用，也可以混合使用；在不同 pH 值下稳定，不受高浓度电解质影响。

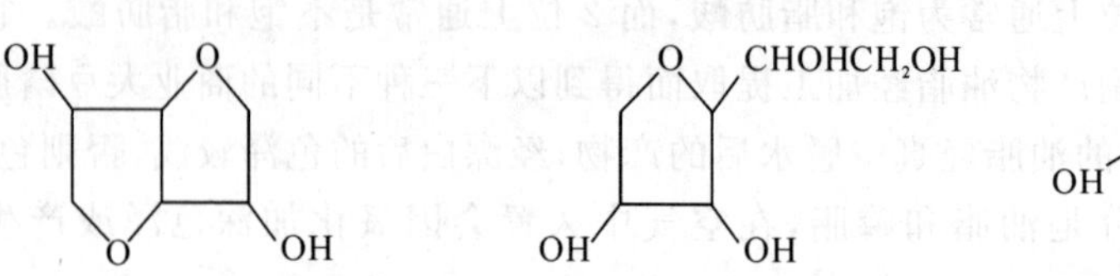

$$\text{(structures: sorbitan fatty acid ester rings with OH, O, } CHOHCH_2OH, CH_2OH \text{ groups)}$$

图 3-12　山梨糖醇酐脂肪酸酯的化学结构式

(5)聚氧乙烯山梨糖醇酐脂肪酸酯(吐温,Tween):聚氧乙烯山梨糖醇酐脂肪酸酯是由司盘与环氧乙烯在碱催化下加成共聚而得;由于引入了$(OCH_2CH_2)_n$基,故此亲水性明显加强,多为油状液体,易溶于水;其 HLB 值一般为:Twenn 20,HLB=16.7;Twenn 40,HLB=15.6;Twenn 60,HLB=14.6;Twenn 65,HLB=10.5;Twenn 80,HLB=15;Twenn 85,HLB=11.0。故为 O/W 型乳化剂;Tween 在用量过多时有口感不适现象,可通过加入多羟基醇等加以改善。

(6)硬脂酰乳酸钙或钠(CSL or SSL):图 3-13 中所示为硬脂酰乳酸钠和为硬脂酰乳酸钙的化学结构式,它们是由硬脂酸与乳酸在碱存在时反应制得。$n=2$ 时称为硬脂酰-2-乳酸酰乳酸钠或钙,以 SSL_2 或 CSL_2 表示之。它们为白色粉末,钙盐溶于热油脂中而钠盐溶于水,钙盐不吸潮而钠盐吸湿性强;CSL 的 HLB 值为 5.1,而 SSL 的 HLB 值为 21,分别是 W/O 型和 O/W 型的乳化剂,它们常作为面类食品的品质改良剂,一般为了克服钙盐的难溶性问题将钙盐与钠盐等量混合后效果不错。CSL 或 SSL 在面团中可使面筋性质发生改善,可大大提高面筋的弹性和稳定性,可增加面团的耐揉搓性并减少糊化,非常适用于面包加工,可使面包体积增大,柔软并不易老化;用于面条中可增加面条的弹性,经得起长时间的水煮。

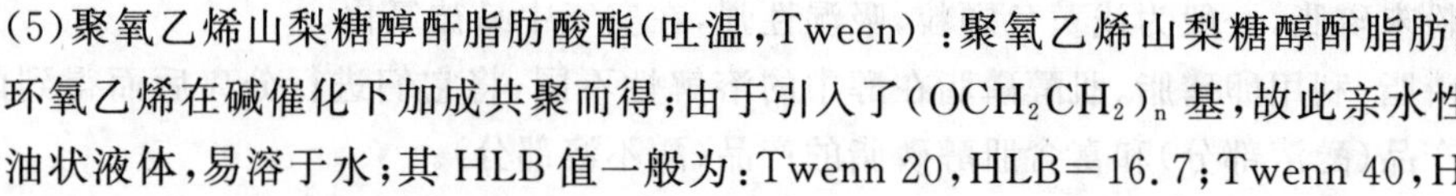

$$C_{17}H_{35}C(=O)—O—(CH(CH_3)CO—O)_nNa$$

硬脂酰乳酸钠(SSL)

$$C_{17}H_{35}C(=O)—O—(CH(CH_3)CO—O)_nCa$$

硬脂酰乳酸钙(CSL)

图 3-13　硬脂酰乳酸钙或钠的化学结构式

(7)双乙酰酒石酸单甘酯(DATEM):将酒石酸与醋酸酐反应后制得双乙酰酒石酸,再与单甘酯反应而制得,其结构式如图 3-14 所示,为微黄色蜡状物,难溶于水,溶于有机溶剂,其 HLB=9.2,可用于面包、人工奶油等中;还可以用于蛋糕发泡剂之中作为主要原料,发泡时间短,体积大、口感好。

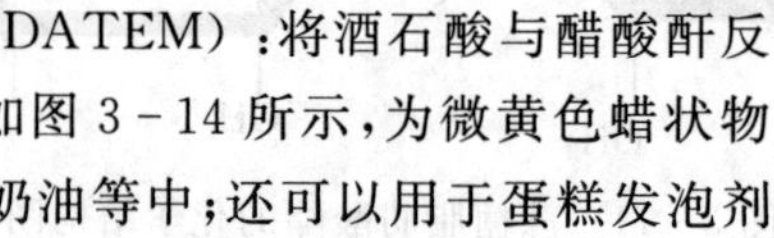

$$CH_2OOC—CH(OCOCH_3)—CH(OCOCH_3)—COOH$$
$$|$$
$$CHOH$$
$$|$$
$$CH_2OOCC_{17}H_{15}$$

图 3-14　双乙酰酒石酸单甘酯(DATEM)的化学结构式

(8)乙酸异丁酸蔗糖酯(SAIB):由蔗糖经醋酸酐、异丁酸酐酯化而得,无色或微黄色黏稠物,无嗅,常温凝固,30～40℃呈半流态,微溶于水,比重大,无表面活性(羟基全部被酯化的原因),一般作为比重调节剂用于香精之中。

(9)松香甘油酯及二氢松香甘油酯：利用松香（主要成分是枞酸）或二氢化松香在 N_2 气中与甘油酯化反应而得到的三酯，为浅黄色透明玻璃状物，不溶于水及低分子醇类，可溶于有机溶剂；主要作为比重调节剂用，也可以作为口香糖嘴嚼成分，用量不超过聚醋酸乙烯酯的 10%。

3.3.1.9　其他食品添加剂

除了前述的几类食品添加剂外，还有其他的一些食品添加剂在食品中应用，它们分别是消泡剂、抗结剂、酸碱性剂、被膜剂和脱模剂等，现在分别进行简单介绍。

1. 消泡剂

消泡剂也称消沫剂，其作用是抑制或消除在食品生产过程中产生的泡沫。因为食品中存在的表面活性物质如磷脂、皂甙及蛋白质等，在搅拌、发酵、煮沸或浓缩过程中会产生大量气泡，影响了正常的操作进行，必须要进行消泡；而气沫由于是气液体系，其稳定性差，有自发降低自由能的倾向。

使用消泡剂时，应当加入 HLB<3 的、分支多、密度比水轻的能降低水溶液表面张力的物质作为消泡剂。过去一般用植物油、油脂、液态石蜡等作为消泡剂，但它们的效果差，也有些不符合食品卫生要求，现已被各类消泡剂替代。

当前使用的消泡剂主要有乳化硅油和 DSA。乳化硅油的主要成分是聚氧硅烷，浅黄色黏稠液体，性质稳定，不易燃烧，对金属无腐蚀性，久置空气中也不发生胶化。用于味精生产，用量 2g/kg。在谷氨酸发酵过程中添加，消除泡沫，发酵后经离子交换处理，不残留于成品中。DSA（高碳醇脂肪酸酯复合物）是我国自行研制的消泡剂，广泛用于各种食品的加工，安全性高，是比较理想消泡剂的。主要由十八碳醇的硬脂酸、液态石蜡、硬脂酸乙醇胺和硬脂酸组成，消泡率可达 96%～98%。DSA 用于制糖工业，味精工业最大用量 3.0 g/ kg；酿造工业最大用量 1.0 g/ kg；豆制品最大用量 1.6 g/ kg。

此外，我国近几年开发并批准使用的消泡剂有聚氧乙烯聚氧丙烯季戊醇醚、聚氧乙烯聚氧丙醇胺醚、聚氧丙烯聚氧丙醇胺醚、聚氧丙烯甘油醚、聚氧丙烯氧化乙烯甘油醚等，这些消泡剂均可用于味精生产；而聚氧丙烯甘油醚和聚氧丙烯氧化乙烯甘油醚还可用于酵母生产。

2. 抗结剂

抗结剂又称抗结块剂，是一种防止细粉或结晶性食品发生板结，以维持其流质状的食品添加剂。例如食盐粉末在放置时间较长时极易发生板结成块，给运输、搬运、使用等带来诸多不便；而具有抗板结作用的物质很多，有磷酸钙、硅酸钙、碳酸镁、硬脂酸镁等；用于食盐的抗结剂为亚铁氯化钾（$K_4Fe(CN)_6$），它能使食盐的正六面体结晶变为星状结晶，而不易发生结块。

3. 酸碱性剂

酸碱性剂有碱性剂和酸性剂。碱性剂会增加食品的 pH 值，多是一些强碱性物质，例如 $NaOH$，Na_2CO_3，K_2CO_3 等。它们可以提高食品的 pH 值或中和其中的酸性物质，也可以用于食品加工过程，如水果的脱皮、蛋白质的水解、面团性质的改善以及洗涤、消毒等。酸性剂减小食品的 pH 值，目前我国只允许使用盐酸，并且使用后一般也需中和。

4. 被膜剂和脱膜剂

在一些食品表面涂抹一层薄膜、不仅外观明亮，还可以延长保鲜期，这些外涂的物质称之为被膜剂。其作用是防止水分蒸发、防潮、防止微生物的侵入。常用被膜剂有虫胶、蜂蜡、石蜡及一些增稠剂、乳化剂等。

脱模剂是用于焙烤食品时防止食品与模具的粘连而使用的加工助剂，常用的是液态石蜡，它在加热时产生气泡少、烟雾少，对机械设备无腐蚀，对食品的色香味也无影响。

5.溶剂

溶剂是能溶解其他物质的溶媒，当食品添加剂加入到食品中欲达到混合目的时，可用搅拌、均质等方法达到，但是如果借助溶剂的溶解作用可达到更均匀、更持久的效果。一般要求溶剂具有毒性低、对食品的风味不影响，最好能在制成最终产品之前除去。常用溶剂有乙醇、丙三醇(甘油)、丙二醇和正己烷等。

3.3.2 我国食品添加剂标准化的历史沿革及发展

3.3.2.1 我国食品添加剂标准化的历史沿革

我国食品添加剂标准体系的发展最早可追溯到1954年。1954年国家发布了《关于食品中使用糖精剂量的规定》，1967年卫生部、化工部、轻工部、商业部联合颁布了《八种食品用化工产品标准和检验方法》(试行)；1977年由卫生部起草、国家标准计量局批准并发布了《食品添加剂使用卫生标准》GBN 50—77，开始对食品添加剂的使用进行管理；1980年在国家标准总局组织下，全国食品添加剂标准化委员会成立，由卫生部、化工部、轻工部、商业部、国家商检局等单位的负责人及专家组成，该委员会是负责为提出食品添加剂标准工作的方针、制定食品添加剂标准(包括食品添加剂使用卫生标准和产品质量规格标准)以及开展相关调研技术咨询等工作。其中卫生部负责食品添加剂的使用安全管理，化工部、轻工部主管添加剂的经营销售，商检部门负责对外贸易的管理。同年国家标准局发布《碳酸钠等二十四种食品添加剂国家标准》；1981年，卫生部将《食品添加剂使用卫生标准》GBN 50—77修改为《食品添加剂使用卫生标准》GB 2760—1981。后经历次修订，形成了目前的GB 2760—2014《食品安全国家标准——食品添加剂使用标准》。

在我国，各部门负责食品添加剂的质量规格标准的制修订工作。迄今为止，我国已经制定了各类添加剂的质量规格标准约200多项。

2009年《中华人民共和国食品安全法》颁布实施，对食品添加剂的标准化工作提出了新的更高要求，将食品添加剂的品种、使用范围、用量等列为食品安全国家标准的内容，并要求食品添加剂应当在技术上确有必要且经过风险评估证明安全可靠方可列入允许使用的范围。国务院卫生行政部门应当根据技术必要性和食品安全风险评估结果，及时对食品添加剂品种、适用范围、用量的标准进行修订。卫生部根据《食品安全法》的要求成立了食品安全标准评审委员会，全国食品添加剂标准技术委员会相应撤销，称为该委员会的食品添加剂专业分委员会，继续承担食品添加相关国家安全标准的审查等工作。

3.3.2.2 我国食品添加剂标准体系构成

我国食品添加剂标准主要由食品添加剂的使用标准和食品添加剂的质量规格标准和食品添加剂标签标识标准构成三部分组成。

1.现行有效的食品添加剂使用标准

食品添加剂的使用标准包括《食品添加剂使用卫生标准》GB 2760—2014、《食品营养强化剂使用卫生标准》GB 14880—2012和GB29987—2014《食品添加剂胶基及其配料》三个标准，它们规定了我国食品添加剂的定义、食品添加剂的使用原则、允许使用的食品添加剂和食品营养强化剂的品种、使用范围和使用量等内容。

2.现行有效的食品添加剂质量规格标准

食品添加剂的质量规格标准，也称为食品添加剂的产品标准，主要是对已经批准使用的食品添加剂品种提出的质量和安全要求。食品添加剂的质量规格标准也是保证食品安全的重要标准，因为即使严格按照批准的使用范围和用量使用食品添加剂，但如果使用的食品添加剂本身存在食品安全问题，也不能生产出符合食品安全要求的食品产品。

目前，食品添加剂的质量规格标准主要分为两种情况，一种情况是针对单一品种的食品添加剂制定的质量规格标准，如GB 1886. 62—2015《食品添加剂硅酸镁》；另一种情况是适用于多种食品添加剂产品的通用安全要求，如GB 26687—2011《复配食品添加剂通则》、GB 29938—2013《食品用香料通则》、GB 25594—2010《食品工业用酶制剂》、GB 29987—2014《食品添加剂胶基及其配料》、GB 30616—2014《食品用香精》等食品安全国家标准。食品添加剂的质量规格标准分为国家标准和行业标准，主要规定食品添加剂的结构、理化特性、鉴别、技术要求及对应的检测方法、检验规则、包装、储存、运输、标识的要求等内容。新的食品安全法颁布实施后，食品添加剂的质量规格标准也列入食品安全国家标准的范畴，在标准的框架和标准的规定内容方面将按照食品安全国家标准的要求进行修改和完善。

3.食品添加剂标签标识标准

食品添加剂的标签标识标准是GB 29924—2013《食品添加剂标识通则》，规定了食品添加剂标识相关的术语和定义，食品添加剂标识的基本要求，按照提供给食品生产经营者的食品添加剂和提供给消费者直接使用的食品添加剂的分类规定了如何标识食品添加剂的名称，成分或配料表，使用范围、用量和使用方法，日期标识，贮存条件，净含量和规格，制造者或经销者的名称和地址，产品标准代号，生产许可证编号，警示标识，辐照食品添加剂的标识等强制性标识内容的规定。

3.3.3　食品添加剂的使用标准的主要内容

食品添加剂的使用标准包括《食品添加剂使用卫生标准》GB 2760—2014、《食品营养强化剂使用卫生标准》GB 14880—2012 和 GB 29987—2014《食品添加剂胶基及其配料》三个标准，其中规定了食品添加剂的使用原则、允许使用的食品添加剂品种、使用范围及最大使用量或残留量。其中对允许使用的341种狭义食品添加剂的品种，每个品种允许使用的食品类别、在食品中发挥的功能作用、最大允许使用量和/或残留量以及同一功能的食品添加剂混合使用时应遵守的原则。

3.3.3.1　食品添加剂的概念和范畴

按照标准规定，食品添加剂广义的定义是为改善食品品质和色、香、味，以及为防腐和加工工艺的需要而加入食品中的化学合成物或者天然物质。营养强化剂、食品用香料、胶基糖果中基础剂物质、食品工业用加工助剂也包括在内。

3.3.3.2　食品添加剂的分类

标准中按照功能将食品添加剂分为以下23大类。

(1)酸度调节剂：用以维持或改变食品酸碱度的物质。

(2)抗结剂：用于防止颗粒或粉状食品聚集结块，保持其松散或自由流动的物质。

(3)消泡剂:在食品加工过程中降低表面张力,消除泡沫的物质。

(4)抗氧化剂:能防止或延缓油脂或食品成分氧化分解、变质,提高食品稳定性的物质。

(5)漂白剂:能够破坏、抑制食品的发色因素,使其褪色或使食品免于褐变的物质。

(6)膨松剂:在食品加工过程中加入的,能使产品发起形成致密多孔组织,从而使制品具有膨松、柔软或酥脆的物质。

(7)胶基糖果中基础剂物质:赋予胶基糖果起泡、增塑、耐咀嚼等作用的物质。

(8)着色剂:使食品赋予色泽和改善食品色泽的物质。

(9)护色剂:能与肉及肉制品中呈色物质作用,使之在食品加工、保藏等过程中不致分解、破坏,呈现良好色泽的物质。

(10)乳化剂:能改善乳化体中各种构成相之间的表面张力,形成均匀分散体或乳化体的物质。

(11)酶制剂:由动物或植物的可食或非可食部分直接提取,或由传统或通过基因修饰的微生物(包括但不限于细菌、放线菌、真菌菌种)发酵、提取制得,用于食品加工,具有特殊催化功能的生物制品。

(12)增味剂:补充或增强食品原有风味的物质。

(13)面粉处理剂:促进面粉的熟化和提高制品质量的物质。

(14)被膜剂:涂抹于食品外表,起保质、保鲜、上光、防止水分蒸发等作用的物质。

(15)水分保持剂:有助于保持食品中水分而加入的物质。

(16)营养强化剂:为增强营养成分而加入食品中的天然的或者人工合成的属于天然营养素范围的物质。

(17)防腐剂:防止食品腐败变质、延长食品储存期的物质。

(18)稳定剂和凝固剂:使食品结构稳定或使食品组织结构不变,增强黏性固形物的物质。

(19)甜味剂:赋予食品以甜味的物质。

(20)增稠剂:可以提高食品的黏稠度或形成凝胶,从而改变食品的物理性状、赋予食品黏润、适宜的口感,并兼有乳化、稳定或使呈悬浮状态作用的物质。

(21)食品用香料:能够用于调配食品香精,并使食品增香的物质。

(22)食品工业用加工助剂:有助于食品加工能顺利进行的各种物质,与食品本身无关。如助滤、澄清、吸附、脱模、脱色、脱皮、提取溶剂等。

(23)其他:上述功能类别中不能涵盖的其他功能。

我国食品添加剂的使用品种采取的是允许使用名单制,凡未列入允许使用名单的物质都不能作为食品添加剂使用。

3.3.3.3 食品添加剂的使用原则

使用的食品添加剂应当符合相应的质量规格要求。食品添加剂的使用原则,使用时应符合以下基本要求:①不应对人体产生任何健康危害;②不应掩盖食品腐败变质;③不应掩盖食品本身或加工过程中的质量缺陷或以掺杂、掺假、伪造为目的而使用食品添加剂;④不应降低食品本身的营养价值;⑤在达到预期目的前提下尽可能降低在食品中的使用量。

在下列情况下可使用食品添加剂:①保持或提高食品本身的营养价值;②作为某些特殊膳食用食品的必要配料或成分;③提高食品的质量和稳定性,改进其感官特性;④便于食品的生产、加工、包装、运输或者贮藏。

3.3.3.4　食品添加剂的带入原则

GB 2760 标准中规定了在下列情况下食品添加剂可以通过食品配料(含食品添加剂)带入食品中:①根据 GB 2760 标准,食品配料中允许使用该食品添加剂;②食品配料中该添加剂的用量不应超过允许的最大使用量;③应在正常生产工艺条件下使用这些配料,并且食品中该添加剂的含量不应超过由配料带入的水平;④由配料带入食品中的该添加剂的含量应明显低于直接将其添加到该食品中通常所需要的水平。

3.3.3.5　食品添加剂的使用规定

GB 2760—2014 标准的附录 A 中规定了食品添加剂的使用应符合的使用品种、使用范围以及最大使用量或残留量;列出的同一功能的食品添加剂(相同色泽着色剂、防腐剂、抗氧化剂)在混合使用时,各自用量占其最大使用量的比例之和不应超过 1;规定了可在各类食品中按生产需要适量使用的食品添加剂等。

3.3.3.6　食品工业用加工助剂的使用

食品工业用加工助剂的使用应符合 GB 2760—2014 标准中的附录 C 的规定。加工助剂的使用原则:一是加工助剂应在食品生产加工过程中使用,使用时应具有工艺必要性,在达到预期目的前提下应尽可能降低使用量。二是加工助剂一般应在制成最终成品之前除去,无法完全除去的,应尽可能降低其残留量,其残留量不应对健康产生危害,不应在最终食品中发挥功能作用。三是加工助剂应该符合相应的质量规格要求。标准中列出了允许使用的 172 种食品工业用加工助剂(其中包括 38 种可在各类食品加工过程中使用残留量不需要限定的加工助剂、80 种需要规定功能和使用范围的加工助剂和 54 种食品工业用酶制剂)。

3.3.3.7　营养强化剂的使用规定

GB 2760—2014 标准中还规定了营养强化剂的使用应符合 GB 14880 和相关规定。《营养强化剂的使用规定》GB 14880—2012 中涵盖了食品营养强化剂相关的术语和定义、营养强化的主要目的、使用营养强化剂的要求、可强化食品类别的选择要求、营养强化剂的使用规定、用于界定营养强化剂使用范围的食品分类系统、营养强化剂质量标准要求。其中对营养强化剂的使用规定:一是允许用于除特殊膳食食品以外的食品类别的 37 种营养素(或营养物质)及其 129 种化合物来源名单,每种营养素允许使用的食品类别和使用量。二是允许用于特殊膳食用食品的 47 种营养素(或营养物质)及其 122 种化合物来源名单。

3.3.3.8　胶基糖果中基础剂物质及其配料的使用规定

胶基糖果中基础剂物质及其配料的使用应符合 GB 2760—2014 标准中的附录 D 的规定。GB 29987—2014 食品安全国家标准《食品添加剂胶基及其配料》中规定了胶基及其配料的定义、基本要求、胶基的技术要求、胶基标识要求、54 种允许用于配制胶基的配料物质名单(6 种天然橡胶,5 种合成橡胶,12 种树脂,7 种蜡类,13 种乳化剂、软化剂、7 种抗氧化剂、防腐剂和 4 种填充剂)、54 种用于配制胶基配料物质的质量规格要求及相应的检验方法。

3.3.3.9　食用香料的使用规定

食品用香料的使用应符合 GB 2760—2014 标准中的附录 B 的规定,针对食品用香料的使用原则进行了阐述,列出了允许使用的 1 870 种食品用香料名单(包括 393 种天然香料和1 477 种合成香料)。

3.4 食品添加剂应用实例

3.4.1 乳与乳制品添加剂

乳品体系是一种复杂的胶体分散体系，分散介质是水，分散质有乳糖、无机盐类、蛋白质、脂肪、气体等，是一种不稳定体系。乳制品既是高营养的，又是易腐败的、极不稳定的物系。

目前，食品添加剂主要用于下面九大类乳制品中：奶粉、液态奶、酸牛奶、乳饮料、干酪(国外称 Cheese)，冰淇淋(国外将冰淇淋列为乳品类)、奶油和炼乳。在乳粉中添加营养原料，达到强化营养作用，常见的有复合维生素添加剂，维生素 B_{12} 等。在液态奶中添加营养原料，如麦类、谷类、蛋类等物质时，添加复合乳化稳定剂，延缓乳脂肪的上浮和蛋白质的沉淀达到乳状液的平衡，使产品不分层，不改变结构，延长保质期。在酸奶中添加增稠剂等物质来调整组织结构和口感，增加持水性，以解决产品在放置、贮存或运输中出水的问题(乳清析出)，从而延长产品的保质期。在冰淇淋中使用稳定剂来提高产品的膨胀率、抗融性、保形性，而乳化剂的使用，使脂肪粒子细微，分布均匀，提高了乳状液的稳定性，控制了粗大冰晶的产生，从而使产品口感更加细腻，品种更加丰富。乳饮料比较复杂，类别也较多，不同的产品对添加剂的要求各不相同。但是不管哪一种产品，最终都是达到不分层、不沉淀、无上浮、口感清爽呈均匀的目标。通过使用添加剂要达到这一目标除一些生产工艺和原辅料因素之外，起决定性作用的是具有专一性的乳化稳定剂。

下面说说乳及乳制品中的常用添加剂如甜味剂、防腐剂、稳定剂、香精和抗结剂等。

3.4.1.1 甜味剂

甜味剂是乳制品生产中的基本原料，使用目的是赋予产品以甜味，主要有葡萄糖、甜叶菊苷、阿斯巴甜、蛋白糖等。

1. 葡萄糖

葡萄糖能使配合的香味更为精细，且即使达 20%浓度，也不会达到如蔗糖令人不适的浓甜感。

2. 甜叶菊苷

甜叶菊苷比蔗糖甜 200 倍，但不会产生热能，因此对肥胖病人、糖尿病人和其他限制摄取糖分的病人，可放心食用。

3. 阿斯巴甜

阿斯巴甜由 L-天冬氨酸和 L-苯丙氨酸组成的二肽化合物，是一种新型的氨基酸甜味剂，有砂糖的纯净甜味，而没有人造甜味剂所具有的苦味及化学味或金属后味。具有强烈的甜味，增进食品风味，不会造成龋齿。

4. 蛋白糖

蛋白糖是一种二肽类新型甜味剂，在肠胃内水解成氨基酸及甲醇，随后参与代谢，被人体吸收。

3.4.1.2 防腐剂

防腐剂主要作用是抑制牛奶中微生物的生长和繁殖，以延长牛奶的保存时间，抑制牛奶的酸腐。主要有山梨酸钾、苯甲酸钠、乳酸链球菌素等。

(1)山梨酸钾。白色至浅黄色鳞片状结晶、结晶状粉末或成粒状,无臭或微臭。有很强的抑制腐败菌和霉菌作用,并因毒性远比其他防腐剂为低(山梨酸钾是一种不饱和脂肪酸盐它可以被人体的代谢系统吸收而迅速分解为二氧化碳和水,在体内无残留),故已成为世界上最主要的防腐剂。

(2)苯甲酸钠。白色颗粒或结晶性粉末抑或雪片。无臭或略带安息香气味,在空气中稳定极易溶于水,溶于乙醇。抑制酵母菌和细菌的作用强,近年来对其毒性的顾虑使得它的应用受限,有些国家(如日本)已经停止生产苯甲酸钠,并对它的使用做出限制。

(3)乳酸链球菌素。乳酸链球菌素(Nisin)是一种浅棕色固体粉末,是乳酸链球菌产生的一种多肽物质,由 34 个氨基酸残基组成。乳酸链球菌素(Nisin)能有效抑制引起食品腐败的许多革兰氏阳性细菌,如乳杆菌、明串珠菌、小球菌、葡萄球菌、李斯特菌等,特别是对产芽孢的细菌如芽孢杆菌、梭状芽孢杆菌有很强的抑制作用。通过病理学家研究以及毒理学试验都证明乳酸链球菌素(Nisin)是完全无毒的。乳酸链球菌素(Nisin)可被消化道蛋白酶降解为氨基酸,无残留,不影响人体益生菌。世界上有不少国家(如英、法、澳大利亚等)在食品中的添加乳酸链球菌素(Nisin)量都不作任何限制。

3.4.1.3　稳定剂

结合亲水胶体,提高酸乳稠度、黏度而有助于防止乳清析出及改善酸乳的组织结构。主要有果胶、明胶、阿拉伯胶、海藻酸钠、PGA、琼脂等。

1. 果胶

果胶为白色或带黄色或浅灰色,或浅棕色,粗至细粉,几乎无臭。属果实胶类,在牛奶饮料中产生酪蛋白-果胶络合物,防止在以后杀菌工艺中发生沉淀。高脂果胶主要用于凝脂类酸乳及乳酸菌饮料,低脂果胶主要用于一般酸乳,添加量为 0.15%～0.5%。

天然果胶类物质以原果胶、果胶、果胶酸的形态广泛存在于植物的果实、根、茎、叶中,是细胞壁的一种组成成分,它们伴随纤维素而存在,构成相邻细胞中间层黏结物,使植物组织细胞紧紧黏结在一起。原果胶是不溶于水的物质,但可在酸、碱、盐等化学试剂及酶的作用下,加水分解转变成水溶性果胶。果胶本质上是一种线型的多糖聚合物,含有数百至约 1 000 个脱水半乳糖醛酸残基,其相应的平均相对分子质量为 50 000～150 000,分子式:$(C_5H_{10}O_5)_n$,分子结构式如图 3-15 所示。

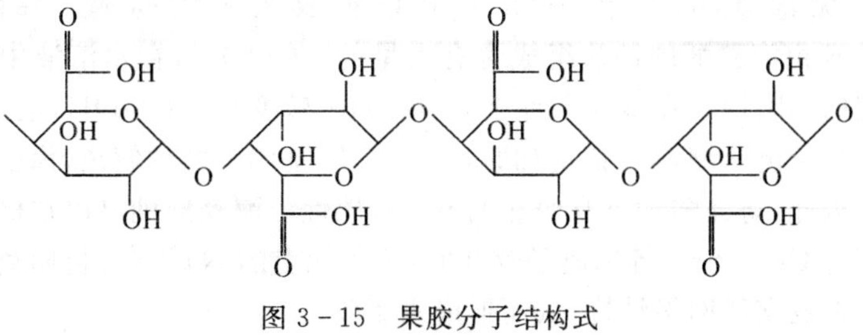

图 3-15　果胶分子结构式

果胶(Pectin)是一组聚半乳糖醛酸。在适宜条件下其溶液能形成凝胶和部分发生甲氧基化(甲酯化,也就是形成甲醇酯),其主要成分是部分甲酯化的 α-1,4-D-聚半乳糖醛酸。残留的羧基单元以游离酸的形式存在或形成铵、钾钠和钙等盐。

果胶为白色或带黄色或浅灰色、浅棕色的粗粉至细粉，几无臭，口感黏滑。溶于20倍水，形成乳白色黏稠状胶态溶液，呈弱酸性。耐热性强，几乎不溶于乙醇及其他有机溶剂。用乙醇、甘油、砂糖糖浆湿润，或与3倍以上的砂糖混合可提高溶解性。在酸性溶液中比在碱性溶液中稳定。

果胶能形成具有弹性的凝胶，不同酯化度的果胶形成凝胶的机制是有差别的，高甲氧基果胶必须在低pH值和高糖浓度中才能形成凝胶，一般要求果胶含量＜1%、蔗糖浓度58%～75%、pH值为2.8～3.5。因为在pH值为2.0～3.5时可阻止羧基离解，使高度水合作用和带电的羧基转变为不带电荷的分子，从而使分子间的斥力减小，分子的水合作用降低，结果有利于分子间的结合和三维网络结构的形成。蔗糖浓度达到58%～75%后，由于糖争夺水分子，致使中性果胶分子溶剂化程度大大降低，有利于形成分子氢键和凝胶。

根据我国《食品添加剂食用卫生标准》(GB 2760—1996)中规定：低脂果胶主要用于冰淇淋、酸奶(原味发酵乳(全脂、部分脱脂、脱脂))中。

2. 明胶

明胶为无色至白色或浅黄色透明至半透明微带光泽的脆性薄片，或粉粒，几乎无臭无味。在酸乳中添加量为0.2%～0.5%，加入0.25%以上可防止水分析出，使质地细腻。

3. 阿拉伯胶

阿拉伯胶为无色至淡黄褐色半透明块状，或为白色至淡黄色粒状或粉末，无臭无味。可用于饮料及普通乳酸，也可作为凝胶乳酸的稳定剂，并具有增稠能力。

4. 海藻酸钠

海藻酸钠是从褐藻类的海带或马尾藻中提取碘和甘露醇之后的副产物，其分子由β-D-甘露糖醛酸(β-D-mannuronic，M)和α-L-古洛糖醛酸(α-L-guluronic，G)按β-1,4-糖苷键连接并由不同比例的GM、MM和GG片段组成的共聚物。其分子结构如图3-16所示。

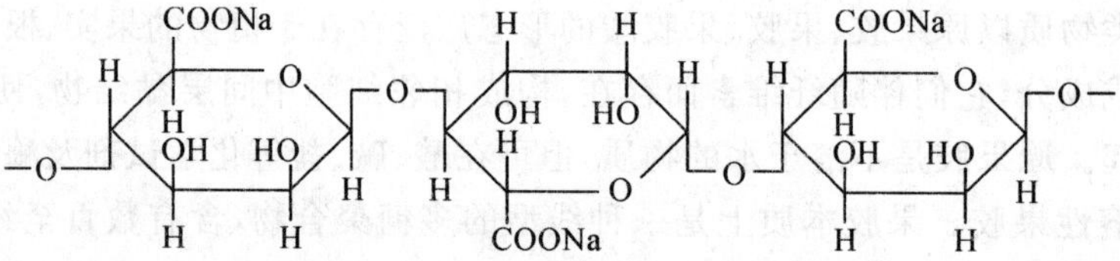

图3-16　海藻酸钠分子结构式

海藻酸钠是无毒食品，早在1938年就已被收入美国药典。海藻酸钠，分子式$(C_6H_7O_6Na)_n$，主要由海藻酸的钠盐组成含有大量的—COO—，在水溶液中可表现出聚阴离子行为，具有一定的黏附性。在酸性条件下，—COO—转变成—COOH，电离度降低，海藻酸钠的亲水性降低，分子链收缩，pH值增加时，-COOH基团不断地解离，海藻酸钠的亲水性增加，分子链伸展。因此，海藻酸钠具有明显的pH敏感性。海藻酸钠可以在极其温和的条件下快速形成凝胶，当有Ca^{2+}，Sr^{2+}等阳离子存在时，G单元上的Na^+与二价阳离子发生离子交换反应，G单元堆积形成交联网络结构，从而形成水凝胶。

海藻酸钠为白色至浅黄色纤维状粉末或粗粉，几乎无臭无味，溶于水形成黏稠胶体溶液。1%水溶液pH值为6～8。当pH＝6～9时黏性稳定，加热至80 ℃以上时则黏性降低。海藻酸钠无毒，LD50＞5 000 mg/kg。螯合剂可以络合体系中的二价离子，使得海藻酸钠能稳定于体系中。在乳酸生产中，海藻酸钠用量为乳酸混合原料的0.1%～0.35%，使用时可先将本产品与糖混合，然后溶于水中使用。其余牛乳中的 Ca^{2+} 作用生成海藻酸钙，而形成均一的胶冻，这是其他稳定剂所没有的特点。

海藻酸钠作为饮料和乳品的增稠剂，在增稠方面有独特的优势：海藻酸钠良好的流动性，使得添加后的饮品口感柔滑；并且可以防止产品消毒过程中的黏度下降现象。在利用海藻酸钠作为增稠剂时，应尽量使用相对分子质量较大的产品，适量添加 Ca。可以大大提高海藻酸钠的黏度。

海藻酸钠是冰淇淋的高档稳定剂，它可使冰淇淋等冷饮食品产生平滑的外观、柔滑的口感。由于海藻酸钙可形成稳定热不可逆凝胶，因而在运输、储藏过程中不会变粗糙（冰晶生长），不会发生由于温度波动而引起的冰淇淋变形现象；同时这种冰淇淋食用时无异味，既提高了膨胀率又提高了熔点，使得产品的质量和效益都有显著提高。产品口感柔滑、细腻、口味良好。添加量较低，一般为1%～3%，国外添加量为5%～10%。

海藻酸钠作为乳制品及饮料的稳定剂，稳定的冰冻牛乳具有良好的口感，无黏感和僵硬感，在搅拌时有黏性，并有迟滞感。

除了使用海藻酸钠以外，乳制品中还常使用海藻酸丙二醇酯，别名藻朊酸丙二酯、藻酸丙二酯、丙二醇藻蛋白酸酯、褐藻酸丙二醇酯，是由部分羧基被丙二醇酯化，部分羧基被碱中和的藻酸类化合物。由天然海藻中提取的海藻酸深加工制成，外观为白色或淡黄色粉末，水溶后成黏稠状胶体。常作为饮料产品的增稠、稳定、乳化剂使用。

通常将海藻酸与环氧丙烷，在加热(70℃)、加压和碱性催化剂存在的条件下进行反应，生成海藻酸丙二醇酯，再用甲醇洗涤，将洗涤后的样品经压榨、干燥、粉碎、筛分即得到最后的成品。

我国《食品添加剂使用标准》(GB 2760—2011)规定：海藻酸丙二醇酯的最大使用量为，乳及乳制品最大使用量3.0g/kg，淡炼乳(原味) 5.0g/kg。

5. 卵磷脂

卵磷脂为浅黄至棕色透明或半透明的黏稠状液态物质，或白色至浅棕色粉末或颗粒，无臭或略带坚果类气味及滋味。纯品不稳定，遇空气或光线则颜色变深，成为不透明。在酸乳制品中，与其他稳定剂混合使用，具有增稠而改良品质的作用，用量为0.1%～0.5%。

6. 琼脂

琼脂为半透明白色至浅黄色薄膜带状或碎片、颗粒及粉末，无臭或稍具特殊臭味，口感黏滑，不溶于冷水和有机溶剂，溶于沸水。在酸乳加工中，可作为增稠剂和保水剂，对某些酸乳制品凝胶稳定性具有重要作用。其用量随制品的品种而定，一般添加量为0.05%～0.75%。

3.4.1.4　香精

乳制品添加主要是为了起到增香的效果，增香主要包括气味增香、滋味增香等，一般来说一种产品单单添加一种香精很难达到产品需要，比如果味饮料，就需要即添加牛奶香精又需要添加果味香精以达到整体的感官评价达标，香精从性质上主要分为4种：一是水溶性香精，顾名思义可以在水中溶解，其优点是比较便宜，缺点是不耐高温，高温易挥发；二是水油两用香精，可以溶解在水中，也可溶于油中。现在适合大量生产厂家需要，性质是价格适中性质稳定；三是油溶性香精，即仅能溶于油中，价格偏高但稳定性最佳；四是粉末香精，价格较低但添加量较大，性质也比较稳定适合做固体饮料和烘焙食品。

3.4.1.5 抗结剂

抗结剂阻止粉状颗粒彼此黏结成块的物质称为抗结剂。抗结剂的原理通常是吸收多余水分或者附着在颗粒表面使其具有憎水性。有些抗结剂是水溶性的，另一些溶于酒精和/或其他有机溶剂。国外常用的硅酸钙溶于水和油。

二氧化硅抗结剂是一种白色蓬松粉末，主要被添加于颗粒、粉末状食品中防止颗粒或粉状食品聚集结块、保持其松散或自由流动的物质。供食品用的二氧化硅是无定形物质，依制法不同分胶体硅和湿法硅两种。胶体硅为白色、蓬松、无砂的精细粉末。湿法硅为白色、蓬松粉末或白色微孔珠或颗粒。吸湿或易从空气中吸收水分，无臭，无味，相对密度约2.2～2.6，熔点1 710℃，不溶于水、酸和有机溶剂，溶于氢氟酸和热的浓碱液。用于乳粉（包括加糖乳粉）和奶油粉及其调制产品中，例如蛋粉、奶粉、可可粉、可可脂、糖粉、植脂性粉末、速溶咖啡、粉状汤料，最大使用量为15g/kg；粉末香精，最大使用量为80g/kg。

除了上述介绍的添加剂之外，还有其他一些添加剂和功能助剂，例如抗氧化剂、水分保持剂、膨松剂、酸度调节剂等。这里不再赘述。

3.4.2 面粉添加剂的主要类别和作用

小麦是世界三大谷物之一，多作为食用，仅约有1/6作为饲料使用。2016年，小麦世界上总产量7.3亿吨，是位居第二的粮食作物。中国是世界小麦产量最大的国家，2016年总产量12 885万吨，在玉米、稻谷、小麦三大谷物中据第三位。食品安全，事关重大，面粉是食品重要原料之一，与其制品的色泽、口感、气味是最基本、最重要的感官质量，影响因素很多，如小麦品种、生长区域、生长环境、生长时病虫害情况，小麦收购、运输、存储情况，小麦清理、制粉、存储、运输等过程，面粉生产时食品添加剂的使用、面制食品加工过程及水质情况等等。本小节仅从面粉添加剂使用作一粗浅的分析。

3.4.2.1 面粉增白剂

面粉与其制品的色泽严格来讲应该包括白度和亮度。白度是以氧化镁的颜色作为标准白色，样品表面与标准白板表面对蓝光反射率的比值，结果以百分数表示。我国小麦粉等级标准对白度的要求分别为1级＞76％，2级＞75％，3级＞72％，特制面粉的白度75％～80％，标准粉为65％～70％。我国小麦粉的自然白度在75％左右，在不添加增白剂的情况下不能满足市场和消费者对于面粉白度的要求（80％以上）。增白剂是一种国外面粉行业普遍使用的食品添加剂，其主要成分是过氧化苯甲酰（又名过氧化苯酞，分子式：$(C_6H_5CO)O_2$、过氧化钙等，过氧化苯甲酰是一种白色、无味、难溶于水，易溶于丙酮、苯、氯仿、乙醚等有机溶剂的粉末，面粉中最大允许添加量为60 mg/kg，过氧化钙的最大允许添加量为0.5 g/kg。

过氧化苯甲酰一般是由苯与氯气反应生成苯甲酰氯，再与过氧化氢反应制得，具有强氧化作用，用作食品添加剂。纯的过氧化苯甲酰受热或撞击后容易燃烧和爆炸，是一种危险的高反应性氧化物质。

过氧化苯甲酰添加到面粉中后，与面粉中的水分相互作用发生分解，产生活性氧和苯甲酸，其中苯甲酸具有防腐抑菌效果，而活性氧易发生氧化还原反应，能氧化类胡萝卜分子中的共轭双键，破坏发色基团，达到使面粉增白的效果。因此在很长一段时间内被各国广泛使用。我国在20世纪90年代也开始使用。但从营养学的角度出发，它增白面粉的过程中，又可以缓慢地氧化破坏面粉中的叶黄素，如类胡萝卜素，是合成人体所需的多种维生素的原料。叶黄素被破坏后会直接导致如维生素 A，B1，B2，B6，C，叶酸，烟酸等许多人体所需的微量元素缺失。尤其是超标使用增白剂，面粉中的苯甲酸（防腐剂的主要成分）含量较高，对人体健康非常不利。GB 2760—1996 规定，面粉中过氧化苯甲酰的最大使用量为 60 mg/kg。所以我国原卫生部等部门下文规定"自 2011 年 5 月 1 日起，禁止生产、在面粉中添加过氧化苯甲酰和过氧化钙"。同时面粉中禁止添加增白剂，标志面粉增白剂过氧化苯甲酰在中国的使用成为历史。

过氧化苯甲酰的检测方法有气相色谱法（GB/T 18415—2001），检出限为 2.0g/kg，非国标方法有高效液相色谱法、分光光度法、碘量法和化学发光法，这些方法检出限较国标方法低。

3.4.2.2　面粉强筋系列

根据面粉的不同品质，选用不同类别的强筋剂，可以明显地提高面粉的面筋质量，延长面团稳定时间，改善面筋网络结构，提高弹性和韧性，使面包等制品结构松软均匀，口感细腻，外观宜人。

强筋剂是一种氧化剂，种类繁多。目前最常用的有溴酸钾、抗坏血酸、偶氮甲酰胺、过氧化钙、硬脂酸钠、硬脂酸钾等。这些氧化剂对面粉强筋作用的机理是将面筋蛋白分子中的巯氢键氧化成二硫键，二硫键可以使更多的蛋白质分子结合成大分子海绵状网络结构骨架，（面粉中的淀粉、脂肪、糖类等颗粒填在其中），从而增加了面粉团的弹性、韧性、持气性。在这些强筋剂中溴酸钾效果较好。

溴酸钾作为面粉强筋剂曾在面粉加工业中广泛使用，GB 2760—1996《食品添加剂使用卫生标准》规定，在面粉加工过程中，为了改善面粉品质，使面粉有嚼劲，提高筋力，添加溴酸钾，限量 0.03g/kg，但规定焙烤后不得有残留。溴酸钾，分子式 $KBrO_3$，白色晶体粉末，溶于水，微溶于醇，不溶于丙酮，化学性质稳定，是一种良好的面团质量改良剂，在面的发酵、醒发及焙烤工艺过程中可以起到一种缓慢氧化的作用。研究表明，溴酸钾是一种毒害基因的致癌物质，可导致动物的肾脏、甲状腺及其他组织发生癌变。溴酸钾的安全性问题已经达成世界共识，绝大多数国家和地区都已明确禁用。我国有关部门为保护消费者的身体健康，根据溴酸钾危险性评估结果，决定自 2005 年 7 月 1 日起，取消溴酸钾作为面粉处理剂在小麦粉中的使用。而偶氮甲酰胺可作为溴酸钾的替代产品。

偶氮甲酰胺，又名偶氮二甲酰胺，是由水合肼、尿素与硫酸缩合成中间体联二脲，再经氧化反应生成。分子式 $C_2H_4O_2N_4$，相对分子质量 116.08，是一种无臭的黄色至橘红色结晶性粉末，溶于热水，不溶于冷水和大多数有机溶剂，微溶于二甲亚砜，180℃以上熔融并且分解为氮、二氧化碳和氨，性能较稳定，常温保存。它是一种小麦粉改良剂，具备氧化和漂白双重功能，能明显强化小麦粉面筋作用和增白作用。作用机理并不是通过活性氧来完成，而是在水中，与小麦粉蛋白质中的氨基酸的巯基键反应，使其脱掉氢原子转化为二硫键，进而蛋白链相互连接形成网状结构，达到强化小麦粉面筋的作用。偶氮甲酰胺与溴酸钾作用效果相似，但不像溴酸钾是一种慢速氧化剂，添加偶氮甲酰胺的小麦粉产品，在接触水后立即产生作用，使面团在和面过程中快速达到成熟。同时小麦粉中含有叶黄素、β-胡萝卜素、叶绿素等植物色素，使得小麦粉及其制品颜色受到色素的影响而灰暗，缺乏光泽度。在小麦粉中添加偶氮甲酰胺，色素可被氧化破坏而褪色，使小麦粉及其制品颜色变白，有光泽。在 GB 2760—2011 中规定，小麦粉中添加量为 45 mg/kg，推荐使用量为 10～20 mg/kg。

抗坏血酸，又称维生素 C，是一种中速氧化剂，是所有筋性改良剂内唯一的还原剂。L-抗坏血酸还可以氧化面团中所含有的谷胱甘肽,使蛋白酶失去活性,抑制蛋白酶的水解,以上这些作用增强了面团中的面筋筋力,改善了面团的物理性质、流变学性质及烘焙品质。因其无毒,添加量不受限制,但受价格因素影响,只有少数食品中采用。

硬质酸钠和硬脂酸钾是近年来推出的一种乳化剂,它具有极性亲水基和非极性亲油基两个基团,其亲水基团能与面粉中的麦胶蛋白结合,而亲油基团则与面粉中的麦谷蛋白结合,通过这个两性基团形成一个大分子结构的面筋蛋白质网络骨架,从而提高了面团的筋力。

3.4.2.3 减筋剂

添加本品于面粉中,搅拌不易起筋,面团可塑性增强,制作饼干不变形,成品松爽酥脆;制作糕点时外形美观,内部疏松,体积增大,品质更佳。

减筋剂是一种还原剂,其作用机理是将面粉面筋蛋白质分子中的二硫键还原为巯氢键,使面筋蛋白质由大分子结构断裂成小分子结构,从而降低了面团的弹性、韧性,起到了减筋作用。减筋剂常用在生产饼干、蛋糕的软麦粉中。目前常用的减筋剂有 L-半胱氨酸、木瓜蛋白酶、亚硫酸钠等。

1. L-半胱氨酸

L-半胱氨酸是无色至白色结晶或结晶性粉末,有轻微特殊气味酸味,熔点 175℃(分解)。溶于水,水溶液呈酸性,1%溶液的 pH 值约为 1.7,0.1%溶液 pH 值约为 2.4。亦可溶于醇、氨水和乙酸,不溶于乙醚、丙酮、苯等。具有还原性,有抗氧化和防止非酶褐变的作用。将头发用盐酸水解,减压蒸馏,馏出盐酸后经脱色、过滤、取滤液加氨中和得 L-胱氨酸粗结晶,再用氨水溶解中和,重结晶后,用盐酸再溶解并电解还原、浓缩、冷却、结晶、干燥制得。我国《食品添加剂使用卫生标准》(GB 2760—2011)中规定:用于发酵面制品,0.06 g/kg。冷冻米面制品最大使用量为 0.6 g/kg(以 L-半胱氨酸盐酸盐计)。

2. 木瓜蛋白酶

木瓜蛋白酶又称木瓜酶,是一种蛋白水解酶。木瓜蛋白酶是番木瓜(Carieapapaya)中含有的一种低特异性蛋白水解酶,广泛地存在于番木瓜的根、茎、叶和果实内,其中在未成熟的乳汁中含量最丰富。

番木瓜未成熟果实中含有木瓜蛋白酶(Papain)、木瓜凝乳蛋白酶 A(Chymopapain A)、木瓜凝乳蛋白酶 B(Chym opapain B)、木瓜肽酶 B(Papaya Peptidase B)等多种蛋白水解酶。且已知四种半胱氨酸蛋白酶的一级结构具有高度的同源性。其中,木瓜蛋白酶属巯基蛋白酶,可水解蛋白质和多肽中精氨酸和赖氨酸的羧基端,并能优先水解那些在肽键的 N-端具有二个羧基的氨基酸或芳香 L-氨基酸的肽键。

木瓜蛋白酶是一种蛋白水解酶,相对分子质量为 23 406,由一种单肽链组成,含有 212 个氨基酸残基。至少有三个氨基酸残基存在于酶的活性中心部位,他们分别是 Cys25、His159 和 Asp158,当 Cys25 被氧化剂氧化或与金属离子结合时,酶的活力被抑制,而还原剂半胱氨酸(或亚硫酸盐)或 EDTA 能恢复酶的活力 。另外六个半胱氨酸残基形成了三对二硫键,且都不在活性部位。纯木瓜蛋白酶制品可含有:①木瓜蛋白酶,相对分子质量 21 000,约占可溶性蛋白质的 10%;②木瓜凝乳蛋白酶,相对分子质量 26 000,约占可溶性蛋白质的 45%;③溶菌酶,相对分子质量 25 000,约占可溶性蛋白质的 20%;及纤维素酶等不同的酶。

木瓜蛋白酶是一种在酸性、中性、碱性环境下均能分解蛋白质的蛋白酶。它的外观为白色至浅黄色的粉末,微有吸湿性;木瓜蛋白酶溶于水和甘油,水溶液为无色或淡黄色,有时呈乳白色；几乎不溶于乙醇、氯仿和乙醚等有机溶剂。木瓜蛋白酶是一种含巯基(—SH)肽链内切酶，具有蛋白酶和酯酶的活性，有较广泛的特异性，对动植物蛋白、多肽、酯、酰胺等有较强的水解能力，但几乎不能分解蛋白胨。木瓜蛋白酶的最适合 pH 值 6～7(一般 3～9.5 皆可)，在中性或偏酸性时亦有作用，等电点(pI)为 8.75；木瓜蛋白酶的最适合温度 55～65℃(一般 10～85℃皆可)，耐热性强，在 90℃时也不会完全失活；受氧化剂抑制，还原性物质激活。

木瓜蛋白酶的剪切肽键的机制包括：在 His－159 作用下 Cys－25 去质子化，而 Asn－158 能够帮助 His－159 的咪唑环的摆放，使得去质子化可以发生；然后 Cys－25 亲核攻击肽主链上的羰基碳，并与之共价连接形成酰基-酶中间体；接着酶与一个水分子作用，发生去酰基化，并释放肽链的羰基末端。

《GB 2760—2011 食品安全国家标准 食品添加剂使用标准》规定，木瓜蛋白酶可用作食品工业在的加工助剂(酶制剂)。一般应在制成最后成品之前除去(规定有残留量者除外)。

木瓜蛋白酶主要用于啤酒抗寒(水解啤酒中的蛋白质，避免冷藏后引起的浑浊)、肉类软化(水解肌肉蛋白和胶原蛋白，使肉类软化)、谷类预煮的准备、水解蛋白质和肉类香料的生产。在啤酒抗寒和肉类软化方面的应用远比其他蛋白酶类广泛。用量一般为 1～4mg/kg 促使饼干中面筋的分解，以使成品松软。

利用木瓜蛋白酶的酶促反应，将面团的蛋白质降解为小分子的肽或氨基酶，降低了面团的拉伸阻力，使面团变得柔软、更有可塑性，减少弹性，易于成型。用量视饼干厂的加工方法和面团中蛋白质的含量不同而不同，研究表明每千克面添加木瓜蛋白酶 0.6～1.0 万单位/g 为佳。

3. 亚硫酸钠

亚硫酸钠，分子式为 Na_2SO_3，相对分子质量为 126.04，常见的亚硫酸盐为白色、单斜晶体或粉末，易溶于水，不溶于乙醇等。亚硫酸钠在空气中易风化并氧化为硫酸钠。亚硫酸钠还原性极强，可以还原铜离子为亚铜离子(亚硫酸根可以和亚铜离子生成配合物而稳定)，也可以还原磷钨酸等弱氧化剂。

亚硫酸钠为还原性漂白剂，对食品有漂白作用和对植物性食品内的氧化酶有强烈的抑制作用。除在面粉中作减筋剂之外，我国规定可用于蜜饯，最大使用量为 2.0 g/kg；也可用于葡萄糖、液体葡萄糖、食糖、冰糖、饴糖、糖果、竹笋、蘑菇和蘑菇罐头、葡萄、黑加仑浓缩汁，最大使用量 0.60 g/kg。竹笋、蘑菇及蘑菇罐头、蜜饯、葡萄和黑加仑浓缩汁的残留量(以 SO_2 计)≤0.05 g/kg；薯类淀粉残留量≤0.03 g/kg；饼干、食糖、粉丝及其他品种的残留量小于 0.1 g/kg；液体葡萄糖的残留量不得超过 0.2 g/kg；食品工业用作漂白剂、防腐剂、疏松剂、抗氧化剂。也用于生产脱水蔬菜时用作还原剂。

3.4.2.4　酶制剂系列

添加酶制剂于面粉中，即可使面制膨松食品体积增大，口感细腻。酶制剂被称为绿色面粉改良剂，添加入面粉后，在蒸煮、焙烤过程中将失活，无残留，不会对人体健康造成威胁。馒头、面包制作与酶的关系密切，许多年以前，人们就开始将从麦芽中提取的淀粉酶应用于品质改良。近年来，酶制剂在面粉中的应用得到了发展，除以往焙烤工业中用到的真菌 α-淀粉酶和木聚糖酶以外，葡萄糖氧化酶、脂肪酶、麦芽糖淀粉酶等单酶及几种单酶复配而成的复合酶，开始引入各种专用粉中；以酶制剂为主要成分的面粉改良剂已表现出良好的应用前景。下面对以上各种酶做逐一介绍。

1. 淀粉酶

淀粉酶是能够分解淀粉糖苷键的一类酶的总称，包括α-淀粉酶、β-淀粉酶、糖化酶和异淀粉酶，常用的有α-淀粉酶和糖化酶。

(1)α-淀粉酶。α-淀粉酶又称淀粉1,4-糊精酶，别名为液化型淀粉酶，能够切开淀粉链内部的α-1,4-糖苷键，将淀粉水解为单糖，低聚糖和糊精等长短不一的水解产物，大多数α-淀粉酶的相对分子质量为50 000左右，每个分子含有一个Ca^{2+}，最适pH值为5.0～7.0，最适温度随来源不同差别较大，生产此酶的微生物主要有枯草杆菌、黑曲霉、米曲霉和根霉。

面包制作的原理是在小麦面粉中加酵母和水，揉匀做面团，在30℃左右醒发几小时，酵母作用于小麦粉中的发酵糖，生成二氧化碳，面团成多孔性，再在200℃左右温度下烘烤。面包在烘制过程中温度上升是淀粉被糊化，并急速地受到淀粉酶作用，使黏度降低。放入红炉的面包，随着温度的上升酵母急速发酵，气体量增加，热的气体就膨胀，由于挥发成分的气体而使体积增大。温度上升，蛋白质凝固是膨胀后的形态固定而形成面包的骨架，面粉中含有α-淀粉酶和β-淀粉酶，通常，含量不稳定，α-淀粉酶的活性偏低，导致面团发酵过程生成的糖量不足，酵母产生的二氧化碳不够，面包的体积较小和内部干硬。因此，优良的面包制造，必须添加适量的α-淀粉酶。在面包生产中添加α-淀粉酶，使面包变得柔软，增强伸展性和保持气体的能力，容积增大，出炉后制成触感较好的面包，此外，由于α-淀粉酶作用淀粉所生成的糊精，对改良面包外皮色泽已有较好的效果。

(2)真菌α-淀粉酶。真菌α-淀粉酶简称“FAA”，来源于米曲霉，作为传统酶制造，是第一个应用于面包制作的微生物酶，它取代了麦芽是由于麦芽中的淀粉酶含量不稳定，而且含有蛋白水解酶，真菌α-淀粉酶具有更稳定的活性而不含蛋白质酶活性，所以此酶应用十分广泛。

真菌α-淀粉酶能水解直链淀粉和支链淀粉的α-1,4-糖苷键生成麦芽糊精和麦芽糖。其最适pH值为4.0～5.0，最适温度为50～60℃。实践应用结果表明，真菌α-淀粉酶作为面粉改良剂和面粉专用粉添加剂，主要有以下几个作用：一是为酵母的发酵提供足够的糖源作为营养物质。在面团发酵食品制作过程中，加入适量真菌α-淀粉酶后，面粉中的淀粉被水解成麦芽糖，麦芽糖又在酵母本身分泌的麦芽糖酶作用下，水解成葡萄糖供酵母利用。二是在面包中添加真菌α-淀粉酶使面包变得柔软，增强伸展性和保持气体的能力，容积增大，出炉后制成触感良好面包。三是真菌α-淀粉酶作用淀粉产生的糊精，又对改良面包外皮色泽已有良好的效果。

(3)细菌α-淀粉酶。细菌α-淀粉酶一般是耐热的枯草杆菌α-淀粉酶，在作用机理上与真菌α-淀粉酶有一定的差别。同样以可溶性淀粉作底物时，真菌α-淀粉酶的水解终产物主要是麦芽糖和麦芽三糖；而细菌α-淀粉酶的终产物主要是短链糊精。两者的性质差异也很大。其最适pH值为5.0，最适温度为80～90℃。由于其较高的耐热性，在烘焙时仍有酶活性，从而产生过多的可溶性糊精，结果使得最终制品发黏而不适合在面包中大量使用。但与真菌α-淀粉酶相比，它能产生很好的抗老化效果。而对面包的弹性和口感都优于真菌α-淀粉酶。α-淀粉酶具有防腐抗老的能力，其机理是此酶将淀粉分解生成低相对分子质量糊精或低相对分子质量的分支淀粉，能干涉支链淀粉的重结晶。产生的糊精会干涉面包中膨胀淀粉粒与蛋白质网络结构的相互作用，而且支链淀粉和支链淀粉中裂开的键有助于支链淀粉-脂肪复合物的形成。

(4)糖化酶。糖化酶又称淀粉 α-1,4-糖苷酶,常用名为葡萄糖淀粉酶。它是一种外切酶,作用于淀粉或糖原时,从糖链的非还原性末端开始,以葡萄糖为单位,逐一切断 α-1,4-糖苷键,并使葡萄糖的C发生构型转换,从α型转变成β型。该酶作用直链淀粉得到的产物几乎全部是葡萄糖,作用于支链淀粉后的产物有葡萄糖和带有 α-1,6-糖苷键的寡糖。

糖化酶主要由霉菌和根霉产生的,在正常使用浓度下溶入水,最适 pH 值为 4.0～5.0,最适温度为 55～60℃。此酶的耐酸性较好,在 25℃,pH 值为 3.0 时,活力稳定而不降低;pH 值为 2 时,55 h 内稳定。此酶水解出来的葡萄糖能参加美拉德反应,是面包增加色泽和风味,同时也可以应用于冷冻面团中。市售的面团中的酵母能在深度冷冻面团中很快发挥其作用。

2. 木聚糖酶

木聚糖酶在焙烤中应用是广为人知的,它是一种戊聚糖酶,它在半纤维素酶制剂中起着最为重要的作用,其用量要比传统的半纤维素酶制剂少很多,其最适作用 pH 值为 4～6,最适温度 50～60℃。面粉中存在着非淀粉多糖,戊聚糖,主要是阿拉伯木聚糖和阿拉伯半乳聚糖肽,其中阿拉伯木聚糖占戊聚糖 60%～70%。一般小麦含阿拉伯木聚糖约 2%,其中水溶性的为 0.5%～0.8%,水溶性戊聚糖的持水力很强,一般能吸水达 10～20 倍。在面粉中增加水溶性阿拉伯木聚糖,能增加面团的持水性。试验证明,在面粉中添加木聚糖酶,能使不溶性阿拉伯木聚糖增溶、改进面团的机械强度和增加面包的体积、改进面包的色泽。一般情况下,面粉中存在着内源酶,能使 15%～20%的不溶性戊聚糖溶解。但加入外来的酶,可使溶解量增至 40%～65%。在面包的生产中,1/3 的水分是面团中的戊聚糖吸收,由于它们的高水结合能力,因此会影响面团的流变特性。一般来讲,水浸出性戊聚糖对面包产生积极的影响,而水不可浸出性木聚糖对面包质量有损害。面团中有木聚糖酶的作用,使水可浸出性阿拉伯糖能显著增加,从而改善了面团的操作性能及面团的稳定性,增大了成品体积,提高了成品的质量。

3. 葡萄糖氧化酶(GOD)

葡萄糖氧化酶(GOD)的系统命名为 β-D-葡萄糖氧化还原酶,最先于 1928 年 Muller 在黑曲霉和灰绿青霉中发现。GOD 一般由黑曲酶生产而得,其最适作用 pH 值为 3.5～7.0,最适作用温度 50～60℃。

葡萄糖氧化酶的作用机理是在有氧参与的条件下,葡萄糖氧化酶催化葡萄糖氧化成 δ-D-葡萄糖内酯,同时产生过氧化氢,生成的过氧化氢在过氧化氢酶的作用下,分解成 H_2O 和[O]。其化学反应方程式为

$$\text{葡萄糖} + O_2 + H_2O \xrightarrow{\text{GOD}} \text{葡萄糖酸} + H_2O_2$$

$$H_2O_2 \xrightarrow{H_2O_2\text{ 酶}} H_2O + [O]$$

$$-SH + -SH \xrightarrow{[O]} -S-S-$$

葡萄糖氧化酶具有高度的专一性,它只对葡萄糖分子 C_1 上的 β-羟基起作用,而且它具有较宽的 pH 范围,pH 值在 3.5～7.0 内酶活力稳定,可耐受的温度范围也较宽,30～60℃温度范围内,温度变化对酶活性影响不大。

面筋蛋白由麦谷蛋白和麦醇蛋白组成,面筋蛋白中的半胱氨酸是面筋的空间结构和面团形成的关键。蛋白质分子间的作用取决于二硫键—S—S—的数目和大小。二硫键可在分子内形成(麦醇蛋白),也可以在分子间形成(麦谷蛋白)。

葡萄糖氧化酶在氧气的存在的条件下能将葡萄糖转化为葡萄糖酸,同时产生过氧化氢。

过氧化氢是一种很强的氧化剂，能够将面筋分子中的巯基键（—SH）氧化为二硫键（—S—S—），从而增强面筋的强度。一般情况下，面团中有许多暴露—SH键，这些巯基键很容易氧化。在葡萄糖氧化酶的作用下，面粉和面团水溶性部分的—SH键含量明显下降。葡萄糖氧化酶显著的改善面粉的粉质特性，延长稳定时间，减小软化度，提高评价值，改善面的拉伸特性，增大抗拉伸阻力，改善面粉的糊化特性，提高最大黏度，降低破损值，结果，就可形成更耐搅拌，干而不黏的面团，最佳添加量为0.04%。葡萄糖氧化酶能有效提高面条的嚼劲，改善面条的表面状态，使用木聚糖酶有时会使面团发黏，这是由于结合水被释放出来，因此木聚糖酶常和葡萄糖氧化酶一起使用，这种组合可替代有些面包品种的乳化剂。

葡萄糖氧化酶是一种新型的酶制剂，主要用于面包专用粉，它可以提高面团中面筋强度，增强弹性，对机械冲击有更好的承受力，在面包烘烤中使面团有良好的入炉急胀特性。因此，葡萄糖氧化酶被认为有希望作为溴酸钾的替代品。使用此酶注意不要过量添加，以免会引起面粉筋力过强，给制品加工引起负面影响。

4. 脂肪氧化酶

脂肪氧化酶可催化氧分子对面粉中的具有戊二烯-1,4-双键的油脂发生氧化，形成氢过氧化物，并氧化蛋白质分子中巯基（—SH）形成二硫键（—S—S—），诱导蛋白质分子聚合，从而起到增强面筋的作用，防止面筋蛋白水解，破坏胡萝卜素的双键。可见，脂肪氧化酶具有强筋和漂白双重功效，可以替代漂白剂过氧化苯甲酰。

5. 麦芽糖α-淀粉酶

麦芽糖α-淀粉酶是经过遗传工程改造，由枯草杆菌株产生的，最适温度45～75℃，pH值为4.8～6.0，它能改良小麦淀粉，产生很好的保鲜作用，延长面包贮存期。麦芽糖α-淀粉酶最突出作用是抗老作用，面包专用粉添加麦芽糖α-淀粉酶可以使面包心保持新鲜，增加一定量的低分子糖类物质，阻止蛋白质网络和淀粉交叉结合，从而延迟了老化进程。

6. 蛋白酶

蛋白酶是最早应用于面粉的酶制剂，它是一种中性蛋白酶，最适pH值5.5～7.5，最适温度65℃。蛋白酶可以水解面筋蛋白，切断蛋白分子的肽键，弱化面筋，使面团变软，从而改善面团的黏弹性，还能缩短面团混合时间。蛋白酶专一作用于蛋白质分子，对面筋网络的弱化是不可逆的，不会造成营养破坏，这充分显示生物酶制剂作为面粉改良剂的优势。

蛋白酶主要用于饼干粉和面包粉，在饼干专用粉中添加蛋白酶，可以使产品成型并准确压花，避免了因面筋过强引起的面团难以操作，制品易碎的缺点，同时有利于发生美拉德反应，使制品的口感风味有所改善。在面包专用粉中添加蛋白酶，有利于确保均一稳定的面包组织，改善风味。

3.4.2.5 常见的面粉及添加剂

通常在超市中可以看到不同的面粉，例如面包粉、面条饺子粉、馒头粉等，那么这些面粉中到底需要添加哪些添加剂，需要增强面粉哪一方面的品质呢？下面我们简单做一介绍。

1. 面包粉

作为面包粉需要较强的筋力、发酵能力和面团持气能力，因此需要加改良剂，较大地改善面粉的烘焙性能和品质指标。

依据GB 2760—2011的规定，面包粉中一般使用的改良剂有氧化剂、乳化剂和烘焙酶制剂。

氧化剂有偶氮甲酰胺和抗坏血酸。偶氮甲酰胺是一种快速氧化剂，其作用机理是直接氧化面筋中的巯氢键为二硫键，增大面筋网络结构。抗坏血酸也称为维生素C，本身具有还原性。其在面粉中抗坏血酸氧化酶的作用下，转化为脱氢抗坏血酸，而脱氢抗坏血酸具有氧化性，可将面筋分子中的巯氢键氧化为二硫键，从而增加面筋的强度。

乳化剂有硬脂酸酰基乳酸钠(SSL)、硬脂酸酰基乳酸钙(CSL)、卵磷脂等。乳化剂的不同部位分别为水溶性和油溶性。可提高面团的强度和延展性，有助于提高面团的保气性，减少醒发时间，使产品更加柔软，组织状态更加均匀。卵磷脂是一种以大豆为原料生产的乳化剂，也有助于保持面团中的气体，效果比硬脂酸乳酸钠和硬脂酸乳酸钙稍差，但卵磷脂有助于面包形成光亮又脆的面包皮，使面包内部组织柔软细腻，耐老化效果也很明显。

应用在面包粉中的烘焙酶制剂主要有淀粉酶、葡萄糖氧化酶、半纤维素酶和脂肪酶等几种。淀粉酶是能够分解淀粉糖苷键的一类酶的总称，包括α-淀粉酶(分为真菌α-淀粉酶和细菌α-淀粉酶)、β-淀粉酶、麦芽糖淀粉酶和葡萄糖淀粉酶，常用的有真菌α-淀粉酶、麦芽糖淀粉酶和葡萄糖淀粉酶。葡萄糖氧化酶在氧气存在下降葡萄糖转化为葡萄糖酸，同时产生过氧化氢。过氧化氢能够将面筋分子中的巯氢基氧化为二硫键，从而增强面筋的强度。半纤维素酶是一组复杂酶，又称聚糖酶或聚戊糖酶。半纤维素酶能将非淀粉多糖部分溶解，增加面团吸水，是面团柔软，改善面团延展性，从而提高面包的急涨和体积。脂肪酶作用于脂肪中的酯键，它能催化甘油三酯水解生成甘油二酯或甘油一酯或甘油。使面团发酵的稳定性增加，面包的体积增大，内部结构均有，质地柔软，包心的颜色更白，且能提高面包的保险能力。

2. 面条饺子粉

面条、饺子、馄饨等水煮面食，应使成品更光滑耐煮，不断条、不糊汤。常用于面条粉改良的食品添加剂有胶体、乳化剂、复合磷酸盐、变性淀粉、酶制剂等。常用的胶体有瓜尔豆胶、海藻酸钠、黄原胶和卡拉胶，主要作用是增强面条硬度，减少糊汤；乳化剂有硬脂酸酰基乳酸钙(CSL)、硬脂酸酰基乳酸钠(SSL)、单甘酯和卵磷脂，主要作用是改善面条表皮光泽度，减少毛边现象；复合磷酸盐主要是增加小麦粉的黏弹性和伸展性，同时产生特殊的风味和色泽；变性淀粉主要是增加面条的透明度和面条的膨润；酶制剂的作用类似于乳化剂，具有添加量少、流散性好的优点，和胶体、乳化剂等复合使用效果更好。

3. 馒头粉

馒头粉蒸出的馒头应个头大，色泽洁白，组织均匀，外表美观，松软可口。主要品种有酶制剂、乳化剂、酵母营养和pH值调节剂等。

酶制剂主要有真菌α-淀粉酶、戊聚糖酶、葡萄糖氧化酶、脂肪酶等。可明显增加馒头的体积，改善馒头的表皮质量，使馒头内部更加柔软，结构更加均匀。

乳化剂可在小麦蛋白质和淀粉分子之间搭桥，强化蛋白质和淀粉的联系，使面团的流变学特性更加适合制作发酵食品。用乳化剂改善馒头粉的质量，可使馒头的表皮更白、更亮、体积更大、组织更均匀、细腻、口感更好。

酵母营养和pH值调节剂。馒头属于发酵食品，在发酵过程中给酵母提供充足的食物及适合其生存的pH值，可提高单位质量在相同温度和湿度条件下的发酵速度，降低生产成本。硫酸钙、碳酸钙、碳酸镁、氯化铵、硫酸铵等可作为酵母营养剂，又可调节面团的酸碱度。

表3-2列出了常用的面粉添加剂功能、分类及具体实例。

表 3-2 常用的面粉添加剂

品 名		功 能	类 别	举 例
面粉添加剂	面粉品质改良	漂白面粉		过氧化苯甲酰
		漂白面粉	氧化剂	二氧化硫
		改善筋力		溴酸钾
	面团品质改善	增强筋力	氧化剂	溴酸钾
		弱化筋力	还原剂	亚硫酸钠
		增加面筋质	增筋剂	活性面筋粉
		冲淡面筋质	淀粉	玉米淀粉/小麦淀粉
		改善面团胶体组织和形状	淀粉	蛋白酶/淀粉酶
			酶制剂	淀粉酶
			乳化剂	硬脂酰乳酸钠
			增稠剂	羧甲基纤维素钠
			pH 调节剂	柠檬酸
	面制食品品质改良	食品的疏松	膨松剂	碳酸氢钠
			酵母	干酵母
			酵母养料	硫酸铵
		营养的强化	维生素	维生素 B_1
			氨基酸	L-赖氨酸
			无机盐	甘油磷酸钠
		口味的改变	调味剂	蔗糖,味精
			增香剂	香兰素
		色泽的改善	食用色素	柠檬黄
			抗氧化剂	BHA
			防腐剂	丙酸钙
			乳化剂	硬脂酰乳酸钠
			酶制剂	淀粉酶
			保湿剂	丙二醇

本节仅举例说明了乳及乳制品和面粉中添加的添加剂,其实,每天食用的各类食品中均含有不同类型的添加剂,使用添加剂的目的很简单,保持食品的色、香、味、形,提高食品的保质时间,如果按照国家规定的标准添加,就不会给人体造成危害或者危害很小。但超标准添加、恶意添加或用工业品替代食品用添加剂等不良和不法行为,将会对人体甚至社会造成巨大伤害,这不是本书写作的目的,也是国家法律和道德范畴决不允许的。

3.5　无公害食品、绿色食品和有机食品

3.5.1　食品的分级简介

无公害食品是指无污染、无毒害、安全优质的食品，其生产环境清洁，按规定的技术操作规程生产，将有害物质控制在规定的标准内，并通过部门授权审定批准，可以使用无公害食品标志的食品。严格来讲，无公害是食品的一种基本要求，普通食品都应达到这一要求，是中国普通农产品质量水平。其目标定位是规范农业生产，保障基本安全，满足大众消费。无公害农产品生产过程中允许使用农药和化肥，但不能使用国家禁止使用的高毒、高残留农药。

绿色食品是指产自优良生态环境、按照绿色食品标准生产、实行全程质量控制并获得绿色食品标志使用权的安全、优质食用农产品及相关产品。绿色食品认证依据的是农业部绿色食品行业标准。绿色食品在生产过程中允许使用农药和化肥，但对用量和残留量的规定通常比无公害标准要严格。

有机食品(Organic Food)也叫生态或生物食品。有机食品是指来自于有机农业生产体系，根据国际有机农业生产要求和相应的标准生产加工的、并通过独立的有机食品认证机构认证的一切农副产品，包括粮食、蔬菜、水果、奶制品、禽畜产品、水产品、调料等。

广义上的无公害农产品，涵盖了有机食品、绿色食品等无污染的安全营养类食品。但从安全成分和消费对象及运作方式上划分，有机食品、绿色食品和无公害农产品这三者之间又有截然不同的区别。

三者的关系：无公害农产品、绿色食品、有机食品都是指符合一定标准的安全食品。无公害食品保证人们对食品质量安全最基本的需要，是最基本的市场准入条件；绿色食品达到了发达国家的先进标准，满足人们对食品质量安全更高的需求；有机食品则又是一个更高的层次，是一种真正源于自然、高营养、高品质的环保型安全食品。这三类食品像一个金字塔，塔基是无公害农产品，中间是绿色食品，塔尖是有机食品，越往上要求越严格。

三者的区别主要表现在以下三点。

(1)质量标准水平不同。无公害农产品质量标准等同于国内普通食品卫生标准；绿色食品分为 AA 级和 A 级，其质量标准参照联合国粮农组织和世界卫生组织；有机食品采用欧盟和国际有机运动联盟(IFOAM)的有机农业和产品加工基本标准，强调生产过程的自然性，与传统所指的检测标准无可比性，其质量标准与 AA 级绿色食品标准基本相同。

(2)认证体系不同。这三类食品都必须经过专门机构认定，许可使用特定的标志，但是认证体系有所不同。无公害农产品认证体系由农业部牵头组建，目前部分省、市政府部门已制定了地方认证管理办法，各省、市有不同的标志。绿色食品由中国绿色食品发展中心在各省、市、自治区及部分计划单列市设立了 40 个委托管理机构，负责本辖区的有关管理工作，有统一商标标志在中国内地、香港和日本注册使用；有机食品在国际上一般由政府管理部门审核、批准的民间或私人认证机构认证，全球范围内无统一标志，各国标志呈现多样化，我国有代理国外认证机构进行有机认证的组织。

(3)生产方式不同。无公害农产品生产必须在良好的生态环境下，遵守无公害农产品技术规程，可以科学、合理地使用化学合成物；绿色食品生产是将传统农业技术与现代常规农业技

术相结合，从选择、改善农业生态环境入手，通过在生产、加工过程中执行特定的生产操作规程，限制或禁止使用化学合成物及其他有毒有害生产资料，并实施“从土壤到餐桌”全程质量控制；有机食品生产必须采用有机生产方式，绝对禁止使用农药、化肥、生长激素、化学添加剂、化学色素和防腐剂等化学物质，不使用基因工程技术，即在认证机构监督下，完全按有机生产方式生产1～3年（转化期），被确认为有机农场后，可在其产品上使用有标志和“有机”字样上市。

有机食品是世界各国认同，并为国际承认推崇的一种安全消费食品。有机食品的特点是源于纯天然、无污染、富营养、高品位、高质量、有机投入，生产加工中不加入使用任何化学物质（包括农药、化肥等），自然生产，故单位产量不高，总量有限，可供消费的量小，因而市场价格高，社会消费群体小。我国生产的有机食品，主要面向国际市场。

绿色食品是根据我国生产力水平和依据我国国情而建立的国内产品形象称谓，指遵循可持续发展原则，按照特定的生产方式生产，经专门机构认定，许可使用绿色食品标志的安全、优质、营养类食品。分为AA级认证的绿色食品和A级认证的绿色食品。绿色食品的运作方式由市场引导、企业行为方式运作，竞争型产品是绿色食品的特征。

无公害农产品是针对国内大众健康消费而建立的产品形象称谓，消费对象是国内大众普通消费群体，旨在生产农产品时，保护良好生态环境，用清洁无污染的安全技术生产农产品，保障大众食用农产品的身体健康。无公害农产品，是产品进入市场必须遵循的最基本的食品安全标准，其标准属强制性认证标准，绿色食品属推荐性认证标准。无公害农产品质量与A级绿色食品相接近，是绿色食品生产前期的初级产品生产形式，由政府推动、龙头企业运作的强制性市场准入认证行为，不经产地认证和产品认证明确有“身份证”的无公害农产品，不准许进入市场销售。因此，必须着力推广无公害栽培（养殖、加工）技术，使产品达到无公害标准要求，并将其生产的产品进行无公害检测认证，亮牌销售。

3.5.2 无公害食品

3.5.2.1 无公害食品标准简述

3.5.1节已经就无公害食品的定义进行说明，这里着重介绍无公害的标准。

为提高蔬菜、水果的食用安全性，保证产品的质量，保护人体健康，发展无公害农产品，促进农业和农村经济可持续发展，国家质量监督检验检疫总局特制定农产品安全质量GB 18406和GB/T 18407，以提供无公害农产品产地环境和产品质量国家标准。农产品安全质量分为两部分，无公害农产品产地环境要求和无公害农产品安全要求。

中国农业部2001年制定、发布了73项无公害食品标准，2002年制定了126项、修订了11项无公害食品标准，2004年又制定了112项无公害标准。无公害食品标准内容包括产地环境标准、产品质量标准、生产技术规范和检验检测方法等，标准涉及120多个（类）农产品品种，大多数为蔬菜、水果、茶叶、肉、蛋、奶、鱼等关系城乡居民日常生活的“菜篮子”产品。

无公害食品标准以全程质量控制为核心，主要包括产地环境质量标准、生产技术标准和产品标准三方面，无公害食品标准主要参考绿色食品标准的框架而制定。

无公害食品标准是无公害农产品认证的技术依据和基础，是判定无公害农产品的尺度，农业部组织制定了一系列产品标准以及包括产地环境条件、投入品使用、生产管理技术规范、认证管理技术规范等通则类的无公害食品标准，标准系列号为NY 5000。无公害食品标准框架如图3-17所示。

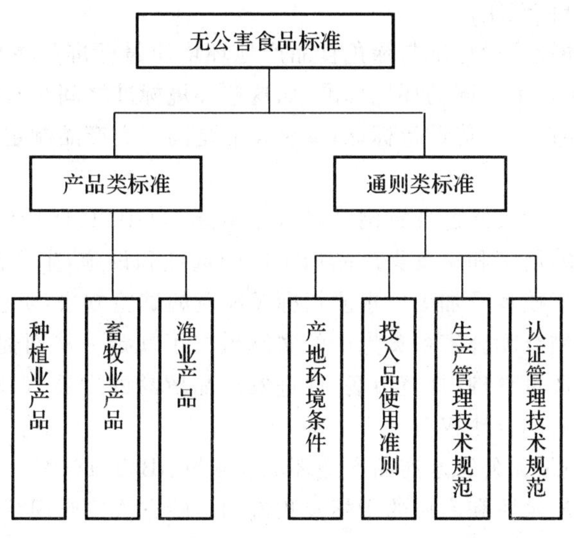

图3-17　无公害食品标准框架

截至2008年底，农业部共制定无公害食品标准419个，现行使用标准281个。其中，现行使用的产品标准125个，产地环境标准22个，投入品使用标准7个，生产管理技术规程标准107个，认证管理技术规范类标准11个，加工技术规程9个。

3.5.2.2　无公害食品产地环境

无公害食品的生产首先受地域环境质量的制约，即只有在生态环境良好的农业生产区域内才能生产出优质、安全的无公害食品。因此，无公害食品产地环境质量标准对产地的空气、农田灌溉水质、渔业水质、畜禽养殖用水和土壤等的各项指标以及浓度限值做出规定，一是强调无公害食品必须产自良好的生态环境地域，以保证无公害食品最终产品的无污染、安全性，二是促进对无公害食品产地环境的保护和改善。无公害食品产品标准反映了无公害食品生产、管理和控制的水平，突出了无公害食品无污染、食用安全的特性。

1. 产地环境要求

《农产品安全质量》产地环境要求GB/T 18407—2001分为以下四部分。

(1)《农产品安全质量 无公害蔬菜产地环境要求》(GB/T 18407.1—2001)。该标准对影响无公害蔬菜生产的水、空气、土壤等环境条件按照现行国家标准的有关要求，结合无公害蔬菜生产的实际做出了规定，为无公害蔬菜产地的选择提供了环境质量依据。

(2)《农产品安全质量 无公害水果产地环境要求》(GB/T 18407.2—2001)。该标准对影响无公害水果生产的水、空气、土壤等环境条件按照现行国家标准的有关要求，结合无公害水果生产的实际做出了规定，为无公害水果产地的选择提供了环境质量依据。清洁的农业生态环境中用洁净的生产技术和方式，生产出无公害的清洁营养农产品，才具有商品市场和国际竞争力，才能更好地满足消费者需求。建立无公害农产品生产基地，推广无公害农产品生产技术，对农产品生产区域和流通市场领域实施安全性质量控制，发展无公害农产品生产，不断提高农产品质量，逐步缩小与国际优质农产品质量标准差距，使农产品质量不仅要符合中国标准，而且要符合国际标准或进口国农产品质量标准，才能参与国际农产品市场竞争，扩大农产品市场占有率，促进农业和农村经济快速发展，加快农业产业化进程和农民增收致富步伐，确保人们食用农产品的身体健康。

无公害食品产地环境质量标准与绿色食品产地环境质量标准的主要区别是:无公害食品同一类产品不同品种制定了不同的环境标准,而这些环境标准之间没有或有很小的差异,其指标主要参考了绿色食品产地环境质量标准;绿色食品是同一类产品制定一个通用的环境标准,可操作性更强。

(3)《农产品安全质量 无公害畜禽肉产地环境要求》(GB/T 18407.3—2001)。该标准对影响畜禽生产的养殖场、屠宰和畜禽类产品加工厂的选址和设施,生产的畜禽饮用水、环境空气质量、畜禽场空气环境质量及加工厂水质指标及相应的试验方法,防疫制度及消毒措施按照现行标准的有关要求,结合无公害畜禽生产的实际做出了规定。从而促进中国畜禽产品质量的提高,加强产品安全质量管理,规范市场,促进农产品贸易的发展,保障人民身体健康,维护生产者、经营者和消费者的合法权益。

(4)《农产品安全质量无公害水产品产地环境要求》(GB/T 18407.4—2001)。该标准对影响水产品生产的养殖场、水质和底质的指标及相应的试验方法按照现行标准的有关要求,结合无公害水产品生产的实际做出了规定。从而规范中国无公害水产品的生产环境,保证无公害水产品正常的生长和水产品的安全质量,促进中国无公害水产品生产。

2.安全质量标准

《农产品安全质量》产品安全要求 GB 18406—2001 分为以下四部分。

(1)《农产品安全质量 无公害蔬菜安全要求》(GB 18406.1—2001)。本标准对无公害蔬菜中重金属、硝酸盐、亚硝酸盐和农药残留给出了限量要求和试验方法,这些限量要求和试验方法采用了国家标准,同时也对各地开展农药残留监督管理而开发的农药残留量简易测定给出了方法原理,旨在推动农药残留简易测定法的探索与完善。

(2)《农产品安全质量 无公害水果安全要求》(GB 18406.2—2001)。本标准对无公害水果中重金属、硝酸盐、亚硝酸盐和农药残留给出了限量要求和试验方法,这些限量要求和试验方法采用了国家标准。

(3)《农产品安全质量 无公害畜禽肉安全要求》(GB 18406.3—2001)。本标准对无公害畜禽肉产品中重金属、亚硝酸盐、农药和兽药残留给出了限量要求和试验方法,并对畜禽肉产品微生物指标给出了要求,这些有毒有害物质限量要求、微生物指标和试验方法采用了国家标准和相关的行业标准。

(4)《农产品安全质量 无公害水产品安全要求》(GB 18406.4—2001)。本标准对无公害水产品中的感官、鲜度及微生物指标做了要求,并给出了相应的试验方法,这些要求和试验方法采用了国家标准和相关的行业标准。

3.5.2.3 无公害食品认证及标准体系的特点

1.无公害农产品的认证

无公害农产品认证是我国农产品认证主要形式之一,虽然是自愿性认证,但与其他的自愿性产品认证相比有本质的区别。

(1)政府推行的公益性认证,认证不收费。

(2)产地认定与产品认证相结合。产地认定主要解决生产环节的质量安全控制问题;产品认证主要解决产品安全和市场准入问题。产地认定是对农业生产过程的检查监督行为,产品认证是对管理成效的确认,包括监督产地环境、投入品使用、生产过程的检查及产品的准入检测等方面。

(3)推行全程质量控制。无公害农产品认证运用全过程质量安全管理的指导思想,强调以生产过程控制为重点,以产品管理为主线,以市场准入为切入点,以保证最终产品消费安全。从产地环境、生产过程和产品质量三个重点环节控制危害因素。

2. 无公害食品标准体系的特点

(1)无公害食品标准体现了“从农田到餐桌”全程质量控制的思想。标准包括产品标准、投入品使用准则、产地环境条件、生产管理技术规范和认证管理技术规范五个方面,贯穿了“从农田到餐桌”全过程所有关键控制环节。

(2)无公害食品标准中的产品标准应用范围广,基本覆盖了包括种植业产品、畜牧业产品和渔业产品在内 90%的农产品及其初加工产品,为无公害农产品认证和监督检查提供了技术保障。

(3)无公害食品标准注重标准间的协调性,与我国有关法律、法规和标准的要求以及国外标准体系制定的原则基本协调一致。兽药、农药残留限量等同采用国家卫生标准、农业行业标准和有关文件。

(4)无公害食品标准具有可操作性。产品标准、投入品使用准则、产地环境条件、生产管理技术规范和认证管理技术规范,促进了无公害农产品生产、检测、认证及监管的科学性和规范化。无公害食品标准是目前使用较广泛的一套标准。

3.5.3　绿色食品

3.5.3.1　绿色食品标准简述

绿色食品是我国农业部门在 20 世纪 90 年代初发展的一种食品,绿色食品标准包括环境质量标准、生产操作规程、产品标准、包装标准、储藏和运输标准及其他相关标准,构成一个完整的质量控制标准体系。其中,A 级绿色食品生产中允许限量使用化学合成生产资料,AA 级绿色食品则较为严格地要求在生产过程中不使用化学合成的肥料、农药、饲料添加剂、食品添加剂和其他有害于环境和健康的物质。从本质上来讲,绿色食品是从普通食品向有机食品发展的一种过渡产品。遵循可持续发展原则,按照特定生产方式生产,经专门机构认定,许可使用绿色食品商标标志的无污染的安全、优质、营养类食品。

3.5.3.2　绿色食品的标准体系

绿色食品的原产地、生产和加工过程、食品质量及包装应符合以下 4 项要求。

(1)产品或产品原料的产地,必须符合农业部制定的绿色食品生态环境标准。

(2)农作物种植、畜禽饲养、水产养殖及食品加工,必须符合农业部制定的绿色食品生产操作规程。

(3)产品必须符合农业部制定的绿色食品质量和卫生标准。

(4)产品外包装,必须符合国家食品标签通用标准,符合绿色食品特定的包装,装潢和标签规定。

1. AA 级绿色食品的标准体系

(1)产品标准。AA 级绿色食品中各种化学合成农药及合成食品添加剂均不得检出,其他指标应达到农业部 A 级绿色食品产品行业标准(NY/T 268—95 至 NY/T 292—95)。产品标准中规定，AA级绿色食品中各种化学合成农药及合成食品添加剂均不得检出。

(2)生产地的环境质量。生产地的环境质量符合《绿色食品产地环境质量标准》，采用国家大气环境质量标准GB 3095—82中所列的一级标准，农田灌溉用水评价采用国家农田灌溉水质标准GB 5084—92；养殖用水评价采用国家渔业水质标准GB 11607—89；工业水评价采用生活饮用水质标准GB 5749—85；畜禽饮用水评价采用国家地面水质标准GB 3838—88中所列三类标准；土壤评价采用该土壤类型背景值(详见中国环境监测总站编《中国土壤环境背景值》)的算术平均值加2倍标准差。AA级绿色食品产地的各项环境监测数据均不得超过有关标准。

(3)生产和加工过程标准。AA级绿色食品在生产过程中禁止使用任何有害化学合成肥料、化学农药及化学合成食品添加剂、饲料添加剂、兽药及有害于环境和人体健康的生产资料，而是通过使用有机肥、种植绿肥、作物轮作、生物或物理方法等技术，培肥土壤、控制病虫草害、保护或提高产品品质，从而保证产品质量符合绿色食品产品标准要求。其评价标准采用《生产绿色食品的农药使用准则》《生产绿色食品的肥料使用准则》及有关地区的《绿色食品生产操作规程》的相应条款。

(4)产品包装标准。AA级绿色食品包装评价采用有关包装材料的国家标准、国家食品标签通用标准GB 7718—94及农业部发布的《绿色食品标准设计标准手册》及其他有关规定。绿色食品标志与标准字体为绿色，底色为白色。

(5)贮藏、运输标准。绿色食品贮藏、运输标准。该标准对绿色食品在贮运的条件、方法、时间做出规定，以保证绿色食品在贮运过程中不遭受污染、不改变品质，并有利于环保、节能。

(6)其他相关标准。绿色食品的其他相关标准包括“绿色食品生产资料”认定标准、“绿色食品生产基地”认定标准等，这些标准都是促进绿色食品质量控制管理的辅助标准。

2. A级绿色食品标准体系

(1)环境质量标准。A级绿色食品的环境质量评价标准与AA级绿色食品相同，但其评价方法采用综合污染指数法，绿色食品产地的大气、土壤和水等各项环境监测指标的综合污染指数均不得超过1。

(2)生产操作规程。A级绿色食品在生产过程中允许限量使用限定的化学合成物质，其评价标准采用《生产绿色食品的农药使用准则》《生产绿色食品的肥料使用准则》及有关地区的《绿色食品生产操作规程》的相应条款。

(3)产品标准。采用农业部A级绿色食品产品行业标准(NY/T 268—95至NY/T 292—95)。

(4)包装标准。A级绿色食品包装评价采用有关包装材料的行业标准、国家食品标签通用标准GB 7718—94及农业部发布的《绿色食品标志设计标准手册》及其他有关能够。绿色食品标志与标准字体为白色，底色为绿色。

绿色食品标准体系结构图3－18所示。

绿色食品使用标准：

《绿色食品　农药使用准则》NY/T393—2000；

《绿色食品　肥料使用准则》NY/T394—2000；

《绿色食品　食品添加剂使用准则》NY/T 392—2000；

《绿色食品　饲料和饲料添加剂使用准则》NY/T 471—2001；

《绿色食品　兽药使用准则》NY/T 472—2001；

《绿色食品　动物卫生准则》NY/T 473—2001。

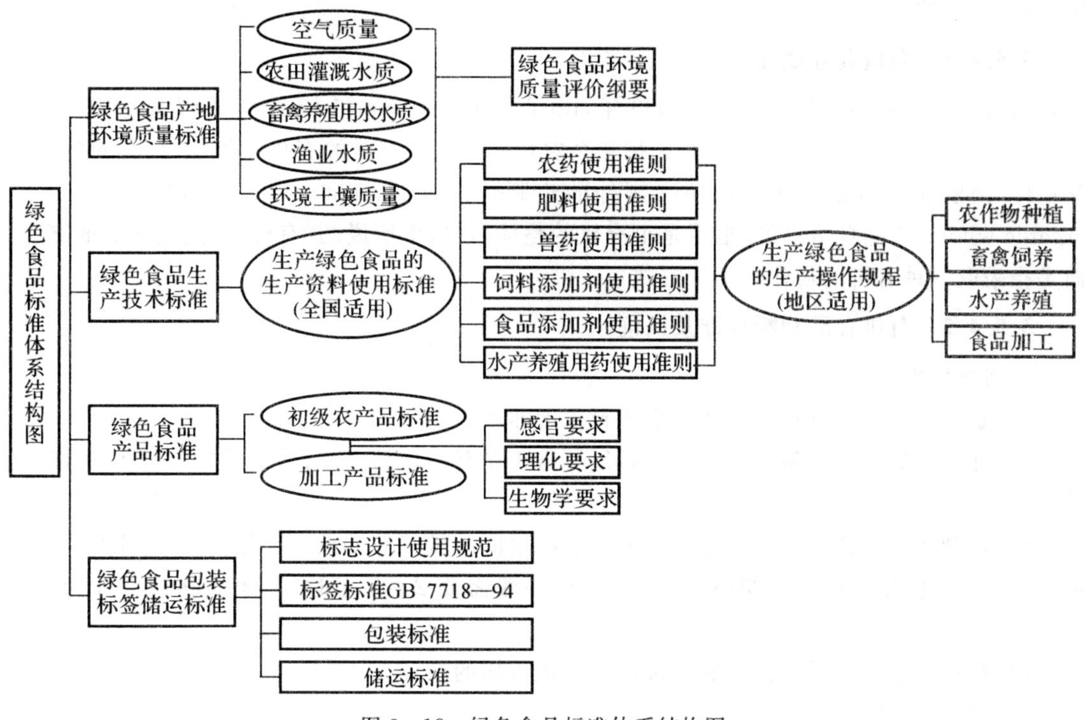

图 3－18　绿色食品标准体系结构图

3. 我国已有绿色产品标准

绿色食品苹果、绿色食品黄瓜、绿色食品番茄、绿色食品菜豆、绿色食品豇豆、绿色食品啤酒、绿色食品干白葡萄酒、绿色食品半干白葡萄酒、绿色食品干红葡萄酒、绿色食品半干红葡萄酒、绿色食品干桃红葡萄酒、绿色食品消毒牛奶、绿色食品全脂加糖酸牛奶、绿色食品全脂无糖炼乳、绿色食品全脂加糖炼乳、绿色食品全脂乳粉、绿色食品大豆等 25 项标准。

3.5.3.3　绿色食品的特点

(1)绿色食品是出自良好生态环境；

(2)绿色食品实行“从土地到餐桌”全程质量控制；

(3)绿色食品标志受到法律保护。

(4)绿色食品的外在特征:在产品包装上使用绿色食品商标标志这是对绿色食品的认证、管理形式,也是对消费者的承诺和利益保护。

(5)绿色食品的内在特征：无污染、安全、优质。这是选择和控制产地环境,按照特定的生产方式生产,实行生产、加工全过程质量控制的结果。

3.5.4　有机食品

有机食品是国际上对无污染天然食品比较统一的提法。有机食品通常来自于有机农业生产体系,根据国际有机农业生产要求和相应的标准生产加工的。有机食品通常指在生产过程中不使用农药、化肥、生长调节剂、抗生素、转基因技术的食品。有机食品侧重于天然的生产方式,但并不代表更加营养,许多研究表明,有机食品的营养价值与普通食品相差无几。有机食品的优势在于低污染。有机食品本身受污染的可能性、食用有机食品后人体尿液的污染物残留，都是较低的。

3.5.4.1 有机食品概述

有机食品是食品的最高境界。1939 年，Lord Northbourne 在 *Look to the Land* 中提出了 organic farming（有机耕作）的概念，意指整个农场作为一个整体的有机的组织，而相对的，（化学耕作）则依靠了 imported fertility（额外的施肥），而且，cannot be self - sufficient nor an organic whole（不能自给自足，也不是个有机的整体）。这里所说的“有机”不是化学上的概念，而是指采取一种有机的耕作和加工方式。

3.5.4.2 有机食品判断标准及认证

1. 判断标准

(1)原料来自于有机农业生产体系或野生天然产品。

(2)有机食品在生产和加工过程中必须严格遵循有机食品生产、采集、加工、包装、贮藏、运输标准。

(3)有机食品生产和加工过程中必须建立严格的质量管理体系、生产过程控制体系和追踪体系，因此一般需要有转换期；这个转换过程一般需要 2～3 年时间，才能够被批准为有机食品。

(4)有机食品必须通过合法的有机食品认证机构的认证。

2. 有机认证要求

(1)有机食品生产的基本要求：

1)生产基地在三年内未使用过农药、化肥等违禁物质；

2)种子或种苗来自于自然界，未经基因工程技术改造过；

3)生产单位需建立长期的土地培肥、植保、作物轮作和畜禽养殖计划；

4)生产基地无水土流失及其他环境问题；

5)作物在收获、清洁、干燥、贮存和运输过程中未受化学物质的污染；

6)从常规种植向有机种植转换需两年以上转换期，新垦荒地例外；

7)生产全过程必须有完整的记录档案。

(2)有机食品加工的基本要求：

1)原料必须是自己获得有机颁证的产品或野生无污染的天然产品；

2)已获得有机认证的原料在终产品中所占的比例不得少于 95%；

3)只使用天然的调料、色素和香料等辅助原料，不用人工合成的添加剂；

4)有机食品在生产、加工、贮存和运输过程中应避免化学物质的污染；

5)加工过程必须有完整的档案记录，包括相应的票据。

国际有机农业和农产品的管理体系和法规主要分为 3 个层次：联合国层次、国际性非政府组织层次以及国家层次。联合国层次的有机农业和有机农产品标准尚属于建议性标准，是《食品法典》的一部分，是由联合国粮农组织（FAO）与世界卫生组织（WHO）制定的。在整个标准的制定过程中，中国作为联合国的成员也参与了制定。具体内容包括了定义、种子与种苗、过渡期、化学品使用、收获、贸易和内部质量控制等内容。此外标准也具体说明了有机农产品的检查、认证和授权体系。这个标准已为各个成员国制定有机农业标准提供了重要依据。但联合国有机农业标准能否成为强制性标准还不得而知，一旦其成为强制性标准，就会成为世贸组织仲裁有机农产品国际贸易的法律依据。

3.有机食品的相关标准

中国有机产品(食品)的标准发展经过了一个从分散到规范的过程。2004年之前，中国没有统一的有机产品标准，各个机构制定自己的有机认证标准。如南京国环有机产品认证中心制定的OFDC认证标准，杭州茶叶研究所制定的有机茶认证标准。随着中国有机产业的发展和中国认监委的成立，2004年认监委发布实施了试行标准——《有机食品认证规范》，在全国范围内试点实施。经过一年的摸索和实践，在《有机食品认证规范》的基础上，认监委正式发布实施有机产品的国家标准《GB 19630.1—19630.4—2005》。至此，该标准成为中国有机产品生产、经营、认证实施的唯一标准。该标准共分为四个部分，从有机产品的生产、加工、标识与销售以及管理体系等四个方面均提出了技术要求，是有机产品认证必须依据的标准。目前已有更新的《GB 19630.1—19630.4—2011》发布。

3.5.4.3　有机食品的特点

(1)健康。研究显示有机产品含有较多铁质、镁质、钙质等微量元素及维生素C，而重金属及致癌的亚硝酸盐含量则较低。

(2)味道较好。有机农业提倡保持产品的天然成分，因此可保持食物的原来味道。

(3)避免疾病。密集式的动物饲养方式令疾病很容易散播，而有机农业要求开放的动物饲养方式则可以令动物有空间伸展活动，增强动物的抵抗力，降低疾病散播机会。

(4)化学物质。在有机生产的理念下，所有生产及加工处理过程均只允许在有限制的情况下施用化学物质。在有机生产的理念下，所有生产及加工处理过程中均不可使用任何基因改造生物及其衍生物。

(5)环境无污染。有机生产鼓励使用天然物料，适量施肥及灌溉，减少资源浪费，提高农场内及其周边的生物多样性。

(6)保护土壤。土壤退化及污染日趋严重，而土壤作为生产粮食的基本要素，人类必须对之加以保护。有机农业要求的土壤保护措施是希望恢复和维持土壤的生命力，令土壤能继续为人类提供足够而优质的食物。

有机食品主要包括一般的有机农产品(例如有机杂粮、有机水果、有机蔬菜等)、有机茶产品、有机食用菌产品、有机畜禽产品、有机水产品、有机蜂产品、有机奶粉、采集的野生产品以及用上述产品为原料的加工产品。国内市场销售的有机食品主要是蔬菜、大米、茶叶、蜂蜜、羊奶粉、有机杂粮、有机水果、有机蔬菜等。我国有机产品主要是包括粮食、蔬菜、水果、畜禽产品(包括乳蛋肉及相关加工制品)、水产品及调料等。

第4章　化学与军用新材料

4.1　材料概述

材料是人类生产活动和生活必需的物质基础，与人类文明和技术进步密切相关。随着科学技术的发展，材料的种类日新月异，各种新型材料层出不穷，在高新技术领域或国防军事领域中占有重要的地位。

新材料，又称先进材料（Advanced Materials），是指新近研究成功的和正在研制中的具有优异特性和功能、能满足高技术需求的新型材料。人类历史的发展表明，材料是社会发展的物质基础和先导，而新材料则是社会进步的里程碑。

材料技术一直是世界各国科技发展规划之中的一个十分重要的领域，它与信息技术、生物技术、能源技术一起，被公认为是当今社会及今后相当长时间内总揽人类全局的高技术。材料高技术还是支撑当今人类文明的现代工业关键技术，也是一个国家国防力量最重要的物质基础。国防工业往往是新材料技术成果的优先使用者，新材料技术的研究和开发对国防工业和武器装备的发展起着决定性的作用。

军用新材料是新一代武器装备的物质基础，也是当今世界军事领域的关键技术。而军用新材料技术则是用于军事领域的新材料技术，是现代精良武器装备的关键，是军用高技术的重要组成部分。世界各国对军用新材料技术的发展给予了高度重视，加速发展军用新材料技术是保持军事领先的重要前提。

本章主要介绍材料的一些基本知识及其在军事领域的应用，并讨论其中的化学问题。

4.1.1　材料

元素是具有相同核电荷数的一类原子的总称。

在我们周围的世界里，已发现的物质种类已有三千多万种，但这些物质都是由一百余种元素组成的。

物质可分为纯净物和混合物。纯净物通常指具有固定组成和独特性质的物质，又可分为单质和化合物。单质是由同种元素组成的纯净物；化合物是由两种或两种以上元素组成的纯净物。混合物由两种或两种以上的单质或化合物组成，混合物里各单质或化合物都保持原来的性质。

材料是指人类利用单质或化合物的某些功能制作物件时所用的化学物质。也就是说，材料是具有某些功能的化学物质。这里所说的化学物质，既可以是单质，也可以是化合物。

4.1.2　材料与化学

材料是一切科学技术的物质基础，而各种材料主要来源于化学制造和化学开发。化学是在原子、分子水平上研究物质的组成、结构、性能、变化及应用的学科。

材料科学是以物理、化学及相关理论为基础，根据工程对材料的需要，设计一定的工艺过程，把原料物质制备成可以实际应用的材料和元器件，使其具备规定的形态和形貌，如多晶、单晶、纤维、薄膜、陶瓷、玻璃、复合体、集成块等；同时具有指定的光、电、声、磁、热学、力学、化学等性质，甚至具备能感应外界条件变化并产生相应的响应和执行行为的机敏性和智能性。

利用化学对于物质的结构和成键的复杂性的深刻理解及化学反应实验技术，在探索和开发具有新组成、新结构和新功能的材料方面，在材料的复合、集成和加工等方面，可以大有作为。例如在新材料的研制中，可以进行分子设计和分子剪裁；可以设计新的反应步骤；可以在极端条件下进行反应，如在超高压、超高温、强辐射、冲击波、超高真空、无重力等环境中进行反应，合成在地面常规条件下无法合成的新化合物；也可以在温和条件下进行化学反应，以控制反应的过程、路径和机制，一步步地设计中间产物和最终产物的组成和结构，剪裁其物理和化学性质，可以形成介稳态、非平衡态结构，形成低熵、低焓、低维、低对称性材料；可以复合不同类型、不同组成的材料(有机物-无机物、金属-陶瓷、无机物-生物体等)。

近几年来，纳米科技表明，物质的性质并不是直接由构成物质的原子和分子决定的。在宏观物质和微观原子、分子之间还存在着一个介观层次，即纳米相材料，这种由有限分子组装起来的纳米相材料表现出异于宏观物质的物性。纳米相材料在信息科技的超微化、高密度、高灵敏度、高集成度和高速度的发展中，将发挥巨大的作用。可以用化学反应手段来制备得到这类纳米相材料。例如数十种具有光、电、磁等功能的单一或复合的3～10nm的纳米陶瓷材料，可以通过碱土金属氢氧化物溶液和相应的各种过渡金属氢氧化物凝胶之间的回流反应来制备；也可以在油包水的微乳液环境中，使相应金属醇盐或配合物进行反应来制得。这些方法缓和和控制、简便易行。

总之，化学是材料科学发展的基础，化学为材料科学的发展揭示新原理；化学为新型材料的设计创立新理论；化学为新型材料的合成提供新方法；化学为新型材料的表征建立新手段；化学为材料技术的应用奠定新基础。

4.1.3　材料的分类

材料的品种很多，分类方法也很多。通常采用的分类法主要是依据材料的用途和材料的化学成分及特性分类。

依据材料的使用性能，通常将材料分为结构材料和功能材料两大类。结构材料是指利用材料具有的力学和物理、化学性质，广泛用于机械制造、工程建设、交通运输及能源等部门的材料。功能材料是指利用材料具有的某种声、光、电、磁和热等性能，应用于微电子、激光、通信、能源和生物工程等许多高新技术领域的材料。

材料按其发展历史可分为传统材料和新型材料。传统材料指发展已趋成熟，并被广泛使用的材料，如普通钢铁、水泥、玻璃、木材、普通塑料。新材料指那些新近出现以及正在发展中具有优异性能的、能满足高技术需求的材料，如高强钢、高性能陶瓷、复合材料、半导体材料等。

材料按其性能特征可分为智能材料、纳米材料、超导材料等；按其应用领域可分为电子信息材料、生物材料、能源材料、建筑材料、航空航天材料、生态环境材料等。

依据材料的化学成分及特性，通常将材料分为金属材料、无机非金属材料、高分子材料和复合材料。

当前,为了适应社会经济和高技术发展的需要,对研制具有特殊性能的功能材料甚为迫切。新型功能材料如高温超导材料、功能高分子材料或新型复合材料在国防军事领域应用广泛,促进了武器装备的进一步发展和智能化,也使现代战争更具高科技性质。

4.1.4 材料的组成、结构与性能的关系

1. 材料组成和性能的关系

从化学观点看,所有的材料都是由已知的100多种元素的单质和它们的化合物组成的。组成不同,便会得到物理、化学性质迥异的物质。如钢铁的性质与其中的碳含量有密切关系。含碳量0.02%以下的铁称为熟铁,其质很软,不能作结构材料使用。含碳量2.0%以上时称铸铁,其质硬而脆。含碳量在上述两者(0.02%~2.0%)之间,则称钢。钢中含碳量小于0.25%的称低碳钢,介于0.25%~0.60%的称中碳钢,大于0.60%的称高碳钢。钢兼有较高的强度和韧性,因此在工程上获得广泛的应用。与此相似,合金钢的性能也与合金元素的含量密切相关。钢中加铬,可提高钢的耐腐蚀性,但只有当钢中的含铬量在12%以上时,才能成为耐腐蚀性强的不锈钢。

2. 化学键类型与材料性能的关系

化学键类型是决定材料性能的主要依据。

金属材料主要由金属元素组成,金属键为其中的基本结合方式,并以固溶体和金属化合物合金形式出现。因此,表现出与金属键有关的一系列特性,如金属光泽、良好的导热导电性、较高的强度和硬度、良好的机械加工性能(铸造、锻压、焊接和切削加工等)等。但金属材料也表现出金属相联系的两大缺点:①容易失去电子,易受周围介质作用而产生程度不同的腐蚀;②高温强度差。因为温度升高,使金属中原子间距变大,作用力减弱,机械强度迅速下降。一般金属及其合金的使用温度不超过1 273 K。因此,金属材料的应用范围受到限制。

无机非金属材料多由非金属元素或非金属元素与金属元素组成。以离子键或共价键为结合方式,以氧化物、碳化物等非金属化合物为表现形式,因而具有许多独特的性能,如硬度大、熔点高、耐热性好、耐酸碱侵蚀能力强,是热和电良好的绝缘体。但存在脆性大和成型加工困难等缺点。

有机高分子材料以共价键为基本结合方式。其“大分子链”长而柔曲,相互间以范德华力结合;或以共价键相交联产生网状或体型结构或以线型分子链整齐排列而形成高聚物晶体。正是这类化合物结构上的复杂性,赋予有机高分子材料多样化的性能,如质轻,有弹性,韧性好,耐磨,自润滑,耐腐蚀,电绝缘性好,不易传热,成型性能好,其比强度(强度与密度之比)可达到或超过钢铁。这类材料的主要缺点是:①结合力较弱、耐热性差,大多数有机高分子材料的使用温度不超过473K。有的高分子材料易燃,使用安全性差。②在溶剂、空气和光合作用下,易产生老化现象,表现为发黏变软或变硬发脆,性能恶化。

3. 晶体结构与材料性能的关系

离子晶体、原子晶体、分子晶体和金属晶体的区分,主要是从晶格结点上的粒子和粒子间的化学键类型不同这两方面考虑的。例如,碳的两种同素异形体——金刚石和石墨的不同性质,源于晶格类型的不同。金刚石属立方晶型,而石墨则为六方层状晶型。不少晶格类型相同的物质,也具有相似或相近的性质。与碳元素同为“等电子体”(组成中每个原子的平均价电子数相同)的氮化硼BN,也有立方和六方两种晶型。立方BN的主要性质与金刚石相近,硬度近

于10,有很好的化学稳定性和抗氧化性,用做高级磨料和切割工具。六方BN性质与石墨相近,较软,高温稳定性好,作为高温固体润滑剂,比石墨效果还好,故有“白色石墨”之称。

除晶体外,固体材料的另一大类是非晶体。这类材料结构中,原子或离子呈不规则排列的状态,其外观与玻璃相似,故非晶态也称玻璃态。非晶态固体,由液态到固态没有突变现象,表明其中粒子的聚集方式与通常液体中粒子的聚集方式相同。近代研究指出,非晶态的结构可用“远程无序、近程有序”来概括。由此产生了非晶态固体材料的许多重要特性。

4.2 结构材料在军事装备中的应用

结构材料(structural material)是以力学性能为基础,以制造受力构件所用材料。结构材料对物理或化学性能也有一定要求,如光泽、热导率、抗辐照、抗腐蚀、抗氧化等。高性能金属结构材料指与传统结构材料相比具备更高的耐高温性、抗腐蚀性、高延展性等特性的新型金属材料,主要包括钛、镁、锆及其合金、钽铌、硬质材料等,以及高端特殊钢、铝新型材等。

4.2.1 铝合金

纯铝的密度小(ρ=2.7 g/cm^3),大约是铁的1/3,熔点低(660℃),铝是面心立方结构,故具有很高的塑性(δ:32%~40%,ψ:70%~90%),易于加工,可制成各种型材、板材。抗腐蚀性能好;但是纯铝的强度很低,退火状态σ_b值约为8 kgf/mm^2,故不宜作结构材料。通过长期的生产实践和科学实验,人们逐渐以加入合金元素及运用热处理等方法来强化铝,这就得到了一系列的铝合金。铝合金通常使用铜、锌、锰、硅、镁等合金元素,20世纪初由德国人Alfred Wilm发明。

铝合金一直是军事工业中应用最广泛的金属结构材料。铝合金具有密度低、强度高、加工性能好等特点,作为结构材料,因其加工性能优良,可制成各种截面的型材、管材、高筋板材等,以充分发挥材料的潜力,提高构件刚、强度。所以,铝合金是武器轻量化首选的轻质结构材料。

铝合金在航空工业中主要用于制造飞机的蒙皮、隔框、长梁和桁条等。1991年,美国Alcoa公司在7150的基础上,进一步降低Fe,Si,Mn等杂质元素的含量,并提高了Zn/Mg比值,推出了目前变形铝合金中强度最高的7055-T77合金,用于波音737飞机上翼蒙皮,从而使超高强度铝合金,尤其是I/M铝合金的发展跨上了新的台阶,尤其是20世纪90年代中后期,军用飞机结构材料中约有40%~50%为高强度铝合金。

在航天工业中,铝合金是运载火箭和宇宙飞行器结构件的重要材料。俄罗斯自从1956年制出了世界上第一种超高强度的B96Л合金后,近年来可使B96Л型合金抗拉强度稳定的达到700 MPa。另外采用大规格的I/M铸锭挤压件,已可使B96Л型合金抗拉强度达到720 MPa。

在兵器领域,铝合金已成功地用于步兵战车和装甲运输车上,榴弹炮炮架也大量采用了新型铝合金材料。新型铝锂合金应用于航空工业中,预测飞机重量将下降8%~15%。铝锂合金同样也将成为航天飞行器和薄壁导弹壳体的候选结构材料。随着航空航天业的迅速发展,铝锂合金的研究重点仍然是解决厚度方向的韧性差和降低成本的问题。

近年来,铝合金在航空航天业中的用量有所减少,但它仍是军事工业中主要的结构材料之一。铝合金的发展趋势是追求高纯、高强、高韧和耐高温,在军事工业中应用的铝合金主要有铝锂合金、铝铜合金(2000 系列)和铝锌镁合金(7000 系列)。

4.2.2 镁合金

镁是银白色金属,密度仅为 1.74g/cm³(20℃),约为铝的 2/3,铁的 1/4。由于纯镁强度和硬度都是比较低,其化学性质又不稳定性,使它很难满足兵器材料的要求,因此军事装备上应用比较多的还是镁合金。镁合金是最轻质的金属结构材料,因其具有密度小、比强度高、比刚度高、阻尼性好、电磁屏蔽特性优越等特点,所以镁合金是减轻军事装备质量,实现军事装备轻量化,提高武器装备各项战术性能的理想结构材料,因此广泛用于航空航天、现代武器装备等军工领域。

镁合金在军工装备上有诸多应用。

1. 军事枪械

在军事枪械类装备中,可采用镁合金材料的零部件包括机匣、弹匣、枪托体,提把、扳机、瞄准装置等。例如美国制造了一种 Racegun 手枪,其扳机等 6 个零部件采用镁合金,质量减轻 45%,击发时间减少 66%;Hunter Firearms Inc. 用镁合金制造了 M39M1 手枪零件,大大地减轻了手枪的重量。

2. 装甲车辆

在装甲车辆类装备中,可采用镁合金材料的零部件包括轮毂、座椅骨架、机长镜、炮长镜、方向盘、变速箱箱体、发动机滤座、进出水管、空气分配器座、机油泵壳体、水泵壳体、机油热交换器、机油滤清器壳体、气门室罩、呼吸器等。例如美军装备的 M274A1 型军用吉普车采用了镁合金车身及桥壳,大大减轻了质量,具有良好的机动性及越野性能,4 个士兵就可以将吉普车抬起来,改型后还装上无后坐力炮,成了最袖珍的自行火炮。法国 VBCI 装甲车、M551 谢里登轻型坦克/侦察车坦克等,采用镁合金制造了传动箱盖、变速箱体、桥壳、盖板、炮塔座圈等,减轻了质量,具有良好的机动性。

3. 火炮及弹药

在火炮及弹药中,可采用镁合金材料的零部件有牵引装置、炮长镜、轮毂、供弹箱、引信体、风帽、药筒等,例如英军的大口径 120 mm 无后坐力反坦克炮就是采用了镁合金材料来减轻质量,加上所配的 M8 - 0.5in 步枪,总重才 308 kg,法国 MK50 式反坦克枪榴弹采用了部分镁合金材料零件,其全弹质量仅 800 g。

4. 航天航空

在航空航天装备中,可采用镁合金材料的零部件包括飞机框架、座椅、机匣、轮毂、齿轮箱、水平旋翼附件、飞机着落轮和齿轮箱盖等,例如我国的歼击机、轰炸机、运载火箭、人造卫星、飞船上均选用了镁合金构件,某型号的飞机最多选用了 300～400 项镁合金构件,一个零件的重量最重近 300 kg,一个构件的最大尺寸>2 m;“德热来奈”飞船的起动火箭“大力神”曾使用了 600 kg 的变形镁合金;“季斯卡维列尔”卫星中使用了 675 kg 的变形镁合金;直径约 1 m 的“维热尔”火箭壳体是用镁合金挤压管材制造的。在 GAR - 1 型 Falcon 隼式空空导弹中,使用了大量的镁合金材料,其中弹体由 AZ32B 和 AZ91B 制造,尾翼、仪器舱、整流罩体等也采用了镁铝合金制造,整体减质量达到 35%以上。MD600N 军用直升机变速装置应用了镁合金,降低质量带来的直接效果即使得旋翼有了更大的升力,战技指标有了质的飞跃。美国的 B - 52H 大型轰炸机,采用镁合金制造蒙皮、发动机、框架等重要部位,机身镁合金用量高达

8 100 kg，占机身总质量的 10％。

5. 其他类军事装备

(1)导弹的舱体、舵机本体、仪表舱体、舵架、飞行翼片等，例如伊拉克的违禁武器“萨默德”Ⅱ 型导弹的弹翼也采用镁合金材料。

(2)光电产品中，例如镜头壳体、红外成像壳体、夜视仪的壳体、底座等，例如俄罗斯生产的 POSP6×12 枪用变焦距观测采用镁合金壳体，该种观测镜可装在多种枪械武器上。

(3)军用计算机和通信器材，例如箱体、壳体、各类仪表盘、军用头盔等，例如海尔 C3 军用笔记本就用镁铝合金材料做外壳，比一般笔记本电脑的金属外壳抗震能力增强数倍，比塑料壳坚硬 20 倍；美国目前积极研制的理想单兵综合作战系统(OICW)，为了使重量从 8.17 kg 降到 6.37 kg，计划用镁合金做壳体等构件。

(4)军事船舶和大型工程装备的一些结构部件等均有采用镁合金的实例。美国的“林肯”号航母上的升降机用镁铝合金制造，该升降机具有在 1min 内升降 1 架重型飞机的能力。美军采用镁铝锌和镁铝硅等新型结构材料技术发展的渡河桥梁装备等。

由于镁合金独有的特点能满足军工产品对减重、吸噪、减震、防辐射的要求。在航空航天和国防建设中占有十分重要的地位，是飞行器、卫星、导弹，以及战斗机和战车等武器装备所需的关键结构材料。

4.2.3　钛合金

钛的密度为 4.5 g/cm³，仅为普通结构钢的 56％，而钛合金的强度可与高强度钢相媲美，抗拉强度(441～1 470 MPa)，优良的抗腐蚀性能，把钛合金放在海水中泡上几年，仍能保持光亮，在 300～550℃温度下有一定的高温持久强度和很好的低温冲击韧性，是一种理想的轻质结构材料。钛合金具有超塑性的功能特点，采用超塑成形-扩散连接技术，可以以很少的能量消耗和材料消耗将合金制成形状复杂和尺寸精密的制品。

1. 军用飞机

钛合金在航空工业中的应用主要是制作飞机的机身结构件、起落架、支撑梁、防火壁、蒙皮、翼肋、隔框、紧固件、导管、舱门、拉杆等，喷气发动机如压气盘、叶片、机壳、燃烧室、排气机构外壳、机匣、喷气管、接头等。20 世纪 50 年代初，在一些军用飞机上开始使用工业纯钛制造后机身的隔热板、机尾罩、减速板等结构件；20 世纪 60 年代，钛合金在飞机结构上的应用扩大到襟翼滑轨、承力隔框、起落架梁等主要受力结构中；20 世纪 70 年代以来，钛合金在军用飞机和发动机中的用量迅速增加，从战斗机扩大到军用大型轰炸机和运输机，它在 F14 和 F15 飞机上的用量占结构重量的 25％，在 F100 和 TF39 发动机上的用量分别达到 25％和 33％；20 世纪 80 年代以后，钛合金材料和工艺技术达到了进一步发展，一架 B1B 飞机需要 90 402 kg 钛材。美国在航空航天用钛方面，其规模和技术都走在世界前列。20 世纪 80 年代，美国飞机的用钛量占 70％～80％，每年用钛达 1.3～1.9 万吨，其中军用飞机占整个飞机用钛量的 41％～70％。正在研制的 F－22“猛禽”战斗机和 F－35 联合攻击战斗机，也都采用钛合金，其中F－22上的钛合金的用量跃居首位(42％)，结构用钛 36 t，2 台发动机用钛 5 t；F－35 联合攻击机，结构用钛 10 t，单台发动机用钛 5 t。俄罗斯第 3 代歼击机，其先进的战技性能是各种技术集成的综合效应，全机钛合金毛坯用量达 5.5t 左右，占结构质量的 16％～18％。

2. 军用舰船

从钛合金在造船业中的使用规模和技术来看，俄罗斯远远领先于世界上其他所有国家。目前钛合金在舰船上应用的部位有耐压壳体、螺旋桨、管道系统、热交换器、发动机零部件、升降装置、声呐系统等。例如苏联的第三代攻击型核潜艇就采用钛合金材料来建造耐压壳体，下潜深度 900 m，破坏深度 1 350 m，水下航速 43～45 节，为世界潜艇之最。苏联的战略核潜艇"台风"级弹道导弹核潜艇是苏联研制的第三代战略核潜艇，也是世界上最大的潜艇，堪称潜艇"巨无霸"，其主耐压艇体、耐压的中央舱段和鱼雷舱是用钛合金制造的，用钛达 9 000 t。美国用钛合金制造了载人深潜器 sikliff 号，下潜深度可达 6 100 m，日本的"深海 6 500"使用了钛合金下潜深度达到 6 500 m。

3. 航天领域

在航天工业中，钛合金主要用来制作承力构件、框架、气瓶、压力容器、涡轮泵壳、固体火箭发动机壳体及喷管等零部件。现有的航空航天用钛合金中，应用最广泛的是多用途的 a+b 型 Ti－6Al－4V 合金。近几年来，西方和俄罗斯相继研究出两种新型钛合金，它们分别是高强高韧可焊及成形性良好的钛合金和高温高强阻燃钛合金，这两种先进钛合金在未来的航空航天业中具有良好的应用前景。

4. 军用兵器

随着现代战争的发展，陆军部队需求具有威力大、射程远、精度高、有快速反应能力的多功能的先进加榴炮系统。先进加榴炮系统的关键技术之一是新材料技术。自行火炮炮塔、构件、轻金属装甲车用材料的轻量化是武器发展的必然趋势。在保证动态与防护的前提下，钛合金在陆军武器上有着广泛的应用。M777 式 155 mm 榴弹炮大量使用了钛合金，一门炮的质量是 4 450 kg，钛合金用量达 1 140 kg，占全炮质量的 25.63%，比现役 M198 炮减轻了将近一半，且整体尺寸较 M198 减少了 25%，可用 MV－22 可倾旋翼飞机和空军的 C－130 运输机空运，用轻型卡车或吉普车即可牵引。主战坦克 M1A1"艾布拉姆斯"中，采用了钛合金炮塔，比钢炮减轻质量 4 t。在直升机－反坦克多用途导弹上的一些形状复杂的构件可用钛合金制造，这既能满足产品的性能要求又可减少部件的加工费用，极大地提高了战斗力和生存能力。

在过去相当长的时间里，钛合金由于制造成本昂贵，应用受到了极大的限制。近年来，世界各国正在积极开发低成本的钛合金，在降低成本的同时，还要提高钛合金的性能。在我国，钛合金的制造成本还比较高，随着钛合金用量的逐渐增大，寻求较低的制造成本是发展钛合金的必然趋势。

4.2.4 先进复合材料

先进复合材料是比通用复合材料有更高综合性能的新型材料，它包括树脂基复合材料、金属基复合材料、陶瓷基复合材料和碳基复合材料等，它在军事工业的发展中起着举足轻重的作用。先进复合材料具有高的比强度、高的比模量、耐烧蚀、抗侵蚀、抗核、抗粒子云、透波、吸波、隐身、抗高速撞击等一系列优点，是国防工业发展中最重要的一类工程材料。

4.2.4.1 树脂基复合材料

树脂基复合材料，也称纤维增强塑料，具有良好的成形工艺性、高的比强度、高的比模量、低的密度、抗疲劳性、减震性、耐化学腐蚀性、良好的介电性能、较低的热导率等特点，广泛应用于军事工业中。

树脂基复合材料可分为热固性和热塑性两类。热固性树脂基复合材料是以各种热固性树脂为基体，加入各种增强纤维复合而成的一类复合材料；而热塑性树脂则是一类线性高分子化合物，它可以溶解在溶剂中，也可以在加热时软化和熔融变成黏性液体，冷却后硬化成为固体。

树脂基复合材料具有优异的综合性能，制备工艺容易实现，原料丰富。

在航空工业中，树脂基复合材料用于制造飞机机翼、机身、鸭翼、平尾和发动机外涵道等，已由小型、简单的次承力构件发展到大型、复杂的主要承力构件；从单一的构件发展到结构/吸波、结构/透波、结构/防弹等多功能一体化结构。美国的F-22机身蒙皮全都是高强度、耐高温的树脂基复合材料，其中热固性复合材料用量高达23%。F-119发动机用树脂基复合材料取代钛合金制造风扇的送气机区，可节省结构质量6.7 kg；用树脂基复合材料风扇叶片取代现在的钛合金空心风扇叶片，减轻结构质量的30%。先进树脂基复合材料还可用于制造飞机的“机敏”结构，使承载结构、传感器和操纵系统合为一体，从而可以探测飞机飞行状态和部件的完整性，自行调节控制部件，提高飞机的飞行性能，降低维修费用，保证飞机安全。聚丙烯腈基复合材料具有强度高、刚度高、耐疲劳、重量轻等优点，美国的AV-8B垂直起降飞机采用这种材料后质量减轻了27%，F-18战斗机减轻了10%。碳纤维是一种直径范围在6～8μm以内的连续细丝材料，碳纤维复合材料使用碳纤维和高性能树脂基体复合而成的先进树脂基复合材料，是目前用得最多、最重要的一种结构复合材料。军用飞机可以屏蔽或衰减雷达波与红外特征，提高自身生存和空防能力，例如在A400M军用飞机上，复合材料占结构质量的比例达35%～40%，特别是机翼，碳纤维复合材料占机翼结构质量比例高达85%。美国的RAH-66军用飞机，复合材料用量达51%，主要用于旋翼系统、机身结构和传动系统。

在航天领域，树脂基复合材料不仅是方向舵、雷达、进气道的重要材料，而且可以制造固体火箭发动机燃烧室的绝热壳体，也可用作发动机喷管的烧蚀防热材料。例如，欧洲航天局的阿丽亚娜4号与5号火箭的头部整流罩是用碳纤维增强复合材料做的结构件；可重复使用的航天飞机上的巨大舱货门是用碳纤维-环氧蜂窝结构材料制造的，而其遥控的机械长手臂是用碳纤维-环氧树脂层合板做成的；日本自制的通信卫星CS3是按典型的碳纤维-环氧树脂结构设计的。核反应堆的核燃料包覆管通常用碳纤维增强石墨基复合材料制成，核同位素分离离心机转子可选用碳纤维增强耐热树脂基复合材料。

近年来研制的新型氰酸树脂复合材料具有耐湿性强，微波介电性能佳，尺寸稳定性好等优点，广泛用于制作宇航结构件、飞机的主次承力结构件和雷达天线罩。聚醚醚酮与碳纤维或芳酰胺纤维热压成型的复合材料强度可达1.8 GPa，模量为120 GPa，热变形温度为300℃，在200℃以下保持良好的力学性能，还具有阻燃性和抗辐射性，可用于机翼、天线部件和雷达罩等。芳纶纤维增强树脂基复合材料可用于火箭固体发动机壳体。玻璃纤维增强树脂基复合材料是最早应用于军事领域的复合材料之一，目前用于高性能复合材料的玻璃纤维主要有高强度玻璃纤维、石英玻璃纤维和高硅氧玻璃纤维等。其中后两种属于耐高温的玻璃纤维，是较为理想的耐热防火材料，用于增强的复合材料部件大量应用于火箭、导弹的防热材料。

在轻型装甲车中，玻璃纤维复合材料的应用几乎涉及装甲车辆的各个部位，如侧裙板、翼子板、各种油箱盖板、复合装甲板等，大大减轻了车辆的重量。国外对于玻璃纤维复合材料在军事装备上的应用比国内要早得多，美国首先将玻璃纤维复合材料用于战车，2011年，美国AGY公司的S-2玻璃纤维被用于英国新式的Ocelot轻型防护巡逻车(LPPV)，不仅减轻了车辆的重量，同时为其提供结构增强和防弹作用，还可提供高水平的防火、防烟和防毒功能，此车中的人员舱采用S-2玻璃纤维的环氧预浸料制造，其抑制和吸收爆炸气浪的能力比金属强很多。芳纶纤维是一种高强度、高模量、低密度、耐高温、耐腐蚀和高耐磨的有机合成纤维。由于芳纶具有良好的冲击吸收能，已用于防弹头盔和防穿甲弹坦克；还可用做防弹背心的防弹插板，用于防弹背心的前、后两部位，以提高这些部位的防弹能力；同时也是防弹运钞车装甲的首选材料。美国最初将树脂/芳纶复合材料制成防弹头盔，而后将芳纶层压板与陶瓷或钢板复合用作坦克装甲，例如美国M1主战坦克和M1A1上的主装甲都有采用芳纶复合材料制造。日本将芳纶纤维和树脂模压制得的防护板，用于M548弹药运输车的装甲防护。法国航母“戴高乐”的关键部位、丹麦的SF300多功能舰艇也敷设了芳纶复合材料装甲。聚乙烯复合材料最突出的特点是轻质高能。聚乙烯复合材料主要用于装甲的壳体、雷达防护外壳、头盔、坦克的防碎片内衬、防弹衣等。英国TBA公司生产的防弹服和AIIiedIignaI公司的一种防护夹层由聚乙烯复合材料制得。俄罗斯、日本的防弹、防刺产品也广泛采用聚乙烯复合材料。

4.2.4.2 金属基复合材料

金属基复合材料是以金属或合金为基体，含有增强体成分的复合材料。金属基体主要有铝、镁、铜、钛、超耐热合金和难熔合金等多种金属材料，增强体一般可分为纤维、颗粒和晶须3类。金属基复合材料弥补了树脂基复合材料耐热性差（一般不超过300℃）、不能满足材料导电和导热性能的不足，以其高比强度、高比模量、良好的高温性能、低的热膨胀系数、良好的导电导热性和尺寸稳定性在军事工业中得到广泛应用。

金属基复合材料在军事工业中得到了广泛的应用。例如颗粒增强铝基复合材料已进入型号验证，用于F-16战斗机作为腹鳍代替铝合金，其刚度和寿命大幅度提高。Ogden空军后勤中心评估结果表明，铝基复合材料腹鳍的采用，可以大幅度降低检修次数，全寿命节约检修费用达2 600万美元，并使飞机的机动性得到提高。此外，F-16上部机身有26个可活动的燃油检查口盖，其寿命只有2 000 h，并且每年都要检查2～3次。采用了碳化硅颗粒增强铝基复合材料后，刚度提高40%，承载能力提高28%，预计平均翻修寿命可高于8 000 h，寿命提高幅度达17倍。碳化硅颗粒增强铝基复合材料具有良好的高温性能和抗磨损的特点，可用于制作火箭、导弹构件，红外及激光制导系统构件，精密航空电子器件等；碳化硅纤维增强钛基复合材料具有良好的耐高温和抗氧化性能，是高推重比发动机的理想结构材料，目前已进入先进发动机的试车阶段。碳纤维增强铝、镁基复合材料在具有高比强度的同时，还有接近于零的热膨胀系数和良好的尺寸稳定性，成功地用于制作人造卫星支架、L频带平面天线、空间望远镜、人造卫星抛物面天线等；在兵器工业领域，金属基复合材料可用于大口径尾翼稳定脱壳穿甲弹弹托，反直升机/反坦克多用途导弹固体发动机壳体等零部件，以此来减轻战斗部质量，提高作战能力。

碳纤维增强铝、镁基复合材料在具有高比强度的同时，还有接近零膨胀系数和良好的尺寸稳定性，已成功地用于制作人造卫星支架、L频带平面天线、空间望远镜、人造卫星抛物面天线等。硼纤维增强金属基复合材料已用于制造F-114，F-115和幻影2000等军用飞机部件。

在兵器工业领域，金属基复合材料可用于大口径尾翼稳定脱壳穿甲弹弹托，反直升机/反坦克多用途导弹固体发动机壳体等部件。

重要的轻质合金有铝合金、钛合金和铝化钛金属间化合物合金等。①铝合金是常用的轻质结构材料，已在军事上得到广泛应用，并在不断扩大应用范围，它们将逐步取代常规铝合金，成为航空航天器结构中的一类主流材料。②钛合金密度低，强度高，抗腐蚀好，是一类军事用途广泛的轻质结构材料，如在F-22战斗机的结构中钛结构的质量占整个质量的39%。③铝化钛金属间化合物合金是一类轻质高强度，高温结构材料，这类材料将主要用于制造发动机的高温部件，也是高超声速飞行器和飞机高温壳体壁板的理想材料。

4.2.4.3　陶瓷基复合材料

陶瓷基复合材料是以纤维、晶须或颗粒为增强体，与陶瓷基体通过一定的复合工艺结合在一起组成的材料的总称，即在陶瓷基体中引入第二相组元构成的多相材料，它克服了陶瓷材料固有的脆性，已成为当前材料科学研究中最为活跃的一个方面。陶瓷基复合材料具有密度低、比强度高、热机械性能和抗热震冲击性能好的特点，是未来军事工业发展的关键支撑材料之一。陶瓷材料已经由单相陶瓷发展到多相复合陶瓷，由微米级陶瓷复合材料发展到纳米级陶瓷复合材料。先进陶瓷材料主要有功能陶瓷材料和结构陶瓷材料两大类。其中，在结构材料中，人们已经研制出氮化硅高温结构陶瓷，这种材料不仅克服了陶瓷的致命的脆弱性，而且具有很强的韧性、可塑性、耐磨性和抗冲击能力，与普通热燃气轮机相比，陶瓷热机的质量可减轻30%，而功率则提高30%，节约燃料50%。

陶瓷基复合材料工作温度在1 250～1 650℃，具有独特的力学性能和抗破坏能力，主要用于制作飞机燃气涡轮发动机喷嘴阀，它在提高发动机的推重比和降低燃料消耗方面具有重要的作用。法国幻影2000型战斗机上采用了陶瓷基复合材料制造的发动机喷管内调节片。美国即将采用耐温2 200℃的陶瓷基复合材料作为飞机和巡航导弹用涡轮发动机的涡轮材料，以期进一步提高飞机和导弹的性能。氧化铝纤维增强陶瓷基复合材料可用做超声速飞机、火箭发动机喷管和垫圈材料。碳化硅纤维增强陶瓷基复合材料不仅具有优异的高温力学性能、热稳定性和化学稳定性，韧性也明显改善，可作为高温热交换器、燃气轮机的燃烧室材料和航天器的防热材料。

陶瓷基复合材料因其很高的使用温度（1 400℃甚至更高）和很低的密度（$2\sim4\ g\cdot cm^{-3}$），是未来高推重比（15～20）发动机涡轮及燃烧系统的首选材料，如F-119发动机矢量喷管的内壁板等。目前因在使用可靠性方面还有些担心，所以只用于少量非关键受力部件。

4.2.4.4　碳/碳复合材料

碳/碳复合材料是由碳纤维增强剂与碳基体组成的复合材料。碳纤维（CF）按照原料体系不同，主要有聚丙烯腈（PAN）基碳纤维、沥青基碳纤维和人造丝基碳纤维。基体碳依制备工艺不同可分为热解碳、沥青碳、树脂碳。碳/碳复合材料是耐温最高的材料，其强度也随温度升高而增加，在2 500℃左右达到最大值；同时它具有良好的抗烧蚀性能和抗热震性能，可耐受高达10 000℃的驻点温度，在非氧化气氛下其温度可保持到2 000℃以上，因此具有比强度高、抗热震性好、耐烧蚀性强、性能可设计等一系列优点。

20世纪50—60年代中期为碳/碳复合材料的初始发展阶段，主要是对碳/碳复合材料用的碳纤维及碳基体复合工艺进行了大量研究，找到了提高碳纤维弹性模量和强度的关键技术。20世纪70年代初期，对碳/碳复合材料的纤维及其编织技术、基体碳及复合工艺进行了研究，研制出三维立体编织的碳/碳复合材料，同时将其应用于火箭发动机喷管、卫星、太空飞船等尖端技术领域。20世纪80年代，开发出了碳纤维多维编织、化学气相渗透法等新技术，碳/碳复合材料的研究进入了提高性能和扩大应用的阶段。

在军事工业中，碳/碳复合材料广泛用于固体火箭发动机喷管、航天飞机结构部件、飞机及赛车的刹车装置、热元件和机械紧固件、热交换器、航空发动机的热端部件、高功率电子装置的散热装置和撑杆等方面。

导弹、载人飞船、航天飞机等，在再入环境时飞行器头部受到强激波，对头部产生很大的压力，其苛刻部位温度可达 2 760℃。导弹的端头帽，也要求放热材料在再入环境中烧蚀量低，且烧蚀均匀对称，同时希望它具有吸波能力、抗核爆辐射性能和全天候使用的性能。三维编织的碳/碳复合材料，其石墨化后的热导性足以满足弹头再入时由－160℃至气动加热时 1 700℃时的热冲击要求，可以预防弹头鼻锥的热应力过大引起的整体破坏，其低密度可提高导弹弹头射程，已在很多战略导弹弹头上得到应用。例如美国战略导弹上采用了碳/碳复合材料，例如空军的民兵Ⅲ号 MK－12A、MX 和 SICBM 的 MK－21 型、三叉戟Ⅰ号的 MK－5 型、反弹道导弹卫兵和 SPI 等型号的鼻锥，空军的 MX 和 SICBM、海军的三叉戟Ⅰ号等发动机喷管喉衬等。

采用碳/碳复合材料的喉衬、扩张段、延伸出口锥，具有极低的烧蚀率和良好的烧蚀轮廓，可提高喷管效率 1%～3%，即可大大提高固体火箭发动机的比冲。美国的北极星 A－7 发动机喷管的收敛段、MX 导弹三级发动机的可延伸出口锥，俄罗斯的潜地导弹发动机的喷管延伸锥等均采用多维编织的高密度沥青基碳/碳复合材料，并在表面涂覆 SiC 提高抗氧化性和抗冲蚀能力。

最引人注目的应用是航天飞机的抗氧化碳/碳鼻锥帽和机翼前缘，例如美国的 Shuttle 最高温区采用碳/碳复合材料做薄壳热结构，较高温度区采用防热瓦碳/碳复合材料的机头锥，苏联、欧洲、日本、英国等航天飞机上也都应用了碳/碳复合材料的薄壳热结构材料或面板，用以抗氧化和防热。

用量最大的碳/碳产品是超声速飞机的刹车片。目前先进的碳/碳喷管材料密度为1.87～1.97 g/cm^3，环向拉伸强度为75～115 MPa。美国战略导弹弹头的防热材料已由三向碳/碳发展为细编碳/碳（端头部分）和碳/酚醛（大面积防热部分）。近期研制的远程洲际导弹端头帽几乎都采用了碳/碳复合材料。

4.2.5 超高强度钢

超高强度钢是屈服强度和抗拉强度分别超过 1 200 MPa 和 1 400 MPa 的钢，它是为了满足飞机结构上要求高比强度的材料而研究和开发的。按其物理冶金学特点，超高强度钢大体可以分为低合金超高强度钢、二次硬化超高强度钢和马氏体时效钢。

4.2.5.1 低合金超高强度钢

AISI4340 钢是最早出现的低合金超高强度钢，也是低合金超高强度钢的典型代表。美国于 1950 年开始研究 4340 钢，1955 年正式用于飞机起落架。低合金超高强度钢大多是 AISI4130，AISI4140，AISI4330 或 AISI4340 的改进型钢种。通过淬火和低温回火处理，AISI4130，AISI4140，AISI4330 或 4340 钢的抗拉强度均可超过 1 500 MPa，而且缺口冲击韧性较高。1952 年美国国际镍公司研制开发出的 300M 钢，该钢通过添加了 1%～2%的硅来提高回火温度（260～315℃），并可抑制马氏体回火脆性。在 1966 年后作为美国的军机和主要民航飞机的起落架材料而获广泛的应用，F－15，F－16，DC－10，MD－11 等军用战斗机都采用了 300M 钢，此外波音 747 等民用飞机的起落架及波音 767 飞机机翼的襟滑轨、缝翼管道等也采用 300M 钢制造。美国于 20 世纪 60 年代初，为了抑制低合金超高强度钢回火脆性，通过调整碳含量和添加少量钒，又开发了 AMS6434 和 LadishD6AC 钢，被广泛用于制造战术和战略导弹发动机壳体及飞机结构件。到了 20 世纪 70 年代中期，D6AC 逐渐取代了其他合金结构钢，成为一种制造固体火箭发动机壳体的专用钢种。美国新型地空导弹“爱国者”，小型导弹“红眼睛”，大中型导弹“民兵”“潘兴”“北极星”“大力神”等，美国航天飞机的 φ3.7 m 助推器也采用 D6AC 钢制造。D6AC 还曾用于制造 F－111 飞机的起落架和机翼轴等，成为宇航工业使用的优秀材料之一。

俄罗斯在苏联时期开始研制低合金超高强度钢，时间大体上与美国同步，具有自己的钢种体系，最有代表性的是 30XГCH2A 和 40XH2CMA(ЭИ643)钢。30XГCH2A 是在 30XГC 基础上加入 1.4%～1.8%的镍而得到的低合金超高强度钢，由于镍的加入提高了钢的强度、塑性和韧性，也提高了钢的淬透性，由此改良和派生出了一系列钢种。40XH2CMA 是在 40XH2MA 基础上发展起来的，40XH2CBA 是用 W 代替 40X H2CMA 中 Mo 而成的。近十几年来他们又研制了新型经济型的低合金超高强度钢 35XCH3M1A(BKC－8)和 35XC2H3M1ΦA(BKC－9)，其抗拉强度分别可达到 1 800～2 000 MPa 和 1 950～2 150 MPa。

45CrNiMo1VA 钢是仿美 D6AC 研制的，已成功用于地空导弹的发动机壳体。20 世纪 80 年代，我国通过对 AISI4330 改进，研制开发了高强韧性能的 685 和 686 装甲钢。在工艺性能相当的条件下，高性能 685 装甲钢的抗枪弹和抗炮弹性能优于目前我国大量应用的苏联 2П 和 43ПCM 装甲钢。在 AISI4340 的基础上，我国还研制了新型超高硬度 695 装甲钢，其抗穿甲弹防护系数达到 1.3 以上。值得注意的是，尽管以 4340 和 300M 钢为代表的低合金超高强度钢具有高强度，但它们的断裂韧性和抗应力腐蚀能力都比较差，因而其应用受到了一定的限制。立足于我国资源而研制的中碳低合金钢(σ_b>1 740 MPa，K_{IC}>91.5 MPa · m$^{1/2}$)，该钢主要用于制造机枪的枪管、活塞、击针以及小口径火炮的炮箱、受弹器、高强度螺栓和轴等。新型高硬度装甲钢(σ_b>1 440 MPa，K_{IC}>87 MPa · m$^{1/2}$，HRC>44)，是我国为改善高压钨钢焊接性能而自行研制的新钢种，应用于轻型坦克的薄板装甲板、履带车辆等领域。

4.2.5.2　二次硬化超高强度钢

随着航空工业的快速发展，开发强度高(1 586～1 724 MPa)、断裂韧性好(125 MPa · m$^{1/2}$)、可焊接性好的新型航空材料成为发展方向。HY180 钢开发于 20 世纪 70 年代。为了达到航空构件材料的损伤容限和耐久性，20 世纪 70 年代末 Speich 和 Chendhok 等在对 Fe_{10}Ni 系合金钢进行的研究基础上，对 HY180 进行了改进，开发了 AF1410 超高强度合金钢，该钢经 830℃油淬＋510℃时效后，$\sigma_{0.2}$≥1 517 MPa，K_{IC}≥154 MPa · m$^{1/2}$。因此该钢以极高的强韧性、良好的加工性能和焊接性能成为受航空界欢迎的一种新型高强度钢。在保持 AF 1410 超高强度合金钢良好韧性的基础上，为进一步提高其强度及在海水环境中的抗应力腐蚀开裂性能和降低韧脆性转变温度。美国 ARDEC 公司曾将 AF1410 制成 120 mm 火炮身管前端 3m 长的套管，以减轻火炮前部的质量，另外美国将此合金用于空间发射空间器材或作为拦截导弹的弹丸发射器使用。1991 年 Hemphill 等开发了 Aermet 100 超高强度合金钢，是综合性能最高的材料之一，也是目前国际上超高强度钢研究的热点。该钢与 AF 1410 钢相比，强度有了进一步提高(屈服强度提高到 2 000 MPa)，但韧性稍有下降(断裂韧性为 115 MPa · m$^{1/2}$)。是第四代战斗机和航母舰载机起落架之首选材料，美国已成功地将其应用在最先进的 F－22 隐形战斗机起落架上和 F－18 舰载机的起落架上。

我国近年来一直在二次硬化钢上寻求突破，目前已经成功地研制出具有我国特色的 G99

和G50新型超高强度钢。G50是一种经济型无钴低合金超高强度钢，是我国自行研制的用于航天的专利钢种，其主要特点是成本低（无Co低Ni）、高强高韧（$\sigma_b \geqslant 1\,660$ MPa，$K_{IC} \geqslant 105$ MPa·$m^{1/2}$）。我国常规武器用超高强度钢自50年代开始研究以来，科研人员开发出了一批符合我国资源配比的高强度钢，广泛用于我国步兵轮式战车、枪、炮、弹等领域。我国新研发的速射武器身管用钢属贝氏体钢范畴，经调质处理后具有优良的综合力学性能、高温性能及疲劳性能（$\sigma_b > 1\,690$ MPa，$K_{IC} > 99$ MPa·$m^{1/2}$），应用于速射武器身管、耐烧蚀零件（如气体调整器、活塞等）。

4.2.5.3　马氏体时效钢

马氏体时效钢以无碳（或微碳）马氏体为基体的，时效时能产生金属间化合物沉淀硬化的超高强度钢。具有工业应用价值的马氏体时效钢，是20世纪60年代初由国际镍公司（INCO）首先开发出来的。1961—1962年间该公司在铁镍马氏体合金中加入不同含量的钴、钼、钛，通过时效硬化得到屈服强度分别达到1 400 MPa，1 700 MPa，1 900 MPa的18Ni(200)，18Ni(250)和18Ni(300)钢，并首先将18Ni(200)和18Ni(250)应用于火箭发动机壳体。

马氏体时效钢在相同的强度级别韧性比低合金钢要高，加工硬化指数低，没有脱碳问题，热处理工艺简单，冷加工成型性好。固体火箭发动机壳体用18Ni马氏体时效钢，使用强度为1 750 MPa，浓缩铀离心分离机旋转筒体用马氏体时效钢，使用强度达到2 450 MPa。但合金元素含量高致使马氏体时效钢的成本增高。20世纪90年代，国内在18Ni马氏体时效钢的基础上，采用取消钴元素，提高镍、钛含量的方法，成功研制出了T250、T300马氏体时效钢。T250马氏体时效钢力学性能为：$\sigma_b \sim 1\,760$ MPa，$\sigma_{0.2} > 1\,655$ MPa，$K_{IC} > 80$ MPa·$m^{1/2}$，是制造我国固体发动机壳体的新一代材料。2006年，上海宝钢集团公司特殊钢分公司、抚顺特殊钢股份公司、贵州安顺市安大厂航宇有限责任公司和山西太原钢铁有限公司等单位联合攻关，成功试制出直径为1 200 mm的T250钢固体发动机壳体，已用于某航天型号。

4.2.6　先进高温合金

高温合金是指以铁、镍、钴为基，能在600℃以上的高温及一定应力作用下长期工作的一类金属材料，具有优异的高温强度，良好的抗氧化和抗热腐蚀性能，良好的疲劳性能、断裂韧性等综合性能，又被称为“超合金，”主要应用于航空航天领域和能源领域。高温合金是航空航天动力系统的关键材料。高温合金是在600～1 200℃高温下能承受一定应力并具有抗氧化和抗腐蚀能力，是航空航天发动机涡轮盘的首选材料。

高温合金分类可按按基体元素种类、合金强化类型、材料成型方式来进行划分。按照基体元素分为铁基、镍基和钴基高温合金。按照合金强化类型可分为固溶强化型和时效沉淀强化型。按照材料成型方式可分为铸造高温合金（包括普通铸造合金、单晶合金、定向合金等）、变形高温合金和新型高温合金（包括粉末高温合金、钛铝系金属间化合物、氧化物弥散强化高温合金、耐蚀高温合金、粉末冶金及纳米材料等）。

当前，在先进的航空发动机中，高温合金用量所占比例已高达50%以上。燃烧室内产生的燃气温度在1 500～2 000℃之间，因为其余的空间有压缩空气流动，所以燃烧筒合金材料的承受温度一般在800～900℃以上，局部达1 100℃。因此，燃烧筒要求材料要具有高温抗氧化和抗燃气腐蚀性能，以及良好的冷热疲劳性能。燃烧室使用的主要高温合金以镍基或钴基高温合金为主。例如第三代战斗机F100发动机选用Haynes188钴基高温合金，F110，F404和F414发动机则选用Hastelloy X镍基高温合金。但是随着飞机推重比的提高，对燃烧筒材料也提出了新的要求。第四代战机燃烧筒主要是镍基高温合金并涂覆陶瓷热胀涂层，并且采用新的燃烧室结构，如F119和F135采用了浮动壁结构，而F136发动机采用了Lamilloy结构。到了第五代战机，多使用Lamilloy结构的高温合金、耐高温1 482℃陶瓷复合材料和热胀涂层。因此，为了适应航空发动机新的推重比的要求，研发全新材料基体和制备工艺的高温合金是目前航空航天领域的迫切需求。

导向叶片是涡轮发动机上受热冲击最大的零件之一，但由于它是静止的，所受的机械负荷并不大。通常由于应力引起的扭曲、温度剧烈变化引起的裂纹以及过燃引起的烧伤，会使导向叶片在工作中经常出现故障。根据导向叶片工作条件，要求材料要具有足够的持久强度及良好的热疲劳性能和较高的抗氧化和抗腐蚀的能力。因此，铸造高温合金即成了导向叶片的主要制造材料。美国Howmet等公司多采用IN718C，PWA1472，Rene220以及R55合金作为导向叶片的材料。近年来，由于定向凝固工艺的发展，用定向合金制造导向叶片的工艺也在试制中。此外，FWS10发动机涡轮导向器后篦齿环的制造也采用了氧化物弥散强化高温合金。

涡轮盘在工作中受热不均，盘的轮缘部位比中心部位承受较高的温度，产生很大的热应力。榫齿部位承受最大的离心力，所受的应力更为复杂。为此，对涡轮盘材料的要求则需合金应具有高的屈服强度和蠕变强度，以及良好的冷热和抗机械疲劳性能，同时线膨胀系数要小，无缺口敏感性，具有较高的低周疲劳性能。粉末高温合金是现代高性能发动机涡轮盘的必选材料。发动机涡轮盘在20世纪60年代前一直是用锻造高温合金制造，典型的牌号有A286和Inconel 718。1965年，高纯预合金粉末技术被研发出来，此后，美国P&WA(Pratt&Whitney Aircraft)公司首先开创了粉末高温合金盘件用于航空发动机的先河；20世纪70年代，美国GE公司采用快速凝固粉末Rene95合金制作了CFM56发动机涡轮盘，大大增加了它的推重比，使用温度显著提高。从此，粉末冶金涡轮盘得以迅速发展。最近美国采用喷射沉积快速凝固工艺制造的高温合金涡轮盘，与粉末高温合金相比，工序简单，成本降低，具有良好的锻造加工性能，是一种有极大发展潜力的制备技术。目前国内外自20世纪70年代以来，一直在研制新型高温合金，先后研制了定向凝固高温合金、单晶高温合金等具有优异高温性能的新材料，其中单晶高温合金材料成为目前主流的涡轮盘材料。

涡轮叶片用材最初普遍采用变形高温合金，但随着材料研制技术和加工工艺的发展，铸造高温合金逐渐成为涡轮叶片的候选材料。美国从20世纪50年代后期开始尝试使用铸造高温合金涡轮叶片，苏联也在20世纪60年代中期开始应用铸造涡轮叶片，英国则在20世纪70年代初采用了铸造涡轮叶片。单晶高温合金是在等轴晶和定向柱晶高温合金基础上发展起来的一类先进发动机叶片材料。20世纪80年代初期以来，第一代单晶高温合金PWA1480，ReneN4等在多种航空发动机上获得广泛应用。20世纪80年代后期，以PWA1484，ReneN5为代表的第二代单晶高温合金叶片也在CFM56，F100，F110，PW4000等先进航空发动机上得到大量使用，目前美国的第二代单晶高温合金已成熟，并广泛应用在军民用航空发动机上。20世纪90年代后期，美国研制成功第三代单晶高温合金CMSX-10，之后，GE，P&W以及NASA合作开发了第四代单晶高温合金EPM-102。法国和英国也分别研制单晶高温合金，并实现了工程应用。近年来，日本又相继成功地研制了承温能力更高的第四、第五、第六代单晶合金TMS-138，TMS-162，TMS-238等。

4.2.7 钨合金

钨的熔点在金属中最高，其突出的优点是高熔点带来材料良好的高温强度与耐蚀性，在军事工业特别是武器制造方面表现出了优异的特性。

高密度钨合金在航天、航空工业中的应用，国外始于20世纪40年代，国内始于20世纪60年代。由于高密度钨合金在陀螺仪上的应用，从而使导航技术得到迅速进步。美国在第二次世界大战中已采用90W－6iN－4Cu代替铜（或钢）作外缘转子，其角动量提高70%以上，仪表的精度与稳定性显著提高。导航陀螺仪是卫星、火箭、导弹、飞机、潜艇、鱼雷等导航和控制系统的心脏部件，国际上目前尽管涌现出各种先进的导航技术，如光学制导、雷达制导（信息制导）、卫星制导、电台频率作为信息制导等，而陀螺仪，作为惯性制导仍是世界上应用最广泛的一种导航仪表。解剖某飞行器就发现有航向陀螺、垂直陀螺及速率陀螺等采用高密度钨合金作陀螺的外缘转子。在航天、航空工业中高密度钨合金还可作平衡块、减震器、飞机及直升机的升降控制和舵的风标配重块等。用于自动驾驶仪及方向支架平衡配重块，飞机引擎的平衡锤，作压仓平衡块等，"斯贝"发动机上就用到四种牌号五种规格的高密度钨合金，主要用作托架配重、摇杆转速控制器配重块，燃油调节转控器配重块等。某些类型的飞机中采用数百千克钨合金作配重。

钨合金日益成为制作军事产品的原料，如子弹、装甲和炮弹、弹片头、手榴弹、猎枪、子弹弹头、防弹车、装甲坦克、大炮部件、枪支等。在兵器工业中它主要用于制作侵入体的杀伤破片，常规武器中作为大口径动能穿甲弹弹芯材料、机枪脱壳穿甲弹弹芯、枪弹和航炮弹用的弹头材料、杆式动能穿甲弹弹芯以及某些战术导弹中的杀伤破片等。钨合金通过粉末预处理技术和大变形强化技术，细化了材料的晶粒，拉长了晶粒的取向，以此提高材料的强韧性和侵彻威力。我国研制的主战坦克125Ⅱ型穿甲弹钨芯材料为W－Ni－Fe，采用变密度压坯烧结工艺，平均性能达到抗拉强度1 200 MPa，延伸率为15%以上，战技指标为2 000 m距离击穿600 mm厚均质钢装甲。目前钨合金广泛应用于主战坦克大长径比穿甲弹、中小口径防空穿甲弹和超高速动能穿甲弹用弹芯材料，这使各种穿甲弹具有更为强大的击穿威力。在各种子母弹及导弹中，有的一颗弹中装有数百千克钨合金弹丸材料或上万发钨合金小箭弹，具有强大的攻击能力与大的杀伤面。而钨合金造成的穿甲弹更是可以击穿大倾角的装甲和复合装甲，是主要的反坦克武器。

4.2.8 金属间化合物

金属间化合物是一种新型金属材料，在金属材料中，金属间化合物已知作金属基体的强化相，通过改变金属间化合物的种类、分布、析出状态以及相对含量等达到控制基体材料性能的目的。具有长程有序的超点阵结构，保持很强的金属键结合，使它们具有许多特殊的理化性质和力学性能。金属间化合物具有优异的热强性，近年来已成为国内外积极研究的重要的新型高温结构材料。

金属间化合物的种类包括铝化物、硅化物、难熔金属间化合物等。近年来，国内外集中于铝化物和硅化物两种体系，铝化物中包含Ni－Al，Ti－Al，Fe－Al等，硅化物中包括Mo－Si，Fe－Si，Ni－Si等。

金属间化合物可用作结构材料和功能材料。结构材料是以强度、韧性、刚度、耐磨性等力学性能为主要特征，用以制造以受力为主的结构材料。以铝化物和硅化物为基的金属间化合物，具有比模量、比强度高、抗氧化、抗腐蚀性能优异的特点，可以在更高的温度和恶劣环境下工作。

Ni－Al 系中有 Ni_3Al 和 NiAl 两种化合物。Ni_3Al 基合金可应用于涡轮发动机燃烧室，可以提高发动机工作温度，IC－221M 合金被美国选为替代 Ni 基高温合金 IN－713C 来制造柴油机增压器，以改善其疲劳寿命和降低成本。全俄航空材料研究院开发的 Ni_3Al 基 BKHA－1B合金用于武装直升机的导向叶片和燃烧室喷嘴。利用 NiAl 合金优高温强度、比蠕变强度高的特点，美国通用电气(GE)开发了 NiAl 合金单晶叶片，用于新一代喷气发动机。

Ti－Al 系化合物包括 Ti_3Al、TiAl 和 $TiAl_3$，研究主要集中前两种化合物合金。与Ni－Al 系相比，具有低密度、高的高温强度和抗蠕变性能。Ti_3Al 材料应用于航空发动机部件，如高压涡轮启动器支撑环，燃烧室末端环件等，与 Ni 合金相比，可减轻重量 43%。TiAl 合金重量轻、抗氧化性能好、蠕变强度高，可应用于涡轮发动机叶片、涡轮增压器、汽车阀门、压气机部件等。如美国普奥公司制造了 JT90 燃气涡轮发动机叶片，美国空军用 TiAl 制造小型飞机发动机转子叶片等，俄罗斯用 TiAl 金属间化合物代替耐热合金作活塞顶，大幅度地提高了发动机的性能。在兵器工业领域，坦克发动机增压器涡轮材料为 K18 镍基高温合金，因其比重大、起动惯量大而影响了坦克的加速性能，应用 TiAl 金属间化合物及其由氧化铝、碳化硅纤维增强的复合轻质耐热新材料，可以大大改善坦克的起动性能，提高战场上的生存能力。此外，金属间化合物还可用于多种耐热部件，减轻重量，提高可靠性与战技指标。

硅化物作为结构材料，在 1 200～1 600℃的高温氧化性条件下，是一类极有希望代替碳/碳复合材料和陶瓷复合材料的新型结构材料。$MoSi_2$ 可作为增强材料、涂层材料和基体材料，例如作为基体材料，可用于航空发动机热端部件和电炉发热元件的主体材料。

4.2.9　结构陶瓷

陶瓷材料是当今世界上发展最快的高技术材料，它已经由单相陶瓷发展到多相复合陶瓷。结构陶瓷材料因其耐高温、低密度、耐磨损及低的热膨胀系数等诸多优异性能，在军事工业中有着良好的应用前景。随着纳米技术的广泛应用，纳米陶瓷产生，即陶瓷材料的显微结构中，晶粒尺寸、晶界宽度、第二相分布、气孔尺寸、缺陷尺寸都限于 100 nm 以下，使材料的韧性和塑性大为提高，并对材料的电学、热学、磁学、光学等性能产生重要的影响，可用于车辆装甲防护、防弹背心、在高射武器方面如火炮、鱼雷等，纳米陶瓷可提高其抗烧结冲击能力，延长使用寿命。纳米陶瓷高耐热性、良好的高温抗氧化性、低密度、高断裂韧性、抗腐蚀性和耐磨性，对于提高航空发动机的涡轮前温度，进而提高发动机的推重比和降低燃料的消耗，有望成为舰艇、军用涡轮发动机高温部件的理想材料。

近年来，国内外对军用发动机用结构陶瓷进行了内容广泛的研究工作，如发动机增压器小型涡轮已经实用化；美国将陶瓷板镶嵌在活塞顶部，使活塞的使用寿命大幅度提高，同时也提高了发动机的热效率。德国在排气口镶嵌陶瓷构件，提高了排气口的使用效能。国外红外热成像仪上的微型斯特林制冷机活塞套和气缸套用陶瓷材料制造，其寿命长达 2 000 h；导弹用陀螺仪的动力靠火药燃气供给，但燃气中的火药残渣对陀螺仪有严重损伤，为消除燃气中的残渣并提高导弹的命中精度，需研究适于导弹火药气体在 2 000℃下工作的陶瓷过滤材料。

在兵器工业领域，结构陶瓷广泛应用于主战坦克发动机增压器涡轮、活塞顶、排气口镶嵌块等，是新型武器装备的关键材料。目前，20～30 mm 口径机关枪的射频要求达到 1 200 发/min以上，这使炮管的烧蚀极为严重。利用陶瓷的高熔点和高温化学稳定性能有效地抑制了严重的炮管烧蚀，陶瓷材料具有高的抗压和抗蠕变特性，通过合理设计，使陶瓷材料保持三向压缩状态，克服其脆性，保证陶瓷衬管的安全使用。

以上介绍了 9 种结构材料在军事装备中的应用，而这只是结构材料在军事装备应用中的一个缩影，其实军事装备的结构材料随着材料科学的不断向前推进，在不断地更新和改进，使军事装备满足各种需要和需求，不断向前发展。

4.3 功能材料在军事装备中的应用

功能材料是指除力学性能以外，通过光、电、磁、热、化学、生化等作用后具有特定功能的材料。在国外，常将这类材料称为功能材料（Functional Materials）、特种材料（Speciality Materials）或精细材料（Fine Materials）。功能材料涉及面广，具体包括光、电功能，磁功能，分离功能，形状记忆功能等。

功能材料根据材料的特征和用途，可以将功能材料定义为：具有优良的电学、磁学、光学、热学、声学、力学、化学、生物学功能及其相互转化的功能，被用于非结构目的的高技术材料。

功能材料本身的范围还没有公认的严格的界定，所以对它的分类就很难有统一的认识。比较常见的分类方法有以下几种。

(1)按照材料的化学键分类，可将功能材料分为功能性金属材料、功能性无机非金属材料、功能性有机材料和功能性复合材料。

(2)按照材料物理性质分类，可将功能材料分为磁性材料、电性材料、光学材料、声学材料、力学材料、化学功能材料等。

(3)按照功能材料的应用领域分类，可将功能材料分为电子材料、军工材料、核材料、信息工业用材料、能源材料、医学材料等。

4.3.1 光电功能材料

光电功能材料是指在光电子技术中使用的材料，它能将光电结合的信息传输与处理，是现代信息科技的重要组成部分。光电功能材料可以依据其组成成分的不同分为两大类：有机光电材料和无机光电材料。有机光电材料是一类具有大 π 共轭体系且含有较多碳原子的有机分子，可分为有机小分子和有机聚合物。而无机光电材料主要是半导体材料。

有机聚合物光电材料是具有大分子质量的有机化合物，这些化合物在光或电的作用下会展示出特殊的光电功能。

光电功能材料在军事工业中有着广泛的应用。某些半导体材料，当受到红外线照射时，其电导率将明显改变，即光电导效应，利用具有光电导效应的材料制成的红外探测器为光电导型探测器，例如碲镉汞（$Hg_{1-x}Cd_xTe$）、锑化铟（InSb）、硫化铅（PbS）、硒化铅（PbSe）和锗（Ge）等。例如硫化铅红外探测器的工作波段在 1～3 μm，是一种近红外探测器，可用于导弹制导、火焰探测、水分探测、红外分析等。

硫化锌（ZnS）、硒化锌（ZnSe）、砷化镓（GaAs）主要用于制作飞行器、导弹以及地面武器装备红外探测系统的窗口、头罩、整流罩等。硫化锌的禁带宽度则可达 3.7 eV。与其他重要的宽带隙半导体(如氮化镓 25 meV)相比,它具有较大的激子束缚能(ZnS～38 meV),远高于室温下的热能(26 meV),是制作紫外/蓝光发光器件的理想材料。ZnS 是人们最早发现的半导体材料之一。因其带隙宽、化学稳定性好、无毒环保、成本低等特点,广泛应用于光催化、光敏电阻、电/光致发光、非线性光学器件、传感器及注入激光中。国内外已将其运用至导弹头罩、飞机吊舱等多个领域。硒化锌内核的光纤是由美国宾夕法尼亚大学化学系教授约翰巴丁领导的科研小组研制成功的。这种光纤可以改良医学激光器,优化军事上使用的对抗激光器,改进环境感测激光器。巴丁解释说:"目前军队使用的激光雷达技术能控制波长为 2 μm 到 2.5 μm 范围的近红外线,能控制大于 5 μm 范围的中红外线就需要更加精密的设备了。而硒化锌光纤却可以传送波长为 15 μm 的光。"氟化镁具有较高的透过率、较强的抗雨蚀、抗冲刷能力,它是较好的红外透射材料。热压氟化镁在 3～5 μm 中波红外波段、2 mm 厚时其红外透过率可达 90%以上,是现有红外材料中自身透过率最高的。自 20 世纪 60 年代起,热压氟化镁开始用于以中波红外制导的导弹以及飞机的红外前视窗口、红外吊舱、光电雷达等系统中。其中比较有代表性的红外导弹如美国的"响尾蛇"导弹、俄罗斯的 R－7 导弹、法国的"西北风"导弹、以色列的"怪蛇"导弹等。

4.3.2　贮氢材料

贮氢材料是在适当的温度和压力下能大量可逆地吸收、释放氢的材料。在氢能系统中,贮氢材料作为氢的贮存与输送的载体,是一种重要的候选材料。贮氢可采用物理方法和化学方法。物理方法有液氢贮存、高压氢气贮存、活性炭吸附贮存、碳纤维和碳纳米管贮存、玻璃微球贮存、地下岩洞贮存等。化学方法有金属氢化物贮存、有机液态氢化物贮存、无机物贮存、铁磁性材料贮存等。

贮氢材料分为金属贮氢材料、非金属贮氢材料以及有机液体贮氢材料三大类。

金属贮氢材料又分为稀土系 AB_5 型、锆钛系 AB_2 型、钛系 AB 型、镁系 A_2B 型、钒系固溶体等。其中 A 是指能与氢形成稳定氢化物的放热型金属;B 是指具有氢催化活性的吸热型金属。对于 AB_x 型金属,当 x 由大变小时,贮氢量有不断增大的趋势;但与之相应的是反应速度减慢,反应温度增高、容易劣化。这类贮氢材料的贮氢量一般在 3%(质量分数)以下,无污染,安全可靠。例如 $LaNi_5$ 就是典型的贮氢材料,其吸氢后形成 $LaNi_5H_{6.5}$,贮氢量为 1.4%,吸氢量达,易活化、不易中毒、平衡压力适中、滞后小、吸放氢快。缺点是 La 的价格昂贵,且吸放氢循环过程中晶胞体积过度膨胀和收缩,从而导致合金严重粉化,容积衰减快。TiFe 是 AB 型贮氢材料的典型代表,其最大贮氢量可达 1.8%,但 TiFe 合金存在活化困难和抗杂质气体能力差的缺点。钒基固熔体主要指具有体心立方晶格的 V－Ti 基固熔体结构,优点是室温下贮氢量达 3.8%,活化快,抗粉化性能好等。

非金属贮氢材料。能大量可逆地吸放氢的非金属贮氢材料,如碳纳米管、石墨纳米纤维、高比表面积的活性炭、玻璃微球等,这些均属于物理吸附型,这种贮氢材料的吸氢量均大于金属吸氢材料,可达 5%～10%(质量分数)。

有机液体贮氢材料。某些液体,在合适的催化剂作用下,在较低压力、较高温度下可作为氢载体,达到液体贮存和输送氢的目的。其贮氢功能借助贮氢载体与氢气的可逆反应来实现,贮氢量可达 7%(质量分数)左右。

在兵器工业中,坦克车辆使用的铅酸蓄电池因容量低、自放电率高而需经常充电,此时维护和搬运十分不便。放电输出功率容易受电池寿命、充电状态和温度的影响，在寒冷的气候条件下，坦克车辆起动速度会显著减慢，甚至不能起动，这样就会影响坦克的作战能力。贮氢合金蓄电池具有能量密度高、耐过充、抗震、低温性能好、寿命长等优点，在未来主战坦克蓄电池发展过程中具有广阔的应用前景。例如美国的 M1A2 坦克则采用的是镍镉电池，其电池数目由原来的六块铅酸电池减为两块镍镉电池。节省下来的原四块铅酸电池的位置，安装了带有装甲保护的小型发电装置。

燃料电池作为军用车辆的动力可以取代内燃机，例如新型离子交换膜式紧密型燃料电池，采用贮氢材料 TiFeMn 贮氢罐供氢有三大优点：一是可以得到 99.999 9%的高纯氢；二是可以取消笨重的燃料化学处理装置，能量密度达 3.0～3.5 kg/kW，可满足军用重型车辆上应用时必须小于 10 kg/kW 的目标；三是贮氢后仅 0.5～1.0 MPa 压力，在战场上，即使贮氢罐被穿甲弹打穿，也不会起火爆炸。因此，贮氢燃料电池用于军用车辆具有特殊意义。

4.3.3 阻尼减震材料

阻尼材料是将固体机械振动能转变为热能而耗散的材料，主要用于振动和噪声控制。采用高阻尼功能材料的目的是减震降噪。因此阻尼减震材料在军事工业中具有十分重要的意义。

阻尼材料依据其特点，分为四类：橡胶和塑料阻尼板、橡胶和泡沫塑料、阻尼复合材料、高阻尼合金。

(1)橡胶和塑料阻尼板，此类阻尼材料应用较多的有丁基橡胶、丙烯酸酯、丁腈和硅橡胶、聚氨酯、聚氯乙烯和环氧树脂等。这类材料可以满足－50～200℃的使用要求，主要用作夹心层材料。

(2)橡胶和泡沫塑料，用作阻尼吸声材料，应用较多的有丁基橡胶和聚氨酯泡沫，通过控制泡沫大小、通孔或闭孔等方式达到吸声的目的。

(3)阻尼复合材料，用于振动和噪声控制，它是将前两类材料作为阻尼夹心层，再同金属或非金属结构材料合成各种夹层结构和梁等型材，经机械加工成各种结构件。

(4)高阻尼合金，其阻尼性能在很宽的温度和频率范围内基本稳定，应用较多的是铜-锌-铝系、铁-铬-钼系和锰-铜系合金。

国外金属阻尼材料的应用主要集中在船舶、航空、航天等工业部门。

在兵器工业中，坦克传动部分(变速箱、传动箱)的振动是一个复杂振动，频率范围较宽，高性能阻尼锌铝合金和减振耐磨表面熔敷材料技术的应用，大大减轻了主战坦克传动部分产生的振动和噪声。

在现代航天、航空工业中，阻尼材料主要用于制造火箭、导弹、喷气机等控制盘或陀螺仪的外壳，阻尼材料的使用，可以提高卫星、航天飞船发回信息的准确性和导弹命中的精确性，目前已被广泛应用于航天仪表中。在舰船领域中，阻尼材料用于制造推进器、传动部件和舱室隔板，有效地降低了来自于机械零件啮合过程中表面碰撞产生的振动和噪声。火箭和导弹的双曲率惯性平台壳体，用芯部为阻尼材料而板壳为金属材料组成的夹层结构代替原来带加强筋的整体厚壁金属壳体，在保持结构刚度基本不变的条件下，基频响应放大倍数可从 40 倍降低到 8 倍，结构重量减轻 20%。阻尼材料在各种继电器板、印刷电路板、电子仪器安装板中也得到了广泛的应用。

阻尼材料可在不改变舰船原有设计和设备的条件下进行有效减振降噪，从而可使舰船有效避开雷达和声呐的远程探测，从根本上提高舰船的隐身化水平，目前已成为各国研究的热点。美国海军采用 Mn－Cu 高阻尼合金制造潜艇螺旋桨，取得了明显的减振效果。除阻尼材料之外，降低噪音和防声呐探测的吸波阻尼涂料，也是研究的热点。阻尼涂料，因具有施工简单、对目标的外形适应性强和武器系统的机动火力性能影响小等优点备受各国重视。法国于1996年前后建造的护卫舰“拉菲特”号，通过船体及上层结构呈平滑设计，所有暴露部位都采用吸波涂料处理等措施，其雷达散射截面低于 1 000 m^2，与 500t 级的沿海巡逻舰相当。瑞典于 2000 年建造的 YS22000 系列隐身护卫艇，除采用隐身外形设计外，舰体采用吸波结构材料和涂覆吸波涂料，其 RCS 为几十平方米以下，达到全隐身的目标。苏联从 1958 年开始在 G 级 SSN 型潜艇上涂覆消声瓦吸收声呐波涂层，消声瓦利用空腔将声转化为热能而被消耗，是一种较为成熟的防声呐探测涂料。英、美采用 30～40 mm 的聚氨酯发泡材料加多孔材料制作吸声涂料，吸声率可达 70%～90%。

4.3.4　隐身材料

隐身技术是当今世界三大尖端军事技术之一，是一种通过控制和降低目标的信号特征，使其难以被发现、识别、跟踪和攻击的技术。隐身技术的最有效手段是采用隐身材料。武器装备如飞机、舰船、导弹等使用隐身材料后，可大大减少自身的信号特征，提高生存能力。对于地面武器装备，主要防止空中雷达或红外设备探测、雷达制导武器和激光制导炸弹的攻击；对于作战飞机，主要防止空中预警机雷达、机载火控雷达和红外设备的探测，主动和半主动雷达、空对空导弹和红外格斗导弹的攻击。

隐身材料按频谱可分为声、雷达、红外、可见光、激光隐身材料；按材料用途可分为隐身涂层材料和隐身结构材料。下面介绍几种隐身材料。

4.3.4.1　雷达吸波材料

雷达吸波材料是指能有效吸收入射雷达波，使目标回波强度显著衰减的一类功能材料。雷达吸波材料主要依靠材料吸收电磁波，降低目标的回波强度，实现减小目标雷达散射截面的隐身效果。雷达吸波材料中国外目前已实用以结构型雷达吸波材料和吸波涂料两类隐身材料最为重要。

1. 结构型雷达吸波材料

结构型雷达吸波材料是一种多功能复合材料，这种材料既可承受载荷，减轻结构重量，提高有效载荷，又能吸收雷达波。具有复合材料质轻、高强的优点，又能较好地吸收或透过电磁波，已成为当前隐身材料重要的发展方向。结构吸波材料中常用的纤维有玻璃纤维、Kevlar 纤维、碳纤维和碳化硅纤维等。在结构吸波材料领域，以美国和日本的技术最为先进，尤其在复合材料、碳纤维、陶瓷纤维等研究领域，日本显示出强大的技术实力。英国的 Plessey 公司也是该领域的主要研究机构。

用结构型雷达吸波材料制造隐身飞机机身、机翼、导弹壳体以及飞行器某些特殊部位和高温部位，如头锥、发动机、喷嘴等需要耐高温和耐高速热气流的冲击的部组件，能大大减少隐身飞行器雷达散射截面。国外的一些军机和导弹均采用了这种材料，如 SRAM 导弹的水平安定面，A－12 机身边缘、机翼前缘和升降副翼，F－111 飞机整流罩，B－1B 和美英联合研制的鹞-Ⅱ飞机的进气道，以及日本三菱重工研制的空舰弹 ASM－1 和地舰弹 SSM－1 的弹翼等。

美国空军研究发现将 PEEK(聚醚醚酮)、PEK(聚醚酮)和 PPS(聚苯硫醚)抽拉的单丝制成复丝分别与碳纤维、陶瓷纤维等按一定比例交替混杂成纱束,编织成各种织物后再与 PEEK 或 PPS 制成复合材料,具有优良的吸收雷达波性能,又兼具有重量轻、强度大、韧性好等特点。据称美国先进战术战斗机(ATF)结构的 50%将采用这一类结构吸波材料,材料牌号为 APC(HTX)。美国海军采用混杂纱 PEEK 结构隐身材料制造潜水艇艇身,潜水能力可相当于苏联最新钛壳潜水艇,而且对吸收和屏蔽电磁波效果很好。

SiC 纤维特别耐高温,可在 1 200 ℃下长期工作。其突出优点是强度大、韧性好和热膨胀率低,密度与硼相当,重要的是还具有吸波特性。当 SiC 纤维电阻率在 101～103 Ω・cm 时,具有最佳的吸波性能。SiC 纤维与 PEEK 混杂增强的结构材料,特别适宜制造隐身巡航导弹的头锥、火箭发动机壳体等部件。洛克希德公司已用 SiC 纤维编织物增强铝板,制造隐身战斗机 YF-2 的 4 个直角尾翼。

当今世界唯一一种隐身战略轰炸机——美国的 B-2 隐形战略轰炸机,其飞机机身和机翼蒙皮的雷达吸波结构,其使用了非圆截面(三叶形、C 形)碳纤维和蜂窝夹芯复合材料结构。在该结构中,吸波物质的密度从外向内递增,并把多层透波蒙皮作面层,多层蒙皮与蜂窝芯之间嵌入电阻片,使雷达波照射在 B-2 的机身和机翼时,首先由多层透波蒙皮导入,进入的雷达在蜂窝芯内被吸收。该吸波材料的密度为 0.032 g/cm^3,蜂窝芯材在 6～18 GHz 时,衰减达 20 dB。英国 Plessey 公司的"泡沫 LA-1 型"吸波结构以及在这一基础上发展的 LA-3,LA-4,LA-1 沿长度方向厚度在 3.8～7.6cm 变化,厚 12 mm 时重 2.8 kg/m^2,用轻质聚氨酯泡沫构成,在 4.6～30 GHz 内入射波衰减大于 10 dB;Plessey 公司的另一产品 K-RAM 是一种新型的可承受高应力的宽频结构型雷达吸收材料,其主要性能特点是力学强度高,由含磁损填料的芳酰胺纤维组成,并衬有碳纤维反射层,厚 5～10 mm,重 7～15 kg/m,在 2～18 GHz 衰减大于7 dB。美国 Emerson 公司的 Eccosorb CR 和 Eccosorb MC 系列有较好的吸波性,其中CR-114及 CR-124 已用于 SRAM 导弹的水平安定面,密度为 1.6～4.6 kg/m^3,耐热 180℃,弯曲强度 1 050 kg/cm^2,在工作频带内的衰减为 20dB 左右。日本防卫厅技术研究所与东丽株式会社研制的吸波结构,由吸波层(由碳纤维或硅化硅纤维与树脂复合而成)、匹配层(由氧化锆、氧化铝、氮化硅或其他陶瓷制成)、反射层(由金属、薄膜或碳纤维织物制成)构成,厚2 mm,10 GHz时复介电数为 14－j24、样品在 7～17 GHz 内反射衰减＞10 dB。日本隐身战斗机 FSX 机翼蒙皮是采用三菱公司研制的一种 150 层碳纤维整体式结构型吸波复合材料。

2.雷达吸波涂料

通过涂装降低物体可被识别特征的涂料,即隐身涂料,也称为雷达吸波涂料。雷达吸波涂料实质上是一种高分子复合涂料,它是以高分子溶液或乳液为基料,把吸波剂和其他附加成分分散加入其中而制成,或者高分子溶液(或乳液)本身具有吸波功能。

目前,应用于飞机吸波涂料比较多。如铁氧体吸波涂料价格低廉,吸收能力强,应用广泛;羰基铁吸波涂料为磁损耗型吸波材料,吸收能力强,应用方便,但面密度大;陶瓷吸波涂料,密度较低,吸波性能好;放射性同位素吸波涂料,涂层薄且轻,具有吸收频带宽、耐用性好、能承受高速空气动力等优点,是飞机用理想的吸波涂料;导电高分子吸波涂料涂层薄且易维护,吸收频带宽,是一个较新的研究领域。纳米吸波涂料成为隐身涂料新的亮点,它是一种极具发展前景的涂料,一般由无机纳米材料与有机高分子材料复合,通过精细控制无机纳米粒子均匀分散在高聚物基体中,以制备性能更加优异的新型涂料。其机械性能好,面密度低,是高效的宽频带吸波涂料，可以覆盖电磁波、微波和红外，并能增强腐蚀防护能力，耐候性好，涂装性能优异。基于以上优点，各国竞相在此领域投入人力、物力开发研制。手征吸波涂料是近几年来隐身涂料领域研究的热点。自1987年美国宾州大学研究人员首次提出“手征性具有用于宽频吸波材料的可能性”以来，手征吸波涂料得到进一步发展。它与一般吸波涂料相比，具有吸波频率高、吸收频带宽的优点，并可以通过调节旋波参量来改善吸波特性，在提高吸波性能、扩展吸波带方面具有很大潜能。隐身涂料主要有以下几种。

(1) 铁氧体系列吸波涂料。铁氧体系列吸波涂料主要应用的吸收剂是尖晶石型铁氧体和六角晶系铁氧体，是一种比较成熟的技术，目前国外航空器的雷达吸波涂层大都属于这一类。这种涂层在低频段内有较好的吸收性。其吸波机理是自然共振，即在不外加恒磁场的情况下，由入射交变磁场的角频率和晶体磁性的各向异性等效场决定的本征频率相等产生进动共振，从而大量吸收电磁波能量。目前已研制并广泛应用的有 Ni - Zn，Li - Zn，Ni - Mg - Zn，Mn - Zn，Li - Cd，Ni - Cd，Co - Ni - Zn，Mg - Cu - Zn 等铁氧体。美国 Condictron 公司的铁氧体系列涂料，厚 1 mm，在 2～10 GHz 内衰减达 10～12 dB，耐热达 500℃；Emerson 公司的 Eccosorb Coating 268E 厚度 1.27 mm，重 4.9 kg/m^2，在常用雷达频段内(1～16 GHz)有良好的衰减性能(10 dB)。美国的 F - 117A 战斗机就应用了一种铁氧体吸波涂料，B - 2 隐身轰炸机和 TR—1 高空侦察机都部分使用了铁氧体涂料作吸波涂层。日本在研制铁氧体吸波涂料方面处于世界领先地位，所研制的一种双层结构吸波涂料，在 1～ 2 GHz，雷达波反射率衰减可达 20 dB。日本 NEC 公司研究的一种铁氧体吸波涂料，在雷达波反射率为－10 dB 时，频带宽度为 7 GHz(6～ 13 GHz)，在雷达波反射率为－20 dB 时，频带宽度为 3.7 GHz(8.5～ 12.2 GHz)，这种吸波涂料由 2 层组成，总厚度为 4.7 mm。

(2)羰基金属微粉吸波涂料。羰基金属微粉吸波涂料的主体吸收剂为具有磁性的羰基金属微粉，主要包括羰基铁、羰基镍和羰基钴等，粒度一般为 0.5～20μm。这种吸波涂料的损耗机理主要为铁磁共振吸收，具有较大的磁损耗角，以涡流损耗、磁滞损耗、剩余损耗机制衰减和吸收雷达波。羰基金属微粉同时具有自由电子吸波和磁损耗，因而从理论上讲，比铁氧体具有更好的吸波性能，但是存在以下缺点：抗氧化、耐酸碱能力差，低频段吸收性能较差，密度较大，吸收剂体积占空比一般大于 50%。目前，主要使用的是微米级(1～10 μm)的 Fe，Co，Ni 及其合金粉，例如法国巴黎大学研究了微米磁性 Ni，Co 粉末，在 1～ 8 GHz 有强吸收。欧洲 GAMMA 公司研制了一种新型吸波涂料，这种吸波涂料采用以羰基铁单丝为主的多晶铁纤维作为吸收剂，可在很宽的频带内实现高吸收率，由于这种吸收剂体积占空比为 25 %，因此重量可减轻 40%～60%。目前，该吸波涂料已应用于法国国家战略防御部队的导弹和飞行器，同时正在验证用于法国下一代战略导弹弹头的可能性。

(3)纳米吸波涂料。由于纳米材料在具有良好吸波特性的同时还具有频带宽、兼容性好、面密度低、涂层薄的特点是当前各军事强国研究的热点。纳米吸收剂的界面效应、量子尺寸效应，产生磁滞损耗、界面极化、多重散射及分子分裂能级激发等的吸波机制。美、俄、法、德、日等国都把纳米材料作为新一代隐身材料加以研究和探索。

美国研制了一种“超墨粉”吸波涂料，对雷达波的吸收率可达 99%。美国 Silks 公司将一种超细陶瓷球粉体添加在普通的漆中，喷涂在飞机和车辆上，可以提高隐形能力，还可以涂覆在电子装备上来对付电子干扰。法国研制成功一种宽频谱微波吸收涂层，该涂层由黏合剂和纳米级微粉填充材料构成，具有良好的磁导率，在 50 MHz～ 50 GHz 频率范围内吸收性能较好。法国最近研制成功的CoNi纳米吸收剂在0.1～18 GHz范围内，μ'和μ''均大于6，制备的吸波涂层在50 MHz～50 GHz频率范围内具有良好吸波性能。有人采用化学法成功制备了FeB超细非晶合金颗粒，并对其吸波性能进行了研究，结果表明，这种纳米颗粒具有较大的磁损耗，是一种有应用潜力的吸波材料。

(4)导电高聚物吸波涂料。近几年来，研究发现导电高聚物具有比重轻、电磁参数可调、稳定性好等优点，通过改变高聚物吸收剂的主链结构、掺杂剂的性质与浓度，能够使其电导率在绝缘体、半导体和金属导体之间变化。导电高聚物吸波涂料主要利用某些高聚物吸收剂所具有的共轭π电子与高分子电荷转移络合物之间的作用，实现在特定雷达波段的阻抗匹配和电磁损耗。研究的重点是视黄基席夫碱及其络合物，特别是芳香族的对苯二胺席夫碱和脂肪族的乙二胺席夫碱，吸收频带较宽。视黄基席夫碱盐是一种含有碳一氮双键结构的有机高分子聚合物，具有很强的极性，雷达波被这种盐吸收时，能量可迅速转变为热能耗散掉。某种特定类型的盐可吸收特定波长的雷达波，通过对不同的视黄基席夫碱盐进行改进和组合，可实现较宽频带的电磁波吸收。美国Carnegie Mellon大学采用视黄基席夫碱盐制成的吸波涂层可使目标的RCS减缩80%，而其比重只有铁氧体的10%，其线型多烯主链上含有连接二价基的双链碳-氮结构，据称涂层可使雷达反射降低80%，有报道说这种涂层已用于B-2飞机。目前，国外新研究方向有以碘经电化学或离子注入法掺杂的聚苯乙炔、聚乙炔和聚对苯撑-苯并双噻唑以及聚吡咯、聚苯胺、聚对亚苯、聚苯硫、聚噻吩等导电高聚物吸波涂料。美国信号产品公司(Signature Products Company)开发了一种可用来适应5～200 GHz雷达的吸波涂料，它以具有喷涂功能的高分子聚合物为基体，用具有极好的吸收雷达波特性的氰酸酯晶须和导电高聚物聚苯胺的复合物作吸收剂。其涂层具有易维护、吸收频带宽、涂层薄、质量好等优点。

(5)多晶铁纤维吸波涂料。多晶铁纤维包括铁纤维、镍纤维、钴纤维及其合金纤维，有独特的形状特征和复合损耗机理(磁损耗和介电损耗)，具有重量轻(面密度小于2 kg/m^2)、频带宽等优点。通过调节纤维的长度、直径及排列方式，易于调节吸波涂料的电磁参数。多晶铁纤维在微波低频段的吸波性能尤为突出，当纤维含量仅为10%(体积分数)时，厚度为3 mm的涂层在1～2 GHz内吸收率大于7dB，而当纤维含量增加到20%时，其吸收率高达50 dB。在吸波涂层中也经常加入各种导电纤维，如铜纤维、碳纤维等，其主要作用是作为偶电极存在，通过与入射电磁场的相互作用，引起能量的吸收和辐射，从而提高涂层的吸波性能，降低涂层厚度与重量，拓宽吸收频带。美国3M公司研制的一种多晶铁纤维吸波涂层中纤维体积比为25%，在5～16 GHz雷达波反射率小于－10 dB，在9～12 GHz反射率小于－30 dB。

应用于隐身的现代隐身技术，除了热红外线和自身电磁隐身外，主要使用新型吸收波材料，即在飞机表面涂料抹能大量吸收雷达波的新型介质材料，将雷达电磁波吸收，使雷达无法发现。美国的F-117战斗机采用6种吸波材料，机身机翼和V型垂尾外表面贴吸波薄板或铁氧体复合涂层，起到很好的隐身效果，在1991年的海湾战争中出动1 000多架次而无一受损，在国际上引起了极大的反响，可见隐身材料在高技术战争中的地位。美国隐形的21世纪新型战舰BFC，也广泛使用吸波复合材料结构件修饰上层的凸起部分从而达到可见光隐形和雷达隐形的目的。F-117S型战机进气管内壁涂有吸收涂层，进气口外有护栅，护栅涂有吸波涂层。美国空军服役的F-16C/D和荷兰的F-16A/B都做了隐身改进，改进项目有：垂尾改用双马来酰亚胺吸波复合材料制作；座舱盖内侧壁溅涂有金黄色吸波涂层。B-2轰炸机的进气道采用能吸波的C/C材料制造，机身和机翼蒙皮采用特殊碳纤维和玻璃纤维增强的多层蜂窝夹芯结构吸波复合材料制备。陶瓷材料的高机械强度、化学稳定性及吸波功能，能满足隐身要求，已被广泛用作吸收剂。例如 F－117 隐身飞机的尾喷管上用的就是陶瓷吸波材料，可以承受 1 093℃的高温，法国采用陶瓷复合纤维制造了无人驾驶的隐身飞机。根据潜艇应用条件对材料附着力、耐水性、耐水压等物理机械性能的要求，选用氯磺化聚乙烯橡胶做基体，我国成功研制了 XFT－2 型雷达吸收复合材料，能够满足潜艇雷达隐身要求。随着探测技术及通信技术的发展，吸波复合材料的应用范围将越来越广。

4.3.4.2　红外隐身材料

红外隐身技术在隐身技术中具有重要的地位，而红外隐身涂层又是红外隐身材料研究的重要内容之一，其主要作用是消除背景与军事目标的红外反射或红外发射的差别，从而最大限度地降低目标与背景之间的对比度，尽可能减少被探测发现的概率。红外隐身材料是指具有隔断目标的红外辐射能力，同时在大气窗口波段内，具有低的红外发射率和红外镜面反射率的隐身材料。红外隐身材料主要用于车辆、舰艇、军用飞机及其他军用设施，使这些装备和设施的红外辐射与背景基本达到一致，敌方的红外探测器难以分辨。

按照材料的功能特征，红外隐身材料可分为低红外发射率材料、控温材料等。

1. 低红外发射率材料

低红外发射率材料又分为低红外发射率涂料及薄膜。

(1)低红外发射率涂料。低发射率材料通过调节目标表面发射率来控制红外辐射强度，材料形式以涂料为主，是红外隐身材料最主要的研究领域。低红外发射率涂料能降低目标自身的热辐射，同时具有使用方便、施工工艺简单等特点。低红外发射率涂料主要由红外低辐射填料和低吸收或透明黏合剂两部分组成。

低辐射填料是低红外发射率涂料的主要组成部分。填料的组成、尺寸形貌以及在涂层中的分散状态等都会直接影响低红外发射率涂料的辐射性能。不透明体的反射率越高，发射率越低。常用的有 Al 粉、Cu 粉、Fe 粉、Zn 粉、Au 粉、Ag 粉、Ni 粉等。

黏合剂一般有无机和有机黏合剂两种，虽然黏合剂对吸波涂层的电性能的影响很小，但对涂层红外辐射性能却有较大影响。有文献指出，红外隐身涂层在热红外波段的吸收能力至少有 60％取决于黏合剂。

(2)低红外发射率薄膜。低红外发射率薄膜是另一类有发展前景的红外隐身材料，也是目前国内外研究的热点。这类材料例如半导体掺杂膜、金属薄膜、塑料光学薄膜、复合膜、碳膜和氮化硼膜等。这些薄膜均有可能达到极低发射率同时也可通过控制材料载流子密度等参数来制得不同的发射率的薄膜。这种低发射率薄膜可制成热红外迷彩膜，也可以用做散热红外隐身膜和透气隐蔽材料。按结构可分为金属膜、掺杂半导体膜、电介质/金属多层复合膜等。

2. 控温材料

红外辐射强度与物体表面温度的四次方成正比，对温度变化更加敏感，控温材料即是通过控制材料表面温度来调节其红外辐射强度。控制温度的红外隐身材料可简称为控温材料，主要包括隔热材料、吸热材料和相变材料。

隔热材料在红外隐身领域已得到了广泛应用，如针对目标的强热源部位的辐射抑制等。隔热材料用来阻隔装甲车、坦克等军事装备发出的热量使之难于向外传播，从而降低装备的红外辐射强度，缩短了探测距离。隔热材料可分为三类，分别为多孔材料、镀金属薄膜和真空材料。多孔材料是利用材料本身所含导热系数很低的空气或惰性气体的孔隙隔热，如泡沫材料、纤维材料等;镀金属薄膜具有很高的反射系数,能将热量反射回去,如镀金属的聚酯、聚酰亚胺薄膜等。真空绝热材料是利用材料的内部真空达到阻隔对流来隔热。例如美国 B-2 隐身轰炸机上采用了 50%～60%的隔热复合材料。吸热材料利用高焓值、高熔融热、高相变热贮热材料的可逆过程,使热辐射源升温过程变得平缓,减少升温引起的红外辐射增强。

吸热材料也可用于吸收目标发动机排气流及其尾焰产生的红外辐射,在排气口中加入适量的含金属化合物微粒的环氧树脂、聚乙烯树脂等可发泡高分子等物质,它们在空气中遇冷便雾化成悬浮泡沫塑料,可以实现对尾气红外辐射的吸收,从而减小被红外探测识别的概率。

相变材料是指随温度变化而改变形态并能提供潜热的物质,相变材料在其物相变化过程中,可以吸收环境的热(冷)量,并在需要时向环境放出热(冷)量,从而控制目标的温度,最终达到红外隐身的目的。

飞机的红外隐身主要是消除飞机热辐射,热辐射主要产生于发动机,发动机喷口和排气气流等。在机身上涂上能隔热和抗红外辐射成分的红外吸收材料,可降低机体的热辐射,减少对方红外探测器发现的概率;在飞机与发动机之间采用隔热材料等。

地面武器装备主要是坦克,装甲车和其他军用车辆。由于目标的红外辐射主要源于发动机和排放废气,火炮射击时炮管、履带与地面摩擦,以及受阳光照射而产生的热。目前对地面目标的红外隐身所采用的主要措施有使用特殊红外涂料,红外变频材料以及采用隔热法和红外图形迷彩等。

低红外发射率柔性隐身材料是实现人体隐身的关键技术,通过选择适宜的不同发射率材料,并进行图案设计,才能分割热像图,实现红外隐身。降低人体红外辐射强度。即热抑制技术也是非常重要的热红外隐身途径。通常采用具有吸热、隔热功能的纤维织物来实现。美国特立屈公司(Teledync Industries Inc) 设计出一种红外隐身效果较好的隐身服,它由多层涂层织物复合加工而成。基布采用多孔尼龙网,并在表面镀银,再在基布上粘贴具有不同红外发射率的布条,布条的一端可以自由飘动,同时控制布条表面涂层面积的大小和形状。这种隐身服可以与背景保持一致,从而保证人体的红外特性难于被红外探测器探测到。

海上目标主要是各类舰船,其热辐射主要产生于烟囱、发动机烟道、经由烟道排出的燃油废气和火舌等。由于海面大气有特殊的红外特征,形成了以 4 μm 及 10 μm 两处为中心的红外窗口,所以舰船的红外隐身包括降低舰船本身的红外辐射和改变其红外辐射的波段。

目前,美国在这项领域的研究水平已经领先于世界各国。在航空领域,许多国家都已成功地将隐身技术应用于飞机的隐身;在常规兵器方面,美国对坦克、导弹的隐身也已开展了不少工作,并陆续用于装备,如美国 M1A1 坦克上采用了雷达波和红外波隐身材料,苏联 T-80 坦克也涂敷了隐身材料。AQM-137 导弹也采用了隐身材料。

4.3.4.3 可见光隐身涂料

可见光隐身涂料又称视频隐身技术,弥补了雷达隐身和红外隐身的不足,它针对人的目视、照相、摄像等观测手段而采取的隐身技术,其目的是降低飞机本身的目标特征,较少目标与背景之间的亮度、色度和运动的对比特征,达到对目标视觉信号的控制,以降低可见光探测系统发现目标的概率。它要求目标的反射率尽可能与周围环境的反射率一致,因此,可见光隐身涂料通常采用迷彩的方法使飞机隐身,如保护迷彩、仿造迷彩、变形迷彩。保护迷彩适合于单色背景上的固定目标和小型目标;仿造迷彩用于多色背景上的相对固定的目标;变形迷彩用于多色背景上的活动目标。另一种可见光隐身是伪装遮障,遮障可模拟背景的电磁波辐射特性,使目标得以遮蔽并与背景相融合，是固定目标和运动目标停留时最主要手段，而迷彩涂料是这种技术应用的重要组成。总而言之，可见光隐身涂料应用广泛，使用方便、经济，是飞机隐身涂料发展中比较成熟的技术。

可见光隐身材料通常由铝粉、多金属氧化物粉和有机物复合而成，或由掺杂的半导体材料构成，可形成与背景颜色相匹配的迷彩图案，满足可见光隐身的要求。

4.3.4.4　激光隐身材料

激光隐身材料用来对抗激光制导武器、激光雷达和激光测距机，要求这些材料对激光的反射率低可吸收率高。

对隐身材料来说，对某种探测手段的隐身性能好，往往对另一种探测手段的隐身性能就不好，即隐身材料的相容性问题。为解决这个问题，研制了兼容型隐身材料，如雷达波、红外兼容隐身材料；红外、激光兼容隐身材料；雷达波、红外、激光等多种兼容的隐身材料，这是当前隐身材料的发展方向。

4.3.5　智能材料

智能材料是把传感器、制动器、光电器件和微型处理机等埋在复合材料结构中，使之具有感知周围环境变化，并据此自诊断、自适应、自修复、自愈合和自决策功能的复合材料。智能材料现已成为当前材料研究的新热点。

飞机上采用的智能结构是由各种智能材料制成的传感元件、处理元件和驱动元件组成，而这三个组成部分相当于人的神经、大脑和肌肉。格鲁曼公司将光导纤维埋入树脂基复合材料制成机翼以提高飞机效率，这些光导纤维能像神经那样感知机翼上因气候条件变化而引起的压强变化，根据光传输信号进行处理后发出指令，通过驱动元件驱动机翼前缘和后线自行弯曲。而驱动可通过电流由压电陶瓷变形来实现，也可通过磁场由磁致伸缩材料变形来实现，或通过加热由形状记忆合金发生位移来实现。智能材料压电陶瓷制成的传感器和驱动器可解决机翼和尾翼的颤振问题，例如 F/A－JSE/F 垂尾的振动试验表明，振动减少了 80％。

在地面作战中，若要使坦克不被击中，除了提高机动性能外，更重要的是发展“主动装甲”系统，即能预先识别目标，并利用诱饵触发和物理摧毁方法破坏来袭兵器。它由复合材料制成，即在复合装甲中引入敏感、传感、微电子等材料和技术而构成的多功能智能材料系统。将新的控爆材料、轻质多孔隔热、隔音、防火与防冲击等材料用于坦克装甲车辆，还可以保证车辆中弹后能继续战斗。

智能材料还将在其他领域发挥它的聪明才智，例如美国正在制造一种小型智能炸弹，可使一架重型轰炸机同时精确攻击数百个独立目标，还准备给这种炸弹装上智能引信，巧妙地做到“不见目标不拉弦”。

智能材料虽然尚处于早期开发阶段，但正孕育着新的突破和大的发展。设计和合成智能材料需要解决许多关键技术问题。智能材料这一复杂体系的材料的制备过程应能仿照物理、生物等模型，确保在设计的结构层次上将多种功能集于一体，建立起传感、驱动和控制网络，通过建立数学或力学模型，并进一步优化材料性质。

4.3.6　军用新材料的发展趋势

复合材料已广泛应用于飞机、火箭、人造卫星等国防工业的各个领域。在兵器高技术的迅速发展过程中，先进军用复合材料是国际兵器高新技术发展的基础。对军用新材料的需求主要体现在：①用于极端环境条件下的材料；②用于先进武器的轻型材料；③用于特殊要求的新型功能材料；④长寿命、可重复使用、高可靠性和低成本的材料等。

作为武器系统载体的军用新材料技术，必须满足各种武器装备对强度、刚度、重量、速度、精度、生存能力、信号特征、维护、成本和通用性的要求。军用复合材料正向着低成本、高性能、多功能和智能化方向发展。军用新材料发展趋势体现在以下几个方面：一是复合化，通过微观、介观和宏观层次的复合，大幅度提高材料的综合性能；二是低维化，通过纳米技术制备纳米颗粒（零维）、纳米线（一维）、纳米薄膜（二维）等纳米材料和器件，以实现武器装备的小型化；三是高性能化，通过材料的力学性能、工艺性能以及物理、化学性能的提高，实现综合性能不断优化，为提高武器装备的性能奠定物质基础；四是多功能化，通过材料成分、组织、结构的优化设计和精确控制，使单一材料具备多项功能，以达到简化武器装备结构设计，实现小型化、高可靠性的目的；五是低成本化，通过节能、改进材料制备和加工技术、提高成品率和材料利用率等方法降低材料制备及应用成本。

第5章　化学推进剂

5.1　推进剂概论

推进形式按照使用的能源类型可分为化学能、核能、太阳能和电能推进等方式。化学能使火箭、导弹推进最常用的能源。迄今为止，世界各国可使用的火箭和导弹推进剂都是化学推进剂。化学推进剂在发动机的燃烧室内进行燃烧或分解，产生大量热能和小相对分子质量的燃气，生成高温、高压气体，通过发动机喷管进行膨胀并高速喷出，从而把释放的化学能转变为动能，推动火箭、导弹的飞行或进行航天器的姿态控制、速度修正、变轨飞行等。其燃烧工质即化学推进剂。化学推进剂按其形态可分为固体推进剂、液体推进剂、混合推进剂、凝胶或膏体推进剂等。随着推进技术迅速发展，正在研究的有核推进、电推进、自由基推进、光子推进等推进技术。本节主要介绍常用的液体推进剂和固体推进剂。

5.1.1　液体推进剂发展概况

与固体火箭相比，液体火箭发展较晚，1900年以后各国才开始研究，俄国的齐奥尔科夫斯基和德国的H·阿伯尔等创立了火箭理论，他们建立了许多火箭构造、星际航行的新概念，并提出了近代液体发动机的再生冷却夹套燃烧室，以及用氧、液氧、氢、汽油、酒精、柴油等作推进剂。液体火箭的迅速发展是从二战期间开始的，德国工程师布劳恩负责领导此工作，1937年开始进行“A”系液体火箭的研究，用液氧和酒精作推进剂，并用过氧化氢作涡轮工质。1942年进行了“A－4”型火箭的首次飞行试验，射程为300 km，这就是著名的“V－2”火箭。二战后，苏联、美国、英国及中国的第一代液体火箭，实际上都是在“V－2”火箭的基础上发展起来的，从20世纪50年代到现在，各国对氟类、硼类、肼类、烃类及液氢等液体推进剂都先后展开了全面研究，给第二、三代液体火箭发动机的发展创造了良好条件，并促进了洲际导弹、人造卫星和宇宙飞船的飞跃发展。

我国于20世纪50年代开始了液体火箭、导弹及其推进剂的研制工作。

当前，液体推进剂在进一步向高能发展过程中，但遇到了剧毒、强腐蚀、易燃易爆、环境污染、生产工艺及材料相容性等重重关卡，进展迟滞。但是，在宇航领域，液体火箭有其独特的优越性，例如比推力较大，推力可调节，能多次重复起动和关机等，使其在运载火箭、姿轨控制、末修系统等领域中得到广泛使用并占据主导地位。液体推进剂今后的发展方向是使廉价、无毒的推进剂代替相对较为昂贵、有毒的推进剂，因此，廉价氢及各种碳氢燃料的制备技术将会得到重视和发展。

5.1.2　固体推进剂发展概况

其实，固体推进剂的使用在中国是有记载的，我国汉代、晋代已有了火药的雏形，隋末唐初已有文字记载，唐代炼丹家孙思邈(581—682年)著有《丹经》《备急千金要方》等书，在《丹经》"伏火疏磺法"中首次记述了黑火药的配方，即硫黄、硝石及木炭制成黑火药，即中国的四大发明之一，其能量只有2 929 kJ/kg左右，射程约为6 000 m。13世纪后黑火药才先后传入阿拉伯地区和欧洲，14世纪中期，欧洲才有应用火药和火药武器的记载，详见刘旭著《中国古代火药火器史》。

尽管火药有如此悠久的历史，但发展甚为缓慢。直到18世纪末和19世纪初，正值西方资本主义萌发和发展时期，工业和各项技术发展十分迅速，作为一门科学的化学也迅速发展起来，在此基础上，火药和炸药的研究，制造和应用才有空前的发展。1832年法国化学家布拉克诺用浓硝酸与亚麻、淀粉、木屑以及棉花作用，制得一种硝化纤维素，1846年意大利化学家所布列罗发明了硝化甘油，为均质固体推进剂的发展提供了条件。诺贝尔在1890年以硝化甘油增塑硝化纤维素首先制成了双基药。从1890年直到二次世界大战初期，这种双基火药主要是用作枪、炮发射药。这种药的制造工艺主要采用溶剂挤压法制造出来的，不能使用于火箭装药。20世纪30—40年代，一种无溶剂挤压工艺问世，可以制造出直径大约半米的药柱，从而促进了战术火箭的发展，苏联和美国于1935年和1940年开始用双基推进剂来发展固体火箭，这是火药发展的一个重要里程碑。

1942年第一个复合固体推进剂在美国加利福尼亚工学院的实验室诞生，它是由过氯酸钾颗粒均匀分散到融化的沥青中所制成的，它是一种高能固体推进剂，但燃速可调范围小。过氯酸钾和融化的沥青混合物可以直接浇入火箭发动机中，称为壳体黏结结构，使推进剂的制造工艺又有新的发展。这种浇铸工艺，使得药柱尺寸和形状不受明显地限制，因此可用此法生产大型药柱，使中程和洲际固体导弹的研制成为可能，可以认为这是火药发展史上的第三个里程碑。

20世纪50年代中期至20世纪60年代，为满足战略导弹和大型助推器对高能固体推进剂的需要，发展了聚氨酯(PU)推进剂。随后又出现了聚丁二烯丙烯酸(PBAA)推进剂，聚丁二烯丙烯酸丙烯腈(PBAN)推进剂。同时在双基和复合推进剂的基础上发展了复合改性双基(CMDB)推进剂、交联改性双基(XLDB)推进剂、复合双基(CDB)推进剂和弹性体复合双基(EMCDB)推进剂。

20世纪70年代出现的端羟基聚丁二烯是能量和力学性能均优的复合推进剂。20世纪70年代末至80年代初，为满足战略导弹MX的要求，美国研制成功NEPE推进剂，该推进剂突破了双基和复合推进剂在组成上的界限，集两类推进剂的精华于一体，在能量和力学性能方面超过了现有各种固体推进剂，是现有装备推进剂中能量最高的一种推进剂，代表着近期固体推进剂的发展方向。

未来的固体推进剂是向着高能方向发展，例如高能黏合剂叠氮缩水甘油醚(GAP)、3-叠氮甲基-3-甲基氧丁烷(AMMO)、3,3-叠氮甲基氧丁烷(BAMO)等，新型氧化剂二硝酰胺铵(ADN)、硝仿肼(HNF)等，含能添加剂例如六硝基六氮杂异伍尔兹烷(CL-20)、叠氮三嗪类化合物(例如TAT)、叠氮四嗪类化合物(例如DAT)，叠氮三唑类化合物等。这些化合物的成功合成，促进了高能固体推进剂技术的发展，其应用无疑将使未来推进剂性能达到一个更高的水平。

5.2 液体火箭推进剂之氧化剂

5.2.1 液体推进剂简介

能给喷气发动机或火箭发动机提供能量使其产生推力的所有燃烧剂和氧化剂以及单元推进剂统称推进剂。进入发动机推力室前是液体者称为液体推进剂。液体推进剂分为单元推进剂、双元推进剂。单元推进剂中仅含有进行燃烧或分解过程必需的各种元素的一种单相液体化合物或混合物,例如硝酸异丙酯、混酯、无水肼及过氧化氢等。双元液体推进剂是由两种组分即氧化剂和燃烧剂组成的液体推进剂,例如硝酸-27S和偏二甲肼、四氧化二氮和偏二甲肼、硝酸-20S和混胺-02等。氧化剂和燃烧剂分开贮存,进入火箭燃烧室前不相混合,需要两套输送系统和控制系统。

液体推进剂发展到今天,燃料、氧化剂、单组元推进剂共有数十种,但真正得到实际应用的推进剂为数不多。由于液体推进剂具有能量高、价格低、推力易于调节、氧化剂与燃料能接触自燃并能重复点火等特点,故在各种战术、战略导弹系统,尤其是在大型运载火箭、各种航天器的姿态控制系统中得到广泛使用。例如,液氧/酒精组合推进剂,因为它的燃烧温度低,容易组织发动机的冷却,所以最早被应用于V-2火箭。但液氧/酒精能量低,故随后发展了液氧/煤油组合推进剂,它们应用于美国的雷神、大力神及发射登月舱的大型运载火箭,也用于苏联的许多导弹及联盟号运载火箭上。但是液氧/酒精、液氧/煤油均不能贮存,不能接触自燃,这给导弹使用带来不便,因而为了提高导弹的作战性能,发展了能长期贮存并能接触自燃的硝基氧化剂和肼类燃料。其中,四氧化二氮/混肼用于美国大力神-Ⅱ洲际导弹,硝酸/偏二甲肼用于苏联的SS-19,SS-9等导弹,肼单组元推进剂、四氧化二氮/甲基肼双组元姿控推进剂用于数十种航天器上。

液体推进剂按化学组成分为双组元液体推进剂和单组元液体推进剂;按点火方式分为非自燃液体推进剂和自燃液体推进剂等。双组元液体推进剂由燃烧剂和氧化剂两个组元组成。两个组元分别贮存在燃烧剂贮箱和氧化剂贮箱内,使用时泵至燃烧室,在燃烧室内点火燃烧,产生巨大的推力。常用的双组元推进剂由液氧/液氢、液氧/煤油、液氧/偏二甲肼、四氧化二氮/偏二甲肼,发烟硝酸/偏二甲肼、发烟硝酸/混肼等。常用的氧化剂主要是含氧的化合物,例如,液氧、浓度在90%以上的过氧化氢、发烟硝酸、四氧化二氮等。另外,还有含氟化合物,例如液氟、二氟化氧、三氟化氯等。下面介绍常用的硝基氧化剂。

5.2.2 硝基氧化剂的性质

5.2.2.1 红烟硝酸的物理性质

硝酸又称硝水,分子式为HNO_3,它是无色透明的液体,相对密度1.502 7(25℃),熔点-42℃,沸点86℃,一般情况下硝酸带有微黄色,常见浓度为67.5%。

发烟硝酸是指硝酸含量超过80%,在空气中发出淡黄色到棕红色烟雾的浓硝酸。发烟硝酸又分白色发烟硝酸和红色发烟硝酸,白色发烟硝酸外观为微黄色透明液体,红色发烟硝酸外观为红棕色液体,在空气中产生红棕色烟雾,二者的根本差别在于所含红棕色二氧化氮(NO_2)

量不同。白色发烟硝酸中，NO_2 含量一般小于 0.5%，故在空气中冒白色或淡黄色烟雾；红色发烟硝酸中 NO_2 含量高达 14%左右。

作为火箭推进剂的氧化剂红色发烟硝酸是添加一定量的四氧化二氮含量（质量含量）和微量缓蚀剂。四氧化二氮极不稳定，易分解，其平衡分解产物为 NO_2，故产生红棕色气体，故得名红色发烟硝酸。四氧化二氮含量愈高，蒸气压愈高，比推力越大。温度升高，蒸气中二氧化氮含量增高，温度下降，蒸气中四氧化二氮含量减少。至－11.23℃时凝固，二氧化氮完全变为四氧化二氮的无色透明液体。红烟硝酸中四氧化二氮含量增加，下述普通物理常数有明显变化。

1.凝固点

随着四氧化二氮含量增加，红烟硝酸凝固逐渐降低，当 N_2O_4 含量达约 25%时为最低点（－64℃），N_2O_4 继续增加，红烟硝酸凝固点又渐升高，直到 100%四氧化二氮的凝固点为－11.23℃。

2. 沸点

随着四氧化二氮含量增加，红烟硝酸的沸点逐渐降低，直到 100% N_2O_4 时的沸点为 21.15℃。

3.密度

随着四氧化二氮含量增加，红烟硝酸的密度逐渐增大；当 N_2O_4 含量达 44%时，密度达最大值（1.645 $g \cdot cm^{-3}$，15.4℃时）；当四氧化二氮含量继续增加，其密度又逐渐下降，直到 100%N_2O_4 时密度为 1.446 $g \cdot cm^{-3}$（20℃）。

4.蒸气压

随着四氧化二氮含量增加，红烟硝酸的蒸气压增高。

5.黏度

恒温下，随着四氧化二氮含量增加，红烟硝酸的黏度增大。当四氧化二氮含量增加到一定值，红烟硝酸的黏度达最大值，四氧化二氮再增加则黏度又减小。纯硝酸及四氧化二氮的黏度都比红烟硝酸小。

5.2.2.2 红烟硝酸的化学性质

1.热分解

红烟硝酸和纯硝酸（白发烟硝酸）不同，热稳定性较好，在 50℃下贮存不发生分解，故可密闭贮存，避免外界杂质水分入侵；在 50℃以上会分解，分解速度随温度升高而加快，其分解反应式为

$$2HNO_3 \longrightarrow 2NO_2 + H_2O + \frac{1}{2}O_2 \uparrow$$

反应产生的 NO_2 是 $2NO_2 \rightleftharpoons N_2O_4$ 的平衡混合物，由以上反应式看出，增加四氧化二氮含量或水分，可以降低硝酸分解速度。并且水分抑制硝酸分解速度的作用比四氧化二氮大五倍。由于增加水分会降低硝酸与燃烧剂组合的比推力；而增加四氧化二氮却可增加比推力，又可以提高硝酸的热稳定性。这就是增加红烟硝酸中四氧化二氮含量的原因。

2.中和反应

碱性物质都可以和红烟硝酸发生反应，由于反应放热，逸出大量 N_2O_4；N_2O_4 和碱性物质反应，可以产生有毒的亚硝酸盐。故在中和处理红烟硝酸废液时，应先将红烟硝酸用水稀释，

使 N_2O_4 与水作用生成不稳定的亚硝酸，接着分解成硝酸。稀释红烟硝酸过程中还可以使 N_2O_4 氧化成硝酸，其反应式为

$$N_2O_4 + H_2O \longrightarrow HNO_3 + HNO_2$$

$$3HNO_2 \longrightarrow HNO_3 + 2NO + H_2O$$

$$2NO + O_2 \longrightarrow 2NO_2 \uparrow$$

3. 氧化反应

红烟硝酸有强烈的氧化作用，普通物质和其接触都被破坏：与金属反应，先生成氧化物，随后溶解生成硝酸盐，其反应式为

$$M + 2nHNO_3 \longrightarrow nNO_2 + nH_2O + M(NO_3)_n$$

式中，M 为金属，n 为金属氧化价数。

4. 取代反应（硝化反应）

红烟硝酸和浓硝酸一样，可与很多有机物发生取代反应，使有机物被硝化，如和甘油、纤维素作用，生成硝化甘油及硝化纤维。

5.2.2.3　四氧化二氮的物理性质

四氧化二氮分子式为 N_2O_4，相对分子质量 92.016，是一种在空气中冒红棕色烟雾并具有强烈刺激性气味的红棕色液体，纯的 N_2O_4 是无色透明的液体，性质极不稳定。冰点 −11.2℃，沸点 21.15℃，密度(20℃)1.446 0 g·cm^{-3}。常温下，可部分分解离成二氧化氮：

$$\underset{\text{无色}}{N_2O_4(l)} \rightleftharpoons \underset{\text{红棕色}}{2NO_2(g)} + 57.2kJ$$

因此，外观呈红棕色，是二者的平衡混合物。

5.2.2.4　四氧化二氮的化学性质

1. 平衡反应

二氧化氮是红棕色，故四氧化二氮液体的红棕色实际上是二氧化氮的颜色。随着温度下降，二氧化氮在四氧化二氮中的含量越少，四氧化二氮的颜色变浅，到凝固点时(−11.2℃)，二氧化氮完全聚合成四氧化二氮，成为无色的晶体。

2. 热稳定性

温度对四氧化二氮的热稳定性影响较大。温度升高，四氧化二氮吸热离解为二氧化氮，在大气压强下，当温度升高到 140℃时，四氧化二氮完全离解为二氧化氮气体，呈深棕色。温度继续升高到 150℃以上，二氧化氮开始分解变成一氧化氮(NO)和氧(O_2)。在环境压强下，当温度升高到 620℃时，二氧化氮全部分解。其反应式为

$$N_2O_4 + 58.3\ kJ \xrightarrow[\triangle]{140℃} 2NO_2 \xrightarrow[\triangle]{620℃} 2NO + O_2 + 113\ kJ$$

表 5-1 列出了不同温度，四氧化二氮和二氧化氮平衡时的比例。

表 5-1　不同温度下四氧化二氮和二氧化氮的比例

温度/℃	27	50	100	135
NO_2/(%)	20	40	89	98.7
N_2O_4/(%)	80	60	11	1.3

3. 氧化性

四氧化二氮是一种较强的氧化剂，从有关的电极电势值可以看出其氧化能力比硝酸强：

$$N_2O_4 + 2H^+ + 2e^- \rightleftharpoons 2HNO_2; \quad \varphi^{\ominus} = 1.07\ V$$

$$NO_3^- + 3H^+ + 2e^- \rightleftharpoons HNO_2 + H_2O; \quad \varphi^{\ominus} = 0.94\ V$$

与胺类、肼类、糠醇等接触能自燃；和碳、硫、磷等物质接触容易着火；和很多有机物蒸气的混合物易发生爆炸。它本身不自燃，仅可助燃。

4. 溶解性

四氧化二氮可溶于水中，形成硝酸和一氧化氮：

$$3N_2O_4 + 2H_2O \rightleftharpoons HNO_3 + 2NO\uparrow + 272.3\ kJ$$

四氧化二氮可以溶解在硝酸中形成红烟硝酸。其在硝酸中的溶解度随温度升高而减小，常温下的最大溶解度为25%。

5. 中和反应

四氧化二氮与氢氧化钠或碳酸钠反应，生成硝酸钠和亚硝酸钠：

$$N_2O_4 + 2NaOH \longrightarrow NaNO_3 + NaNO_2 + H_2O$$

$$N_2O_4 + Na_2CO_3 \longrightarrow NaNO_3 + NaNO_2 + CO_2\uparrow$$

上述反应可作为处理四氧化二氮废液的方法。应指出，处理前应先把四氧化二氮缓慢地用水稀释，再慢慢倾入氢氧化钠或碳酸钠溶液中。否则，由于二者反应剧烈放热，液体沸腾溢出，溢出大量二氧化氮烟雾，易使人员被灼伤或中毒。

6. 腐蚀性

无水四氧化二氮对金属的腐蚀很小，腐蚀作用随水分含量增加而加剧。四氧化二氮可以连续吸收大气中水分使其本身水含量不断增加，加速其对金属的腐蚀。

5.3 液体火箭推进剂之燃烧剂

5.3.1 概况

常用的燃烧剂是含碳、氢、氮的化合物和某些轻金属及其氢化物，例如，煤油、醇类化合物、肼类化合物等。肼类燃料是目前使用最多的液体推进剂燃料，它可单独使用，但多与氧化剂红烟硝酸或四氧化二氮组成双组元液体推进剂，主要用于大型运载火箭，例如美国大力神系列火箭、我国神州系列火箭等；还用于各种战略、战术导弹、助推器火箭以及姿态控制与轨道调整火箭等。肼类推进剂包括无水肼、甲基肼、偏二甲肼、混肼等。作为火箭燃料，肼的能量最高。

5.3.2 肼类燃烧剂

5.3.2.1 肼

1. 物理性质

肼的分子式是N_2H_4，它是具有类似氨臭味的无色透明液体。

肼是吸湿性很强的物质，其蒸气在大气中与水蒸气结合而冒白烟，所以当打开盛肼的容器盖时，往往可以看到白色烟雾。肼还能与大气中的二氧化碳作用而生成盐。

肼的冰点较高(1.5℃),结冰时体积收缩,这与水结冰时正好相反,因此严冬肼结冰时不会导致导管破裂和容器损坏。在肼中加入硝酸肼或硼氢化肼、硼氢化锂可降低它的冰点。

肼是极性物质,可溶于极性溶剂,如水、低级醇、氨、脂肪胺等,但不溶于非极性物质,微溶于极性小的物质,如烃类、多元醇、卤代烃和其他有机溶剂。

肼的沸点为113.5℃。

2. *化学性质*

肼的水溶液呈弱碱性($K_1^{\ominus}=8.5\times10^{-7}$):

$$N_2H_4+H_2O \rightleftharpoons N_2H_5^+ + OH^-$$

$$N_2H_5^+ + H_2O \rightleftharpoons N_2H_6^+ + OH^-$$

肼具有较氨稍弱的碱性,与各种无机酸和有机酸作用生成盐。除硫酸盐和草酸盐外,其他盐均溶于水。

在酸性溶液中肼通常以$N_2H_5^+$,$N_2H_6^{2+}$等形式存在,是强氧化剂:

$$N_2H_5^+ + 3H^+ + 2e^- \rightleftharpoons 2\,NH_4^+;\quad \varphi^{\ominus}=+1.27\ V$$

肼与大面积暴露在空气中的物质(如破布、棉纱头、木屑等)接触时,由于氧化作用放热,可以引起着火。

在碱性溶液中则是强还原剂:

$$N_2+4H_2O+4e^- \rightleftharpoons 2N_2H_4+4OH^-;\quad \varphi^{\ominus}=-1.16\ V$$

能与许多氧化性物质,如高锰酸钾、次氯酸钙等溶液发生猛烈反应。因此常用这类反应来处理肼的少量污水或废液。

肼可在空气中燃烧放出大量的热,其反应式为

$$N_2H_4\,(l)+O_2\,(g)\xrightarrow{\text{燃烧}}N_2\,(g)+2H_2O(l);\quad \Delta H^{\ominus}=-622\ kJ\cdot mol^{-1}$$

肼暴露于空气中可发生氧化,其氧化产物主要有氮、氨和水:

$$5N_2H_4+O_2 \longrightarrow N_2+2H_2O+8NH_3$$

与液氧、过氧化氢、硝基氧化剂(如红烟硝酸、四氧化二氮)、卤素(如液氟等)、卤间氧化剂(如三氟化氯、五氟化氯)等强氧化剂接触,能瞬时自燃。瞬时自燃反应式为

$$N_2H_4(100\%,l)+7H_2O_2(l)\xrightarrow{\text{自燃}}2N_2\uparrow+4H_2O\uparrow+640\ kJ$$

$$N_2H_4+2HNO_3\xrightarrow{\text{自燃}}2N_2+5H_2O+N_2O$$

肼的热稳定性差,在250℃时分解反应为

$$2N_2H_4\xrightarrow{250℃}N_2+2NH_3+H_2$$

温度超过250℃时,发生剧烈爆炸反应:

$$2N_2H_4\xrightarrow{>250℃}N_2+2H_2$$

肼与某些金属(如铁、铜、钼等)及其合金和氧化物接触时将发生分解,并放出大量的热由此可造成着火或爆炸:

$$2N_2H_4\xrightarrow{\text{催化剂}}2NH_3+N_2+Q_1$$

$$2NH_3\longrightarrow N_2+3H_2-Q_e;\quad Q_1>Q_e$$

所以使用肼时严禁与铁锈之类的物质接触。

5.3.2.2 偏二甲肼

1.物理性质

偏二甲肼又称不对称二甲基肼,分子式为$(CH_3)_2NNH_2$,相对分子质量60.10。它是一种易燃有毒、具有强烈鱼腥味的无色透明液体。易挥发,吸湿性强,在大气中能与水蒸气结合而冒白烟。

偏二甲肼在常温下能与极性和非极性液体(如水、乙醇、肼、二乙烯三胺、汽油及大多数石油产品)完全互溶。当偏二甲肼含水量很少时,它与煤油的互溶温度在-40℃以下。常压下偏二甲肼的冰点为-57.2℃,沸点63.1℃,密度(20℃)$0.791\,1\ g\cdot cm^{-3}$。

2.化学性质

偏二甲肼是一种弱有机碱,它与水作用生成共轭酸和碱:

$$(CH_3)_2NNH_2+H_2O \rightleftharpoons (CH_3)_2NNH_3^+ + OH^-;\quad K_b^\ominus(25℃)=3.0\times10^{-6}$$

偏二甲肼的碱性比氨弱($K_b^\ominus(25℃)=1.8\times10^{-5}$),比肼强($K_b^\ominus(25℃)=8.5\times10^{-7}$)。

与稀酸、酸性气体及多种有机酸发生中和反应生成盐。与醋酸反应:

$$(CH_3)_2NNH_2+CH_3COOH \longrightarrow CH_3COOH\cdot H_2N_2(CH_3)_2$$

与二氧化碳作用生成白色的碳酸盐沉淀,其反应式为

$$2(CH_3)_2NNH_2+CO_2 \longrightarrow (CH_3)_2NNHCOOH\cdot H_2NN(CH_3)_2\downarrow$$

若有水存在,则生成物可继续反应,生成$[(CH_3)_2NNH_3]CO_3$盐。因此偏二甲肼暴露于空气中,吸收空气中的CO_2,会出现白色沉淀。

偏二甲肼是还原剂,其蒸气在室温下能被空气缓慢氧化,其氧化产物主要是亚甲基二甲基肼(即偏腙)、水和氮,其反应式为

$$3(CH_3)_2NNH_2+O_2 \longrightarrow 2(CH_3)_2NN{=}CH_2+4H_2O+N_2$$

另外还有少量的氨、二甲胺、亚硝基二甲胺、重氮甲烷、氧化亚氮、甲烷、二氧化碳、甲醛等。因此偏二甲肼长期反复暴露于空气中,逐渐变成一种黏度较大的黄色液体。

偏二甲肼能与许多氧化物质(如高锰酸钾、次氯酸钙等)的水溶液发生猛烈反应,并放出热量。此类反应常用来处理偏二甲肼的废液。偏二甲肼与浓过氧化氢、硝基氧化剂及高锰酸钾等强氧化剂接触时立即自燃。

在许多化学反应中,偏二甲肼表现出与氨和相应的胺类相近的化学性质。

偏二甲肼的热稳定性很好,即使在临界温度(248.2℃)下也是稳定的。气态偏二甲肼的热分解产物主要有甲烷、乙烷、丙烷、二甲胺等。在催化分解和光分解时,分解产物有氢、氮、甲烷、乙烷等。

5.3.2.3 甲基肼

1.物理性质

甲基肼的分子式为CH_3NHNH_2。它是易燃有毒、具有类似氨臭味的无色透明液体。

甲基肼的性质介于肼和偏二甲肼之间,其物理性质与偏二甲肼较相似,其化学性质与肼较相似。甲基肼的吸水性较强,在潮湿空气中能因吸收水蒸气而冒白烟。当它冻结时与水不同,其体积稍有收缩。

甲基肼与肼一样,是极性物质,它溶于水和低级醇中。但它也能溶于某些碳氢化合物中。

2.化学性质

甲基肼是一种强还原剂,能与许多氧化性物质发生猛烈反应,与强氧化剂接触能瞬时自

燃。与某些金属氧化物接触时将发生分解。

甲基肼具有弱碱性，与酸作用生成盐，与醛与酮反应生成腙。它在空气中极易发生氧化反应，生成叠氮甲烷、氮、甲胺等。

甲基肼的热稳定性比肼好，对冲击、压缩、摩擦、振动等均不敏感。

5.3.2.4 油肼

由40%偏二甲肼与60%9号煤油混合而成的燃料，称为油肼-40。在混合燃料中加有阻凝剂2-乙基己醇(3%～4%)的燃料，则称为油肼-40C。而且可根据使用要求选择不同比例的组成，统称为油肼燃料。而美国称为JP-X，如60%JP-4与40%偏二甲肼，称为JP-XI；83%JP-4与17%偏二甲肼，称为JP-Ⅻ。

1. 物理性质

油肼的物理性质介于偏二甲肼和煤油之间，具有两者的物理性质。

油肼燃料是一种无色透明(若受空气氧化后，则稍带黄色，氧化严重时则为橙红色)、易燃有毒、具有鱼腥臭味的油状液体。

油肼在低温下易分层，在空气中易吸湿。偏二甲肼与煤油的互溶性随水分和温度而变化；水分增加，互溶性变差，即浑浊或分层的温度升高。因此，为了严格控制油肼的水分，在贮存、运输、转注过程中，应在密闭条件下进行，以避免吸收潮湿空气中的水汽。所以在使用油肼燃料时，应同时注意分层性和吸湿性两个问题。

2. 化学性质

油肼的化学性质类似于偏二甲肼的化学特性。

油肼是一种易燃液体。它与强氧化剂(如硝基氧化剂等)接触时立即自燃；与高锰酸钾、漂白粉、过氧化氢等稀溶液接触时发生激烈反应；其蒸气与空气的混合物遇明火或电火花发生爆炸。

油肼是一种有机弱酸，它能与二氧化碳作用，生成白色盐沉淀。

油肼是一种还原剂，能被空气缓慢氧化。因此，当它与空气长期接触时，颜色逐渐变成黄色，甚至橙红色。

油肼的热稳定性很好，对冲击、压缩、摩擦、振动等均不敏感。

5.3.2.5 胺肼

胺肼燃料是二乙三胺和偏二甲肼以不同比例组成的混合物。国外称为混胺燃料，例如，50%二乙三胺+40%偏二甲肼+10%乙腈，称为混胺燃料1号(MA-1)；80%二乙三胺+20%偏二甲肼，称为混胺燃料3号(MAF-3)；40%二乙三胺+60%偏二甲肼，称为混胺燃料4号(MAF-4)。二乙三胺中含有10%或20%偏二甲肼和约1%六甲基二硅烷的燃料，分别称为胺肼-10和胺肼-20。

1. 物理性质

二乙三胺的分子式为$NH_2C_2H_4NHC_2H_4NH_2$，它是一种具有胺味稍带黏性的水白色液体。胺肼是具有胺和鱼腥味的水白色或浅琥珀色的液体。

胺肼暴露于空气中，易被空气氧化而变为微带黄色的液体。

胺肼具有吸湿性。它与水、丙酮、酒精等完全互溶，但是它与汽油和煤油的可溶性是有限的。

2. 化学性质

胺肼具有中等的碱性(比偏二甲肼强),与酸反应生成盐。胺肼具有还原反应,其蒸气能被空气缓慢氧化,生成微量产物,但对于在环境温度下的正常贮存并无明显影响,没有发现胶质或其他固体产物的生成。

胺肼能与许多氧化物质,如高锰酸钾、重铬酸钾、次氯酸钙等水溶液发生激烈反应并放出热量。此类反应可用来处理胺肼的废液。

胺肼与液氧、过氧化氢、硝基氧化剂等强氧化剂接触时,立即自燃。

胺肼的热稳定性很好,对冲击、压缩、摩擦、振动等均不敏感。

以上介绍的就是常用的液体推进剂,还有单组元推进剂,比如单推-3,是由肼、硝酸肼、水和氨四种组分氨一定比例组成的,最大的特点是冰点低,可在$-30℃$下正常工作。无水肼也可以作为单元推进剂使用,但其冰点较高,冬季易结冰,给使用和贮存带来不便。另外还有烃类燃料、酒精、液氧、液氢、过氧化氢等,如果大家对这些推进剂感兴趣,可参考相关资料,在此不再赘述。

5.4 固体推进剂概述

固体推进剂通常由氧化剂(过氯酸铵)、黏合剂(又可作为燃料,如聚丁二烯类橡胶)和金属燃料(如铝粉)等组成的固态混合物。按配方组分性质可分为单基推进剂、双基推进剂、复合推进剂、改性双基推进剂等;按质地的均匀性分为均质推进剂(如单基、双基推进剂)和异质推进剂(如复合推进剂和改性双基推进剂);按能量水平分为高能、中能、低能推进剂,比冲大于2 450 $N \cdot s \cdot kg^{-1}$(即250 s)为高能,2 255$N \cdot s \cdot kg^{-1}$(即230 s)到2 450 $N \cdot s \cdot kg^{-1}$为中能,小于2 255 $N \cdot s \cdot kg^{-1}$为低能;按特征信号分为有烟、微烟、无烟推进剂。

通常把固体推进剂分为均质固体推进剂和异质固体推进剂两大类。

5.4.1 均质固体推进剂概述

由可燃和氧化元素组成,各组分间无相界面的固体推进剂称为均质固体推进剂,均质推进剂又分为单基推进剂和双基推进剂。

单基推进剂(Single Base Propellant)是由单一化合物(如硝化纤维素,即硝化棉,简称"NC")组成,它的分子结构中包含可燃剂和氧化剂。将其溶于挥发性溶剂中,经过膨润、塑化、压伸成型,除去溶剂即可制成单基推进剂。单基推进剂由于能量水平太低,现代固体发动机不再使用。

双基推进剂(Double Base Propellant)主要含有两种组分,如硝化纤维素和硝化甘油(NG)之类,这两种主要成分的分子结构中都含有可燃剂和氧化剂。硝化纤维在活性氧含量很高的硝化甘油中起胶凝作用,加入挥发性或不挥发溶剂及其他添加剂,经溶解塑化,成为均相物体,使用压伸成型(或称挤压成型)工艺即可制成不同形状药柱。这两种组分又是双基推进剂的主要能源。因此,硝化棉和硝化甘油的质量和配比将影响双基推进剂的各种性能。如同复合固体推进剂一样,为了改善双基推进剂的各种性能,还要加入各种附加组分,如助溶剂、安定剂、增塑剂、弹道调节剂和工艺助剂等。故双基推进剂又称为胶质推进剂。

双基推进剂的优点是药柱质地均匀,结构均匀,再现性好;良好的燃烧性能,燃烧速度压强指数接近于零；工艺性能好；具有低特征信号，排气少烟或无烟；常温下有较好的安定性、力学性能和抗老化性能；原料来源广泛，经济性好。缺点是能量水平和密度偏低，高、低温下力学性能变差。双基推进剂主要用于小型固体燃气发生器。

5.4.2　异质固体推进剂概述

异质固体推进剂又称异质火药，它是以塑性高聚物或橡胶类高聚物黏合剂作为弹性母体，同时混入无机氧化剂、金属燃料以及其他一些组分组成一定形状、一定性能的推进剂药柱。分为改性双基推进剂和复合固体推进剂。改性双基就是在双基推进剂（硝化纤维素和硝化甘油）中加入氧化剂、高能炸药和金属燃料制成的推进剂。而复合推进剂是以高聚物为基体，混有氧化剂和金属燃料等组分的多相混合物。

改性双基推进剂主要组分有硝化纤维素、硝化甘油、铝粉、无机氧化剂（如高氯酸铵）与有机硝胺类化合物（如奥克托金或黑索金）以及安定剂、燃烧催化剂等。在加入固体填料后，推进剂内部结构与复合推进剂相似，存在多相界面，所以又称为复合改性双基推进剂。

复合固体推进剂的主要组分是黏合剂、氧化剂和金属燃料等，这三种组分占推进剂总量的95%以上。它们对推进剂工艺性能有很大的影响，并将最终影响到推进剂成品的各种性能。复合固体推进剂只有以上三种组分并不能满足发动机对推进剂各种性能的要求。因此，一般典型的复合固体推进剂还要添加一些其他组分，以改进推进剂的各种性能。例如：①改进力学性能的组分，有固化剂、交联剂（它们还是化学固化类型推进剂不可缺少的组分）、链延长剂、键合剂和增塑剂等；②改进弹道性能的组分，有弹道改良剂，它包括增燃速剂、降燃速剂、降低压强指数和温度敏感系数的添加剂等；③提高能量特性的组分，有高能添加剂（往往用一些高能的硝胺类炸药取代部分氧化剂，或选用能量高的金属粉和金属氢化物）；④改善贮存性能的组分有防老剂（抗氧化剂等）；⑤改善工艺性能的组分有表面活性剂、延长使用期的添加剂；等等。

复合推进剂综合性能良好，使用温度范围较宽，能量较高，力学性能较好，广泛用于各种类型的固体火箭发动机，尤其是大型火箭发动机。

1942年美国研制出了沥青高氯酸钾复合推进剂，20世纪40年代末出现了第一代复合推进剂聚硫橡胶推进剂，现在常用的有PBAN和HTPB推进剂。民兵3和航天飞机固体助推器采用PBAN推进剂，“和平卫士”MX的一、二级使用HTPB推进剂，法国的M4使用CTPB推进剂。

5.5　均质固体推进剂

5.5.1　单基推进剂

硝化纤维素是单基推进剂的主要成分，一般化学式可写为$[C_6H_7O_2(OH)_{3-x}(ONO_2)_x]_n$，它是棉纤维或木纤维大分子$[C_6H_7O_2(OH)_3]_n$与硝酸反应的生成物。纤维素被酯化的程度习惯上用含氮量表示，它表示硝化纤维素中氮元素的重量百分含量。根据含氮量的多少硝化纤维素可分为一号强棉（含氮量13.0%～14.0%）、二号强棉（含氮量12.05%～12.41%）、爆胶棉（含氮量12.5%～12.7%）和弱棉（含氮量11.5%～12.1%）。

干燥的硝化纤维素能迅速燃烧，燃烧反应随含氮量不同而异，当含氮量为13.45%时，硝

化纤维素聚合度取4,化学分子式为$C_{24}H_{29}O_9(ONO_2)_{11}$时,燃烧反应式为

$$C_{24}H_{29}O_9(ONO_2)_{11} \longrightarrow 12CO_2+12CO+8.5H_2+5.5N_2+6H_2O$$

当含氮量为12.75%时,则反应为

$$C_{24}H_{29}O_9(ONO_2)_{10} \longrightarrow 10CO_2+14CO+9H_2+5N_2+6H_2O$$

当含氮量为11.11%时,则反应为

$$C_{24}H_{29}O_9(ONO_2)_8 \longrightarrow 6CO_2+18CO+10H_2+4N_2+6H_2O$$

因此含氮量越高,完全燃烧产物中CO_2和N_2增加,放出热量就越多,硝化纤维素是缺氧的化合物,故燃烧生成物中有未完全燃烧产物CO和H_2存在。

5.5.2 双基推进剂

双基推进剂也是一种均质推进剂,主要成分为硝化纤维素和硝化甘油。硝化纤维素能在硝化甘油中形成胶体溶液,故推进剂结构均匀,为均质推进剂。

硝化纤维素的性质已在前面介绍,这里不再赘述。

硝化甘油是甘油与硝酸作用的产物,又名三硝酸甘油三酯,分子式为$C_3H_5N_3O_9$,相对分子质量227.09,为无色或淡黄色油状液体,密度1.591 g·cm^{-3},微溶于水。熔点13℃,沸点180℃,燃烧热1 540.0 kJ/mol。化学结构式如图5-1所示。

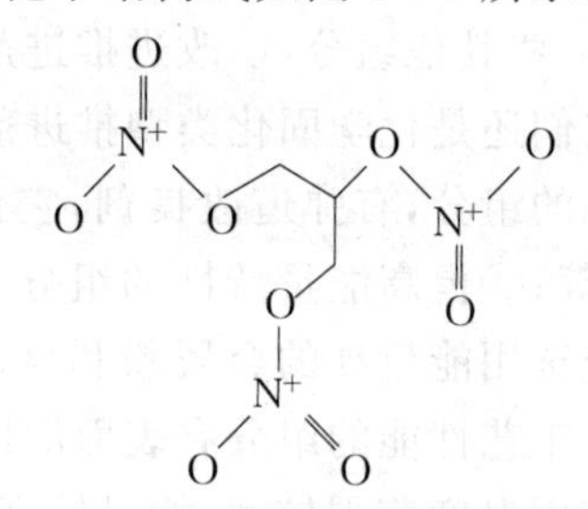

图5-1 硝化甘油的化学结构式

硝化甘油能很好地溶解弱棉,当温度大于某临界温度时,硝化纤维素和硝化甘油可以任意比例互溶。硝化甘油在双基推进剂中是硝化纤维素的主要溶剂和主要能源。前一作用是因为硝化甘油与硝化纤维素可形成固态溶液,硝化甘油充填于硝化纤维大分子之间,并使推进剂具有的力学性能;后一作用是由于硝化甘油燃烧时生成大量气体,并放出大量的热量。生成的气体中含有一部分自由氧,这部分自由氧可供给缺氧的硝化纤维素使之燃烧完全程度提高,因此也把硝化甘油称为有机氧化剂。

双基推进剂中硝化甘油的含量一般在25%~30%之间。增加硝化甘油的含量可提高双基推进剂的能量,但硝化甘油的含量过多时,会造成"汗析",因此硝化甘油的含量一般不大于43.5%,多数为30%左右。

双基推进剂中除了硝化纤维素和硝酸甘油以外,还有助溶剂,主要作用是增加硝化纤维素在溶剂中的溶解度,常用的助溶剂有二硝基甲苯、硝化二乙醇胺(吉纳)等。

增塑剂也是双基推进剂中的组分,主要作用是增加双基推进剂在低温下的力学性能,增加其塑性,降低其脆性,常用的增塑剂为邻苯二甲酸丁酯,用量在3%以下。

化学安定剂可减缓和抑制硝化纤维素及硝化甘油的分解,使双基推进剂能长期贮存而保持其化学性质不变。常用的化学安定剂如1号中定剂(二乙基二苯脲)、2号中定剂(二甲基二

苯脲)、3 号中定剂(甲、乙基二苯脲)和二苯胺等。

另外为了保障在固体发动机燃烧室较低的工作压强下稳定燃烧,满足发动机内弹道性能,还需加入燃烧催化剂和燃烧稳定剂。双基推进剂依据加入的燃烧催化剂不同,有不同的品号。加入氧化铅的称为双铅推进剂(SQ),加入石墨的称为双石推进剂(SS),加入氧化钴的称为双钴推进剂(SG),加入氧化镁的称为双芳镁推进剂(SFM)。这些均为普通双基推进剂。

双基推进剂目前主要有两种成型工艺:一种是挤压成型,又称压伸成型,采用螺旋式压伸机或柱塞式压伸机成型;另一种是浇铸成型。按照成型工艺分别称为压伸双基推进剂(EDB)和浇铸双基推进剂(CDB)。

双基推进剂密度 1.50～1.66 $g \cdot cm^{-3}$,理论比冲 2 158～2 256 $N \cdot s \cdot kg^{-1}$,实际比冲 1 666～2 156 $N \cdot s \cdot kg^{-1}$,燃速 20℃下 3～45 $mm \cdot s^{-1}$。

5.6　异质固体推进剂

异质推进剂是异相混合物,结构不均匀。异质推进剂包括改性双基推进剂和复合推进剂。

改性双基在双基推进剂和复合推进剂技术的基础上发展起来的。一般分为两种:复合改性双基推进剂(CMDB)和交联改性双基推进剂(XLDB)。

复合推进剂可按其高分子黏合剂种类、氧化剂种类和性能特点等进行分类。

按黏合剂种类分类,复合固体推进剂可分为聚硫推进剂(PS)、聚氯乙烯推进剂(PCV)、聚氨酯推进剂(PU)、聚丁二烯推进剂(PBAA 聚丁二烯丙烯酸、PBAN 聚丁二烯丙烯腈、CTPB 端羧基聚丁二烯、HTPB 端羟基聚丁二烯)以及硝酸酯增塑的聚醚推进剂(NEPE)。

按氧化剂种类分类,复合推进剂可分为高氯酸铵推进剂、硝酸铵推进剂和硝胺推进剂。

按照推进剂的某些性能特征,例如推进剂的燃速高低,分为低燃速(燃速小于5 $mm \cdot s^{-1}$)、高燃速(燃速范围 5～100 $mm \cdot s^{-1}$)和超高燃速(燃速大于 1 $m \cdot s^{-1}$)推进剂;按照有无特征信号,分为无烟推进剂、微烟推进剂以及有烟推进剂。

5.6.1　改性双基推进剂

复合改性双基推进剂是在双基推进剂的基础上大幅降低基本组分硝化纤维素和硝化甘油的比例,加入高能量固体组分,包括氧化剂(高氯酸胺 AP,高能炸药黑索金 RDX 或奥克托金 HMX 等)和可燃剂(铝粉等)等制成的。

而交联改性双基推进剂是在 CMDB 配方基础上加入高分子化合物作为交联剂,交联剂内含的活性基团与硝化纤维素上残留(未酯化)的羟基发生化学反应生成网状结构的预聚物。预聚物作为黏合剂可以大幅改善推进剂的力学性能,即交联改性双基推进剂(XLDB)。主要组分由惰性预聚物、硝化纤维素、硝化甘油、奥克托今、铝粉和安定剂等组成。常用的惰性预聚物有聚己二酸乙二醇酯(PGA)、聚己二酸二乙醇酯和聚乙二醇(PEG),主要交联剂有异氰酸酯(如六亚甲基二异氰酸酯 HDI、甲苯二异氰酸酯 TDI)、聚酯(如聚乙交酯 PGA)、聚氨酯(如聚乙二醇 PEG)、端羟基聚丁二烯、丙烯酸酯等。

改性双基推进剂的能量水平(改性双基理论比冲可达 2 647 $N \cdot s \cdot kg^{-1}$,实测比冲可达 2 500 $N \cdot s \cdot kg^{-1}$)高于复合推进剂,广泛用于各种战略、战术导弹。美国的“三叉戟 C4”潜射战略导弹的所有三级发动机都使用了 XLDB 推进剂,称为 XLDB－70,它的配方中固体填料达到 70%(其中 43%HMX / 8% AP / 19% Al),理论比冲 2 646 $N \cdot s \cdot kg^{-1}$。

5.6.2 聚氯乙烯推进剂(PCV)

聚氯乙烯推进剂是 20 世纪 50 年代发展起来的一种热塑性固体推进剂。聚氯乙烯是一种固态物质,它与增塑剂(例如癸二酸酯、邻苯二甲酸酯、己二酸酯等)一起形成速溶胶,添加高氯酸铵、铝粉等制成推进剂。以高氯酸铵为基的推进剂能量较高,用于火箭发动机,以硝酸铵为基的推进剂能量较低,主要用于飞机起飞加速器和燃气发生器。

聚氯乙烯推进剂的理论比冲为 250～260 s,最大实测比冲 225～230 s,密度 1.77 $g \cdot cm^{-3}$。推进剂燃速 2.5 $mm \cdot s^{-1}$,压力指数 0.3～0.5。

国外在大型的导弹和火箭的控制发动机中广泛应用。例如美国在“先锋”“民兵”“北极星”等武器系统中的一些特殊用途的发动机中都用到了聚氯乙烯推进剂。另外在战术火箭、高空气象火箭中也有应用。

5.6.3 聚硫推进剂(PS)

聚硫黏合剂是液体聚硫和环氧树脂(仅占 5%左右)共聚物,主链含有硫元素的碳氢聚醚型液态预聚物。聚硫橡胶平均相对分子质量 300～4 000,典型的化学结构为

$$-S-(CH_2)_n-O-CH_2-O-(CH_2)_n-S-$$

聚硫黏合剂有多种端基,如巯基、羟基、卤素、胺、多胺和酰胺等,其中以巯基活性适中,各国早期推进剂用的聚硫黏合剂均以巯基终端。

5.6.3.1 聚硫黏合剂的性质

聚硫黏合剂除在醇类及脂肪族碳氢化合物中不溶外,在苯、甲苯、苯乙烯、环已酮、二氯乙烷和呋喃甲醛等溶剂中均能很好溶解。聚硫黏合剂本体黏度较大,相对分子质量 4 000 的聚硫黏合剂,其黏度为相同相对分子质量端羟基聚丁二烯的 2～3 倍,但其黏度随温度变化较大。密度 1.32 $g \cdot cm^{-3}$,pH 值 6～8 左右,玻璃化温度 −48℃。聚硫黏合剂合成路线较长,整个过程有近 10 个副反应,且受工艺条件影响较大,所以聚硫黏合剂的相对分子质量具有明显的分散性。

5.6.3.2 固化体系

聚硫黏合剂的固化可用无机金属氧化物、无机过氧化物、环氧化物、对苯醌二肟等与之链端巯基被氧化生成双硫键的反应完成固化的。可使用的无机金属氧化物有 ZnO,FeO,PbO,Fe_2O_3,MgO,CaO 等,无机过氧化物有 ZnO_2,PbO_2,Pb_3O_4,MgO_2,CaO_2,MnO_2,SnO_2 等,此外,为了调节推进剂的力学性能,聚硫橡胶推进剂中一般要加入少量的环氧树脂,因而其固化过程除了包括环氧树脂与聚硫橡胶的共聚过程外,还存在环氧树脂与酸酐的固化过程,因此聚硫橡胶的固化是多种反应的综合。

(1)巯基与金属氧化物的反应:

$$HS-R-SH+PbO_2 \longrightarrow -R-S-S-R-+PbO+H_2O$$

$$HS-R-SH+PbO \longrightarrow -R-S-Pb-S-R-+H_2O$$

$$-R-S-Pb-S-R-+PbO_2 \longrightarrow -R-S-S-R-+PbO$$

(2)巯基与环氧树脂的反应:

$$\mathrm{HS{-}R{-}S} + \mathrm{H_2C{-}\overset{H}{C}{-}R'{-}HC{-}CH_2}\ (\text{两端为环氧基 }\mathrm{O}) \longrightarrow \mathrm{{-}R{-}S{-}C{-}\underset{OH}{C}{-}R'{-}\underset{OH}{C}{-}C{-}S{-}R{-}}$$

(3)巯基与酸酐(一般为顺丁烯二酸酐)的反应:

$$\text{顺丁烯二酸酐}\ (\mathrm{HC{=}CH},\ \mathrm{C(=O){-}O{-}C(=O)}) + \mathrm{HS{-}R{-}SH} \longrightarrow \begin{cases} \mathrm{HOOC{-}CH{=}CH{-}S{-}R{-}SH + CO_2} \\ \mathrm{HOOC{-}CH{=}CHCOS{-}R{-}SH} \end{cases}$$

(4)环氧树脂与顺丁烯二酸酐的反应:

$$\text{顺丁烯二酸酐} + \text{环氧树脂(含 OH)} \longrightarrow \text{环氧树脂}{-}\mathrm{O{-}\overset{\displaystyle O}{\overset{\|}{C}}{-}CH{=}CH{-}COOH}$$

所生成的羧基可进一步与环氧树脂反应而交联:

$$\text{环氧树脂}{-}\mathrm{O{-}C({=}O){-}CH{=}CH{-}COOH} + \text{环氧树脂(含 OH)} \longrightarrow$$

$$\text{环氧树脂}{-}\mathrm{O{-}C({=}O){-}CH{=}CH{-}COO{-}CH_2{-}\underset{OH}{CH}}\sim\sim\underset{OH}{\sim}\sim\sim\text{(环氧基 O)}$$

此反应产物中仍有活泼的羟基,它还可以继续与酸酐反应形成更复杂的结构。

(5)巯基与苯醌二肟的反应:

$$\mathrm{2HS{-}R{-}SH + HO{-}N{=}C_6H_4{=}N{-}OH} \longrightarrow$$

$$\mathrm{HS{-}R{-}S{-}S{-}R{-}SH + H_2N{-}C_6H_4{-}NH_2 + H_2O}$$

聚硫橡胶推进剂是我国研制成功的第一个复合固体推进剂,研制工作始于 20 世纪 50 年代末期,先后形成多种配方,应用于空舰导弹、气象火箭、人造卫星末级发动机及助推器等,配方主要由乙基缩甲醛聚硫橡胶和丁基醚聚硫橡胶、高氯酸按、铝粉、环氧树脂等组成,推进剂的实测比冲可达 2 107～2 156 $\mathrm{N \cdot s \cdot kg^{-1}}$,密度 1.75 $\mathrm{g \cdot cm^{-3}}$,在 3～11 MPa 压力范围内,燃速压力指数 0.17。室温时抗拉强度 1.5 MPa,−40℃的伸长率大于 40%,玻璃化温度−48℃。

其缺点是，当有金属粉存在时，固化反应放出氧气，使推进剂内部形成气泡，因此不适合加入金属粉，且硫元素的成气量不够大，所以聚硫推进剂的能量难以提高，不能满足火箭技术发展的需要。现在聚硫橡胶已被其他性能更好的黏合剂所取代。

5.6.4 聚氨酯推进剂(PU)

聚氨酯推进剂是指端基为羟基的黏合剂预聚物中加入氧化剂、金属燃料等混合物后，与多异氰酸酯经过生成氨基甲酸酯的固化反应而形成的一类推进剂。国外的研制始于20世纪50年代中期，此推进剂曾用于战略导弹"民兵1"第二级、北极星A2和北极星A3的第一级以及一些空空、反潜、地空等战术导弹中。

5.6.4.1 聚氨酯的预聚物

在高分子化合物的分子链上有氨基甲酸酯基(—NH—CO—O—)的聚合物，统称为聚氨基甲酸酯，简称"聚氨酯"。此类高分子化合物在民用工业上有广泛的应用价值，可以制成泡沫塑料、涂料、黏合剂、合成纤维、热塑性弹性体等。

端羟基聚酯推进剂的品种有聚己二酸一缩二己二醇酯，聚戊二酸辛戊二醇酯、聚癸二酸辛戊二醇酯等。端羟基聚醚品种很多，适用于推进剂的产物主要是由环氧乙烷、环氧丙烷、四氢呋喃等单体经开环聚合或共聚和而获得的液态预聚物，例如美国用环氧乙烷制备了硝酸酯增塑的聚醚(NEPE)推进剂。

5.6.4.2 聚氨酯的预聚物的固化原理

凡是端羟基预聚物与异氰酸酯反应时，都生成聚氨酯的链结构，所以广义上HTPB推进剂和NEPE推进剂都属于聚氨酯推进剂的范围。

1. 固化作用的基本原理

聚氨酯一般由多元醇与二元或多元异氰酸酯反应获得：

$$HO—R—OH + O{=}C{=}N—R'—N{=}C{=}O \longrightarrow \sim\sim R—O—\overset{\overset{O}{\|}}{C}—\overset{H}{N}—R'\sim\sim$$

反应是由羟基的活泼氢打开异氰酸酯(O═C═N—)的碳氮双键的过程，其反应历程实际上是由羟基化合物中呈电负性的烷氧基攻击正电性的异氰酸酯的碳原子开始的：

$$\sim\sim R—\overset{(-)}{O}\cdots\overset{(+)}{H} \longrightarrow + O{=}C{=}N—R'\sim\sim \rightleftharpoons \left[\begin{matrix} O{=}C—N—R' \\ \vdots \quad \vdots \\ \sim\sim R—O\cdots H \end{matrix}\right] \longrightarrow$$

$$\sim\sim R—O—\overset{\overset{O}{\|}}{C}—\underset{\underset{H}{|}}{N}—R'\sim\sim$$

因而，异氰酸酯分子中存在有利于异氰酸酯的碳原子的正电性基团时，将有利于其反应活性的增加。

在活泼氢混合物与异氰酸酯反应生成氨基甲酸酯的过程中，由于产物R′NHCOOR中与氮原子相连的氢原子仍具有反应活性，在催化剂作用下，仍可与异氰酸酯反应生成脲基甲酸酯，并且后者还可继续与异氰酸酯反应生成缩二脲结构：

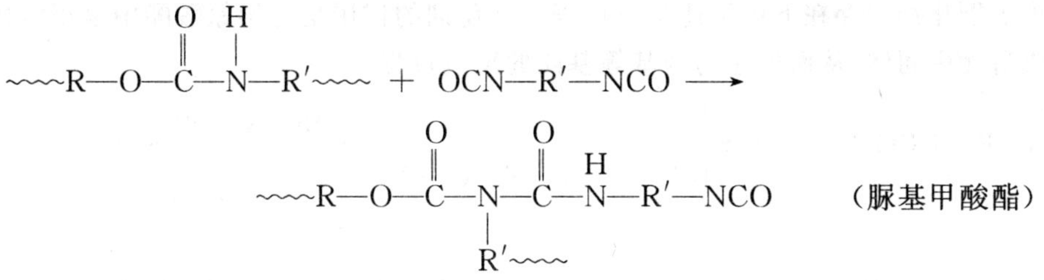

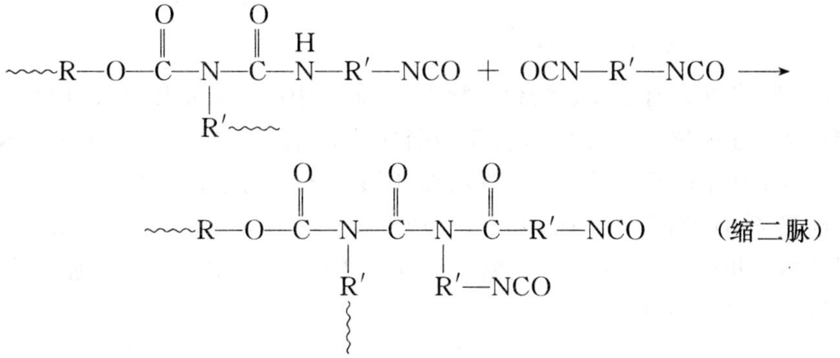

$$\sim\sim R-O-\overset{O}{\overset{\|}{C}}-\overset{H}{\overset{|}{N}}-R'\sim\sim + OCN-R'-NCO \longrightarrow$$

$$\sim\sim R-O-\overset{O}{\overset{\|}{C}}-\underset{\underset{R'\sim\sim}{|}}{N}-\overset{O}{\overset{\|}{C}}-\overset{H}{\overset{|}{N}}-R'-NCO \quad \text{(脲基甲酸酯)}$$

$$\sim\sim R-O-\overset{O}{\overset{\|}{C}}-\underset{\underset{R'\sim\sim}{|}}{N}-\overset{O}{\overset{\|}{C}}-\overset{H}{\overset{|}{N}}-R'-NCO + OCN-R'-NCO \longrightarrow$$

$$\sim\sim R-O-\overset{O}{\overset{\|}{C}}-\underset{\underset{R'\sim}{|}}{N}-\overset{O}{\overset{\|}{C}}-\underset{\underset{R'-NCO}{|}}{N}-\overset{O}{\overset{\|}{C}}-R'-NCO \quad \text{(缩二脲)}$$

在生成的氨基甲酸酯和脲基甲酸酯中，羰基上的氧原子提供了形成氢键的条件。由于氢键的方向性，当聚合物链上烷基碳的数目使得氨基甲酸酯中的羰基与另一分子链上 NH 易于按形成氢键的方向排列时，聚氨酯中的氢键的数目将显著增加。虽然氢键的键能较小(25 $kJ\cdot mol^{-1}$左右)，但它们对所制成的推进剂的力学性能却有重要的贡献。

在生成聚氨酯的化学反应中，提供活泼氢的基团除了—OH 之外，还有$-NH_2$，—SH，—COOH等。所以在推进剂制备中，曾用多元胺，如 3,3'-二氯-4,4'-二胺基二苯基甲烷(MOCA)，结构式如图 5-2 所示。

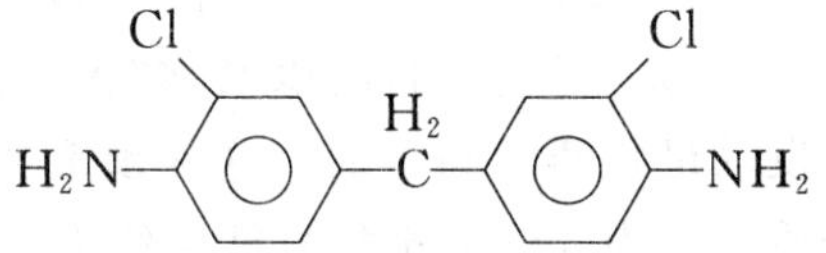

$$H_2N-C_6H_3(Cl)-\overset{H_2}{C}-C_6H_3(Cl)-NH_2$$

图 5-2 MOCA 化学结构式

常用的固化剂有甲苯二异氰酸酯(TDI)、异佛尔酮二异氰酸酯(IPDI)、六次甲基二异氰酸酯(HDI)及其与水加成产物-多功能脲基异氰酸酯(N-100)、二苯基甲烷二异氰酸酯(MDI)等。

对于甲苯二异氰酸酯来说，在于羟基反应时，2,4-甲苯二异氰酸酯的反应活性高于 2,6-甲苯二异氰酸酯的，因为 4 位上的异氰酸酯基受空间位阻的影响较小。而二苯基甲烷-4,4-二异氰酸酯的反应能力则高于甲苯二异氰酸酯的。相同条件下，反应活性依此递减为：MDI＞TDI＞IPDI＞HDI。

N-100 是 HDI 与水反应生成的脲基多异氰酸酯。实际上，N-100 是一种由脲基异氰酸酯、缩二脲基异氰酸酯、双缩二脲基异氰酸酯基三聚体异氰酸脲组成的混合物，其官能度有较大的分散性，平均官能度在 3.6 以下时为液态。

2. 催化固化

羟基、氨基、羧基之类含有活泼氢的基团与异氰酸酯之间的亲核加成反应在一些酸性、碱性或金属离子催化剂的存在下可加速反应过程。催化剂的作用是与异氰酸酯中呈正电性的碳原子结合成活性中间体,从而加速与羟基等基团的反应过程:

$$\mathrm{OCN{-}R{-}NCO + B\colon} \longrightarrow \left[\mathrm{OCN{-}R{-}N{=}\overset{\overset{\large O^-}{|}}{C}{-}B^+}\right] \xrightarrow{\mathrm{HO{-}R'{-}OH}}$$

$$\left[\mathrm{OCN{-}R{-}\overset{H}{N}{-}\underset{\underset{\large O{-}R'{-}OH}{|}}{\overset{\overset{\large O^-}{|}}{C}}{-}B^+}\right] \longrightarrow \mathrm{OCN{-}R{-}\overset{H}{N}{-}\overset{\overset{\large O}{\|}}{C}{-}OR'OH + B\colon}$$

亲核加成反应机理:若在含有活泼氢的化合物中,其亲核中心的电负性越大,则与异氰酸酯的反应活性越高,反应速度越快。此外,在异氰酸酯分子中,若与—N═C═O连接的 R 存在吸电子基团,异氰酸酯基团中碳正离子的正电性增加,则更有利于与亲核试剂的反应。

含铝聚氨酯推进剂的最高理论比冲在 2 549～2 598 $\mathrm{N \cdot s \cdot kg^{-1}}$,密度 1.65～1.81 $\mathrm{g \cdot cm^{-3}}$,燃速压力指数 0.2～0.35。室温时抗拉强度 0.686 MPa 以上,延伸率＞70%,高温(70℃)和低温(－40℃)的伸长率＞45%。

5.6.5 聚丁二烯推进剂

聚丁二烯推进剂是指以聚丁二烯或其改性聚合物为黏合剂的复合推进剂,包括以羧基为固化官能团的预聚物(例如无规聚丁二烯丙烯酸共聚物 PBAA、无规聚丁二烯丙烯酸丙烯腈共聚物 PBAN 和端羧基聚丁二烯共聚物 CTPB)和以羟基为固化官能团的预聚物(例如端羟基聚丁二烯 HTPB)。

5.6.5.1 聚丁二烯丙烯酸(PBAA)推进剂

聚丁二烯丙烯酸推进剂是用聚丁二烯丙烯酸作黏合剂的,该黏合剂是丁二烯和丙烯酸的共聚物。因羧基在大分子链的分布是不规则的,所以又称“无规丁羧”。在羧基聚丁二烯推进剂中,它是第一个被用于火箭发动机装药的黏合剂。这种预聚物是采用自由基乳液聚合技术合成的,得到了平均相对分子质量约为 3 000、平均官能度约为 2 的黏稠状预聚体,其液体预聚物是由无官能团、一官能团、二官能团和多官能团的分子组成的混合物。由于这种预聚物的官能团分布不均,在大分子链上没有固定位置,所以使得所制备的推进剂,力学性能表现出很差的重复性,且力学性能也较差。故现在已不使用这种黏合剂。

5.6.5.2 聚丁二烯丙烯酸丙烯腈(PBAN)推进剂

聚丁二烯丙烯酸丙烯腈推进剂是用聚丁二烯丙烯酸丙烯腈(PBAN)作黏合剂的,该黏合剂是丁二烯丙烯酸和丙烯腈的三元共聚物,简称“丁腈羧”。其制备方法与 PBAA 相同,也采用乳液聚合技术,可得到相对分子质量范围为 2 000～15 000,平均官能度为 1.9 的产品。由于丙烯腈的引入,使 PBAN 分子链中羧基的距离加大,这可能是使推进剂力学性能有所改善的一个原因。但其羧基分布仍不是在分子的两端,故由这种预聚物制备的推进剂的力学性能仍不理想。之后就出现了羧基在两端的聚丁二烯丙烯酸预聚物和端羧基聚丁二烯推进剂(CTPB)。

自 1957 年研制成功后,用 PBAN 生产的推进剂要比使用其他任何预聚物生产的推进剂为多,已成功用于小型战术火箭发动机,到直径达 6.6 m 装药 907 000 kg 的大型发动机中。

例如美国的“侦察兵 ED”第一级、“大力神 3C”的助推器和主发动机都是使用 PBAN 推进剂。

5.6.5.3　端羧基聚丁二烯(CTPB)推进剂

端羧基聚丁二烯推进剂是用端羧基聚丁二烯(CTPB)为黏合剂，该黏合剂是 20 世纪 60 年代末发展起来的一种预聚物，其结构特点是羧基在大分子链的两端，中间是聚丁二烯的长链，因此叫端羧基聚丁二烯，又叫遥爪丁羧。这种聚丁二烯预聚物是用自由基或有机锂引发技术合成的，平均相对分子质量 3 500～5 000，且具有接近于 2 的官能团结构。我国的 CTPB 黏合剂采用常压低温的自由基乳液法制备，以环氧化环己酮为引发剂，在软水中，以聚己二醇辛基苯基醚为乳化剂。这样制得 CTPB 数均相对分子质量≥2 800，羧基含量 0.35～0.55 $mmol \cdot g^{-1}$，产品的平均摩尔质量和官能度均有较大的分散性。

CTPB 推进剂在国外战术和战略导弹中应用广泛。如美国 1969 年装备部队的地—地战术导弹“潘兴 1A”，空—空导弹“妖怪”和潜地战略导弹“海神”第一级，“民兵 2”第二级，“民兵 3”第二、三级，高空拦截反弹道导弹“斯巴达人”的一、二、三级都是使用 CTPB 推进剂。

与一般有机羧酸相似，CTPB 的端羧基可以与很多官能团反应而完成固化，但适合做 CTPB 固化剂的只有环氧化物和氮丙啶两类物质。其他的由于反应中有 H_2O 和 CO_2 产生而影响使用。

1. 与环氧固化剂反应

用于 CTPB 固化反应的环氧固化剂有双酚 A 型环氧化物(DER－332)，其结构式如图 5－3所示。

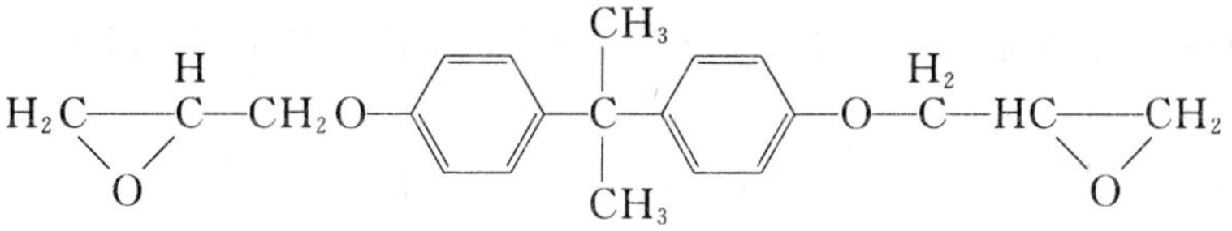

H₂C(–O–)CH–CH₂O–C₆H₄–C(CH₃)₂–C₆H₄–O–CH₂–HC(–O–)CH₂

图 5－3　DER－332 的化学结构式

对氨基苯酚型环氧化物(ERLA—0510)，结构式如图 5－4 所示。

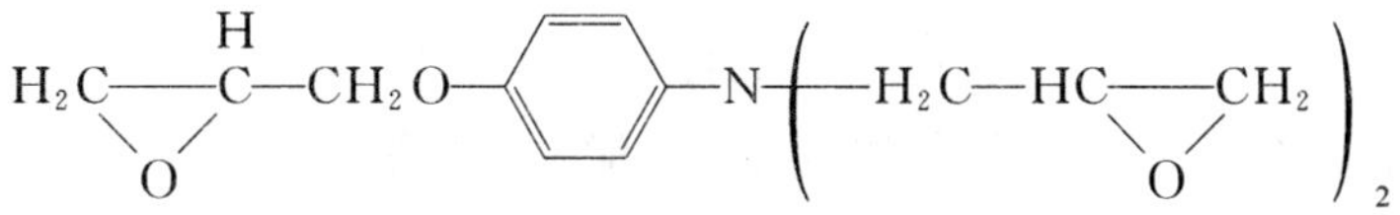

$$H_2C\overset{O}{—}CH—CH_2O—C_6H_4—N\left(H_2C—HC\overset{O}{—}CH_2\right)_2$$

图 5－4　ERLA－0510 的化学结构式

脂肪族环氧化物(EPOTNFSTF－6477－60E)，结构式如图 5－5 所示。

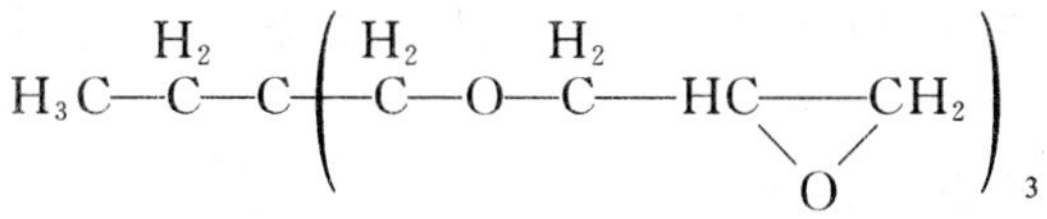

$$H_3C—CH_2—C\left(CH_2—O—CH_2—HC\overset{O}{—}CH_2\right)_3$$

图 5－5　EPOTNFSTF－6477－60E 的化学结构式

羧基与环氧之间的反应主要是羧基的活泼氢打开环氧基，在侧链上生成羟基，同时羧基也生成了酯：

$$\sim\!\sim COOH + H_2C\underset{O}{\overset{}{—}}\overset{H}{C}—R—H_2C\underset{O}{—}CH_2 \longrightarrow$$

$$\sim\!\sim\overset{O}{\overset{\|}{C}}—O—CH_2—\underset{OH}{\overset{H}{C}}—R—\underset{OH}{\overset{H}{C}}—CH_2—O—\overset{O}{\overset{\|}{C}}\sim\!\sim$$

但是所形成的 —OH 与未固化的 —COOH 之间还可以酯化并放出 H_2O：

$$\sim\!\sim\overset{O}{\overset{\|}{C}}—O—CH_2—\underset{OH}{\overset{H}{C}}—R—\underset{OH}{\overset{H}{C}}—CH_2—O—\overset{O}{\overset{\|}{C}}\sim\!\sim + \sim\!\sim COOH \longrightarrow$$

$$\sim\!\sim\overset{O}{\overset{\|}{C}}—O—CH_2—\underset{O—\underset{O}{\underset{\|}{C}}\sim\sim}{\overset{H}{C}}—R—\overset{OH}{\underset{H}{C}}—CH_2—O—\overset{O}{\overset{\|}{C}}\sim\!\sim + H_2O$$

酯化中放出的水分子对环氧基也具有开环成醇的能力：

$$\sim\!\sim CH_2—HC\underset{O}{—}CH_2 + H_2O \longrightarrow \sim\!\sim CH_2—CH_2—CH_2—OH$$

此外，水的存在还可能导致固化主反应形成的主链上的酯基水解而断链：

$$\sim\!\sim\overset{O}{\overset{\|}{C}}—O—CH_2—\underset{OH}{\overset{H}{C}}—R—\underset{OH}{\overset{H}{C}}—CH_2—O—\overset{O}{\overset{\|}{C}}\sim\!\sim + H_2O \longrightarrow$$

$$\sim\!\sim\overset{O}{\overset{\|}{C}}—O—CH_2—\underset{OH}{\overset{H}{C}}—R—\underset{OH}{\overset{H}{C}}—CH_2—O—H + \sim\!\sim COOH$$

在酸性高氯酸铵存在下，环氧化物本身还可能发生自聚：

$$nR—HC\underset{O}{—}CH_2 \longrightarrow \left(—O—CH_2—\underset{R}{\overset{H}{C}}—\right)_n$$

因此控制反应体系中 H_2O 的含量及固化温度等条件，对获得良好的力学性能有重要意义。

2. 与氮丙啶的固化反应

氮丙啶固化剂常用的有以下几种。

(1)MAPO，三(2-甲基氮丙啶)氧化膦，结构式如图 5-6 所示。

(2)BITA，结构式如图 5-7 所示。

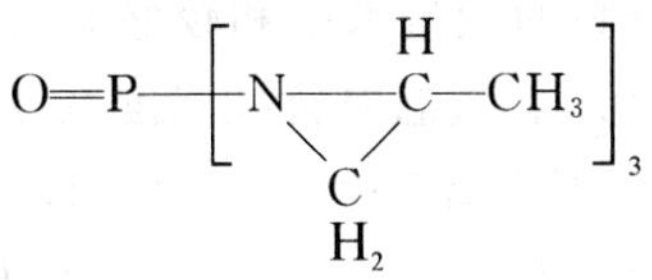

$$O{=}P{-}\left[N\begin{matrix}H\\-C-CH_3\\C\\H_2\end{matrix}\right]_3$$

图5-6　MAPO的化学结构式

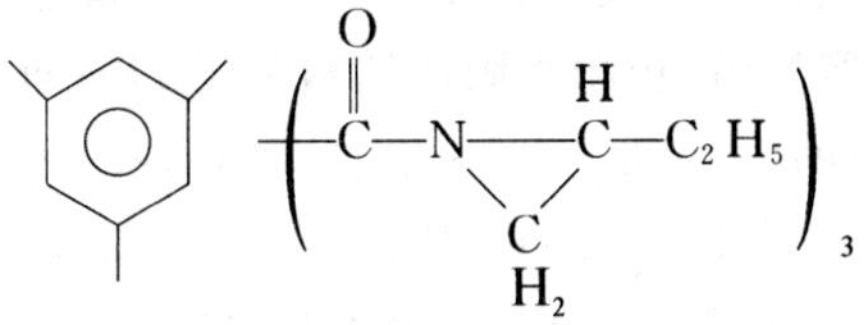

$$C_6H_3(CH_3)_3{-}\left(-\overset{O}{\overset{\|}{C}}-N\begin{matrix}H\\-C-C_2H_5\\C\\H_2\end{matrix}\right)_3$$

图5-7　BITA的化学结构式

(3)BISA,结构式如图5-8所示。

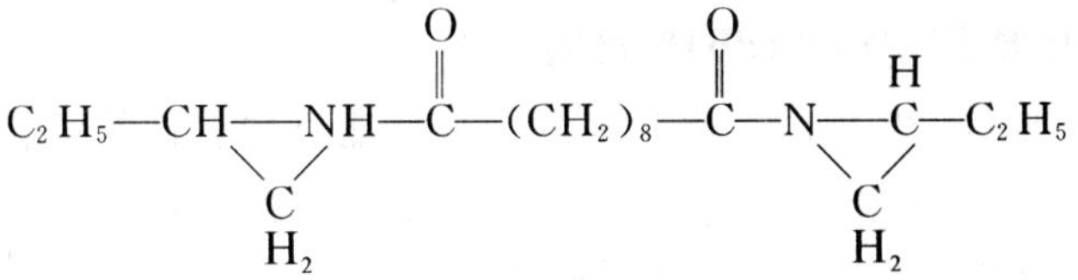

$$C_2H_5-\overset{}{CH}-NH-\overset{O}{\overset{\|}{C}}-(CH_2)_8-\overset{O}{\overset{\|}{C}}-N-\overset{H}{C}-C_2H_5\quad(\text{ring } C H_2)$$

图5-8　BISA的化学结构式

(4)TEAT,结构式如图5-9所示。

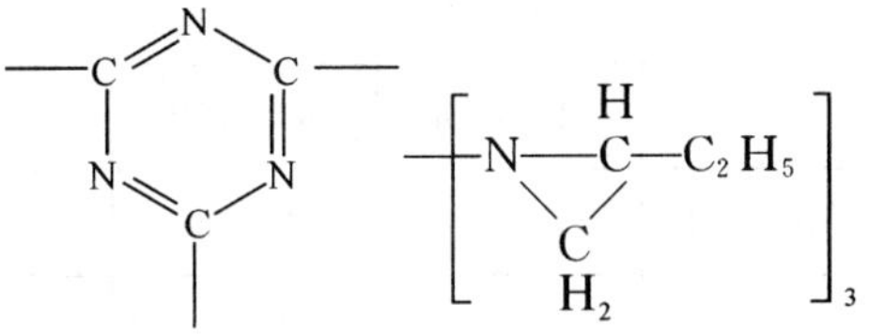

$$C_3N_3{-}\left[-N\begin{matrix}H\\-C-C_2H_5\\C\\H_2\end{matrix}\right]_3$$

图5-9　TEAT的化学结构式

羧基-COOH与氮丙啶MAPO的开环反应式为

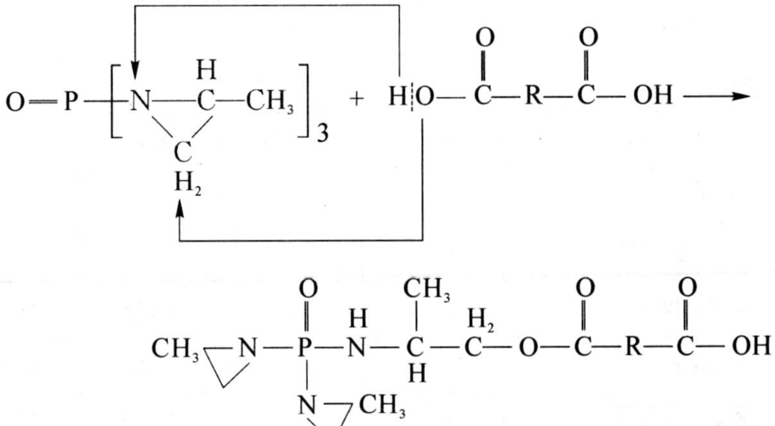

$$O{=}P{-}\left[N\begin{matrix}H\\-C-CH_3\\C\\H_2\end{matrix}\right]_3+H{\vdots}O-\overset{O}{\overset{\|}{C}}-R-\overset{O}{\overset{\|}{C}}-OH\longrightarrow$$

$$CH_3\text{-}N-\overset{O}{\overset{\|}{P}}(N\text{-}CH_3)-\overset{H}{N}-\overset{CH_3}{\underset{H}{C}}-\overset{H_2}{C}-O-\overset{O}{\overset{\|}{C}}-R-\overset{O}{\overset{\|}{C}}-OH$$

MAPO和羧基的反应,是由羧基的活泼氢攻击氮丙啶中的氮原子开始,并结合为胺,而羧酸根则攻击与氮相邻的碳而生产酯,因而生成了胺-酯结构。这与聚氨酯的(—NH—COO)不同,其胺与酯之间有碳氢链相隔,因此称为胺-酯结构。MAPO的其他两个氮丙啶基也发生同样的反应,因而可以形成网络结构。

由于氮丙啶基团本身比较活泼,在固化过程中自身会产生自聚反应。固化产生的磷氮键在水汽和热作用下较易断裂，这是CTPB推进剂老化的一个原因。

以高氯酸铵、铝粉为固体填料的CTPB推进剂有较高的能量水平和较好的力学性能，最高理论比冲达2 608 N·s·kg^{-1}，燃速压力指数0.2～0.4。室温时抗拉强度0.9MPa以上，延伸率>57%，高温(70℃)伸长率75%，低温(－20℃)的伸长率>26%。由于该推进剂燃烧稳定、重现性好等优异性能，曾引起各国固体推进剂研究人员的广泛关注。例如，发过射程为3 000 km的M－20潜地导弹的第二级和射程为4 000～6 000 km的M－4导弹的一、二、三级发动机都采用了CTPB推进剂。我国曾成功地将其应用于卫星回收的制动发动机的一些型号发动机中，曾研究成功一系列能量水平不同的配方。

5.6.5.4 端羟基聚丁二烯(HTPB)推进剂

HTPB推进剂是继CTPB之后发展起来的一种性能更加优良的复合推进剂。将端基由羧基换成羟基之后，黏合剂预聚物的黏度下降，工艺性能优良，抗老化性能提高。

1. HTPB的基本性质及其对推进剂力学性能的影响

作为黏合剂使用时，HTPB的主要性能参数见表5-2。

表5-2 HTPB性质

性　质	美　国	中　国	中　国	中　国
	R-45M	83-190	3H-866	3H-852
数均摩尔质量$\overline{M}_n$/(g·mol^{-1})	2 800	2 796	4 275	4 130
OH值/(mmol·g^{-1})	0.75±0.05	0.767	0.495	0.515
数均官能度$\overline{f}_n$	2.2～2.4	2.14	2.11	2.13
黏度/(Pa·s)	5±1/30	2.5/40	7.5/40	8.5/40
折光指数n_D^{25}		1.514		
密度/(g·cm^{-3})	>0.87	0.908 4		
水分/(%)	<0.1	0.029	0.04	0.03
H_2O_2/(%)	<0.05		0.001	0.001
挥发分/(%)	<0.5	0.61		
顺式结构/(%)	10～25	23.5	19.56	18.84
反式结构/(%)	50～60	56.0	57.22	58.72
乙烯基式结构/(%)	23～30	20.2	23.22	22.69

HTPB的平均摩尔质量及其分布状态对推进剂的制造工艺及力学性能有重要影响，目前用于推进剂制造的数均摩尔质量一般在3 000～4 500 g·mol^{-1}。它们的分布状态与合成方法和工艺条件有关。HTPB的平均摩尔质量的分布越宽，力学性能越不理想，因此高摩尔质量级分和低摩尔质量级分的含量增加，都会造成推进剂力学性能下降。

黏合剂预聚物官能度分布状况影响到固化形成的三维网络的完善程度，窄的官能度分布有利于理想网络(即缺陷少的网络)的建立。单官能的预聚物进入网络后，将形成对力学性能无贡献的悬挂链。高官能度($\overline{f}_n>3$)的分量增加，会缩短网络链间的距离、使单位体积内的交联点数目增加、延伸率下降。另外，高官能度含量的增加，不但使药浆黏度升高，随着反应的进行，黏度的增长速度也大于正常的 HTPB。一般来说，$\overline{f}_n=2$ 的含量较高的 HTPB 预聚物，易于获得力学性能好的推进剂。当预聚物中 $\overline{f}_n=2$ 的含量≥8%时，而且含量不发生变化时，所制备的推进剂的力学性能才易于控制。

HTPB 预聚物中的羟基性质不同，主要是源于主反应和副反应，与异氰酸酯固化剂反应的能力有所不同。其中烯丙基伯羟基(其中顺式烯丙基伯羟基含量 15%～20%，反式烯丙基伯羟基～50%，侧链式烯丙基伯羟基含量 10%～15%)的反应活性高于乙烯基伯羟基(乙烯基伯羟基含量 20%～30%)的 3.4～3.9 倍，而仲羟基的反应活性更小。

HTPB 的黏度是其平均摩尔质量及分散程度、官能度及分散程度、支化度等链结构情况的综合反映。其中，平均摩尔质量状态的影响较为明显，而且呈线性关系。

2. HTPB 的固化机理

HTPB 的固化是通过其分子链上的活泼羟基来完成的。从化学原理来说，羟基可以与很多官能团反应，如异氰酸酯基、环氧基、氮丙啶基和羧基等。但常用的是 TDI，IPDI，HDI，MDI 等异氰酸酯。

与聚氨酯推进剂相似，HTPB 与异氰酸酯之间的反应也是活泼氢与—NCO基团之间的亲核加成反应。不同之处在于，HTPB 的平均官能度>2，因此 HTPB 预聚物本身与二官能度的 TDI 或 IPDI 反应即可生成三维网络。所存在的副反应也与聚氨酯推进剂固化中的相似。特殊之处是，在较高温度下，HTPB 分子链上双键旁的 α 氢也能参与异氰酸酯的亲核加成反应：

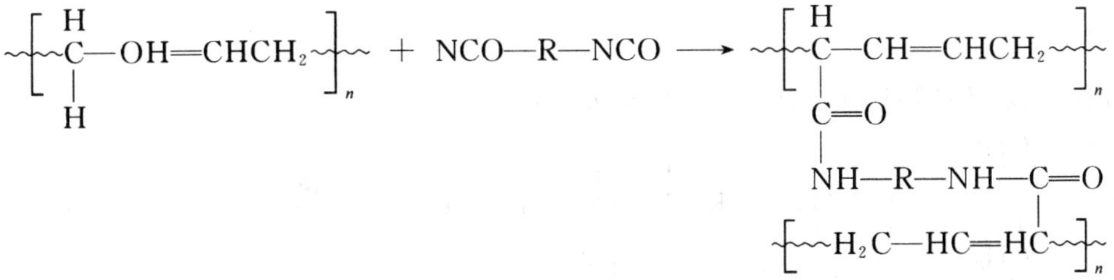

$$\sim\left[\sim\underset{\displaystyle \mathrm{H}}{\overset{\displaystyle \mathrm{H}}{\mathrm{C}}}-\mathrm{OH}=\mathrm{CHCH_2}\sim\right]_n\sim + \mathrm{NCO-R-NCO} \longrightarrow \sim\left[\sim\overset{\displaystyle \mathrm{H}}{\mathrm{C}}-\mathrm{CH}=\mathrm{CHCH_2}\sim\right]_n\sim$$

$$\begin{array}{l} \mathrm{C}\ (\text{上接链中 C})\\ \mathrm{C{=}O} \\ | \\ \mathrm{NH-R-NH-C{=}O} \\ \qquad\qquad\quad\ \ | \\ \left[\sim\mathrm{H_2C-HC{=}HC}\sim\right]_n \end{array}$$

利用官能度等于或大于 2 的环氧化物，也可以使 HTPB 固化，如双酚 A 环氧：

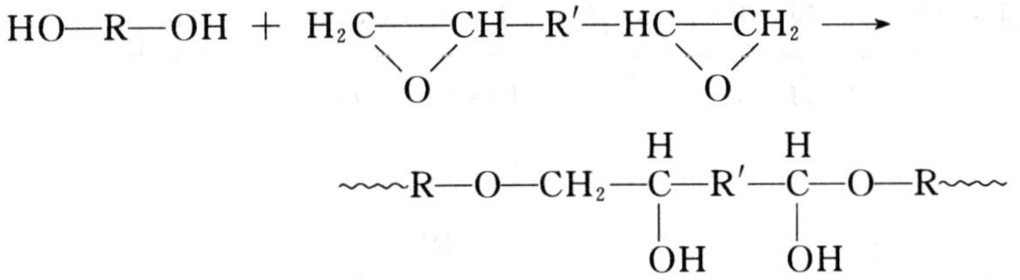

$$\mathrm{HO-R-OH} + \mathrm{H_2C\overset{\displaystyle O}{\frown}CH-R'-HC\overset{\displaystyle O}{\frown}CH_2} \longrightarrow$$

$$\sim\mathrm{R-O-CH_2-\underset{\displaystyle OH}{\overset{\displaystyle H}{C}}-R'-\underset{\displaystyle OH}{\overset{\displaystyle H}{C}}-O-R}\sim$$

HTPB 与氮丙啶进行开环反应时，由于 HTPB 链上—OH的性质不同，反应能力有差异。在 HTPB 与异氰酸酯的反应中，烯丙基伯羟基的活性大于乙烯基伯羟基的。但在与氮丙啶反应时，规律相反。只有部分乙烯基伯羟基可以和 MAPO 之类氮丙啶反应：

$$O{=}P\left(N\begin{matrix}\diagup CHCH_3\\ \diagdown CH_2\end{matrix}\right)_3 + HO{-}CH_2{-}\underset{CH_2{=}CH_2}{CH}\!\sim\!\sim\!\sim \longrightarrow$$

$$O{=}P\left(N\begin{matrix}\diagup CHCH_3\\ \diagdown CH_2\end{matrix}\right)_2{-}NH{-}\underset{CH_3}{\overset{H}{C}}{-}CH_2{-}O{-}H_2C{-}\underset{OH{=}CH_2}{CH}\!\sim\!\sim\!\sim$$

由于反应能力较弱，所以氮丙啶化合物本身并不宜作为HTPB的固化剂使用。

在AP存在下，氮丙啶分子中氮丙环上的活泼氢和它自聚物氮原子上的氢均能与异氰酸酯反应：

$$R{-}N\begin{matrix}\diagup CHCH_3\\ \diagdown CH_2\end{matrix} + R'{-}N{=}C{=}O \xrightarrow{H^+} R{-}N\begin{matrix}\diagup CHCH_3\\ \diagdown \underset{H}{C}{-}\underset{O}{\overset{\|}{C}}{-}\underset{H}{N}{-}R'\end{matrix}$$

$$O{=}\overset{|}{\underset{|}{P}}{-}\underset{H}{N}{-}\overset{CH_3}{CH}{-}CH_2\!\sim\!\sim\!\sim + R'{-}N{=}C{=}O \xrightarrow{H^+} O{=}\overset{|}{\underset{|}{P}}{-}\underset{\underset{NH-R'}{C=O}}{N}{-}\overset{CH_3}{CH}{-}CH_2\!\sim\!\sim\!\sim$$

氮丙啶的水解产物进而也能与异氰酸酯发生反应：

$$R{-}N\begin{matrix}\diagup CHCH_3\\ \diagdown CH_2\end{matrix} + H_2O \longrightarrow R{-}\overset{H}{N}{-}\underset{CH_3}{\overset{H}{C}}{-}CH_2{-}OH \xrightarrow{R'-NCO}$$

$$R{-}\underset{H}{N}{-}\underset{CH_3}{\overset{H}{C}}{-}CH_2{-}O{-}\underset{O}{C}{-}\underset{H}{N}{-}R' \quad \text{或者} \quad R{-}\underset{\underset{\underset{R'}{H-N}}{O=C}}{N}{-}\underset{CH_3}{\overset{H}{C}}{-}CH_2{-}OH$$

此外，活性较大的氮丙啶与异氰酸酯反应，还能生成咪唑烷酮：

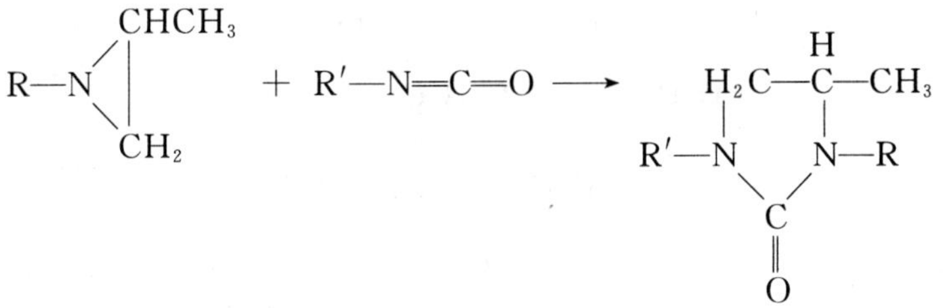

$$R-N\begin{matrix}CHCH_3\\ |\\ CH_2\end{matrix} + R'-N{=}C{=}O \longrightarrow \begin{matrix} & & H & \\ & H_2C- & C- & CH_3\\ & | & | & \\ R'-N & & N-R & \\ & C & & \\ & \| & & \\ & O & & \end{matrix}$$

但 MAPO 在 HTPB 推进剂中解决高分子黏合剂基体与氧化剂高氯酸铵的界面结合(即键合剂)却有重要作用。例如 MAPO 与 AP 颗粒表面间能形成氢键,有些氮丙啶能与 AP 形成离子键等。

自 20 世纪 70 年代以来,HTPB 推进剂迅速发展为主要的复合推进剂品质,用途涉及战略和战术导弹、无控火箭、航天发动机,以及一些民用目的的火箭发动机。HTPB,AP 和 Al 组成的推进剂的能量水平与 CTPB 相当,理论比冲最大值 2 608 $N \cdot s \cdot kg^{-1}$,实测比冲 2 401 $N \cdot s \cdot kg^{-1}$,6.86 MPa 压力下,燃速达 80 $mm \cdot s^{-1}$,反过来使用降速剂,可使燃速降低至 5 $mm \cdot s^{-1}$甚至更低,燃速压强指数受很多因素的影响,如氧化剂的种类、用量、粒度及其级配,催化剂品种及含量,燃烧条件等,压强指数可低至 0.21(2.94～8.83 MPa)。室温时抗拉强度 0.8 MPa 以上,延伸率＞46%,高温(70℃)伸长率 56%,低温(－40℃)的伸长率＞41%。由于该推进剂燃烧稳定,燃速有较大的调节范围,抗老化性能好,一般装药的使用寿命在 8～10 年,黏合剂预聚物的生产工艺成熟、价格较低,使其成为各国复合推进剂中最主要的品种。

5.6.6 新型固体推进剂—硝酸酯增塑聚醚(NEPE)推进剂

至 20 世纪 80 年代,固体推进剂异质沿着双基和复合推进剂两个方向平行发展,它们在性能上的差别主要来自黏合剂系统,在氧化剂、金属燃料等填料的使用上,二者基本相同。20 世纪 80 年代初期,人们发现了可以为硝酸酯增塑的合成高分子化合物,它们包括脂肪族聚酯(如 ε—聚己内酯、聚己二酸乙二醇酯)、脂肪族聚醚(聚乙二醇 PEG)等。目前,美国已将由 PEG 与硝酸酯(NG 和 BTTN)及 HMX－AP－Al 制成的 NEPE 推进剂应用于"三叉戟Ⅱ""侏儒"和"MX"三种战略导弹的七台发动机中。我国 20 世纪 80 年代中期开始研制,已成功进行了试验发动机、缩比发动机、全尺寸发动机等一系列试验,成为迄今为止能量水平、力学性能最优越的推进剂,无疑,NEPE 推进剂未来将在各种导弹武器中发挥重要作用。

5.6.6.1 聚乙二醇 PEG

以 $-\!\!\left(CH_2-CH_2-O\right)\!\!-_n$ 为结构单元的 PEG,属结构规整而柔性良好的聚合物,当数均摩尔质量高于 500 时,其分子链可以以线型,如图 5－10 所示。

$$\diagup O \diagdown CH_2 \diagup CH_2 \diagdown O \diagup CH_2 \diagdown CH_2 \diagup O \diagdown$$

图 5－10　线型 PEG 聚合物分子结构

或者折叠型存在,如图 5－11 所示。

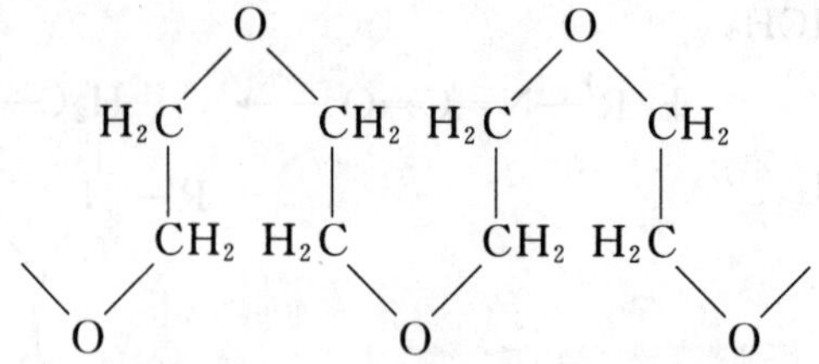

图 5－11　折叠型 PEG 聚合物分子结构

5.6.6.2　聚乙二醇 PEG 固化系统

与一般复合固体推进剂相似，NEPE 推进剂的力学性能主要由黏合剂基体的性质（化学结构、所生成的三维弹性网络结构、增塑剂的品种及含量）以及固体填料与黏合剂基体之间的相界面情况决定。

NEPE 推进剂力学性能的调节主要通过改变黏合剂的承载能力和增强填料（主要是 HMX 或 RDX）与基体界面作用（即筛选键合剂）来实现。

1. 影响 NEPE 推进剂黏合剂基体承载能力

影响 NEPE 推进剂黏合剂基体承载能力的因素有以下两方面。

（1）黏合剂的分子结构及相对分子质量分布。一般来说，使用平均摩尔质量分布较窄的预聚物，有利于获得结构较均匀的网络，较合适的分散指数。

（2）异氰酸酯类固化剂的性质。从网络结构来讲，当官能度为 2 的聚醚为预聚物时，固化剂的官能度应≥3。国内外较普遍采用以水改性的六次甲基二异氰酸酯（即 N－100）为固化交联剂。其优点是挥发性很小，毒性低，可溶于硝酸酯，并有适中的反应能力，药浆可以获得较长的适用期。水改性的六次甲基二异氰酸酯，分子中包含脲基、缩二脲基、双缩脲基甚至三聚体异氰酸酯等结构，其结构如图 5－12 所示。

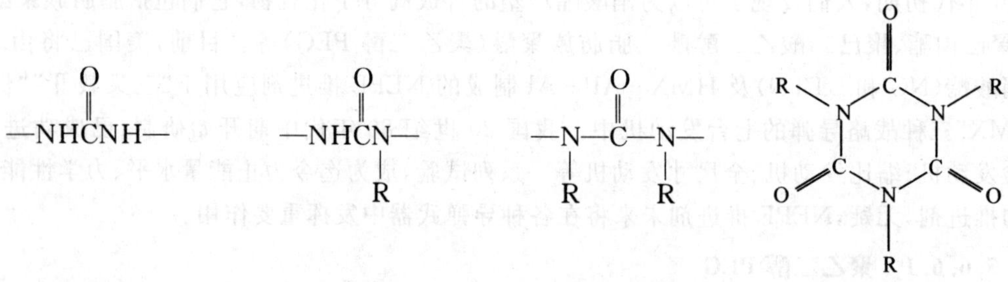

脲基　　缩二脲基　　双缩二脲基　　三聚体异氰酸酯

图 5－12　N－100 几种分子结构

其异氰酸酯基含量及官能度为一平均值，一般为 3.6～4.2。

2. 基体界面增强

HMX 和 RDX 含量大于 40％，且其分子的对称性高，与基体胶之间的作用力较差，很容易在 HMX 与基体之间产生界面分离（即脱湿现象），为避免“脱湿”发生，需要加入键合剂或者称为偶联剂，其分子结构中包含两类基团，一类是可以与黏合剂高分子产生化学作用的活性官能团，另一类是与填料分子形成强的物理化学作用的基团。而 HMX 或 RDX 分子结构中可以用于形成键和作用的原子为—NO_2 中的氧原子，—N— 中的氮原子和—CH_2— 中的氢原子。

可以选择酰胺化合物。例如三氟化硼羟乙基三乙醇胺、羟乙基氰乙基四乙撑五胺对甲苯磺酸等。

另外在 NEPE 推进剂中使用中性大分子键合剂(NPBA),也可以达到改善界面效应的目的。

5.6.7　未来的固体推进剂的发展趋势

5.6.7.1　进一步提高能量水平

提高固体推进剂能量水平,其技术路线主要有下述两条。

(1) 高能量密度材料(HEDM)。正在研究的高能氧化剂的新一代高能量密度材料主要有六硝基六氮杂异伍兹烷(CL-20,又称 HNIW)、三硝基氮杂环丁烷(TNAZ)、二硝酰胺铵(ADN)等。

CL-20 是具有笼型多环硝胺结构的一个高能量密度化合物,分子式为 $C_6H_6N_{12}O_{12}$,分子的化学结构式如图 5-13 所示。

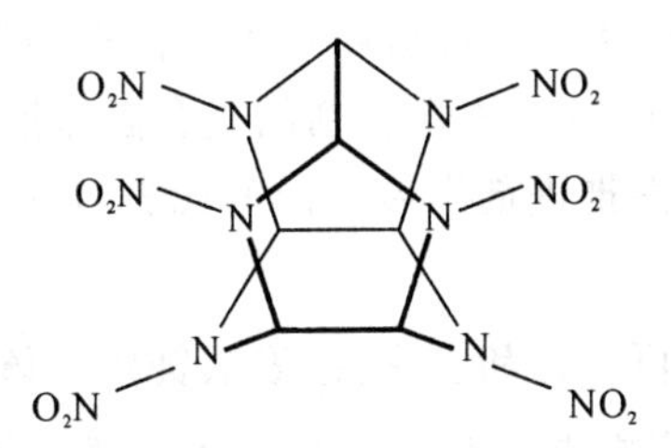

图 5-13　六硝基六氮杂异伍兹烷结构式

CL-20 的氧平衡为-10.95%,最大爆速、爆压、密度等几个材料参数都优于 HMX,能量输出比 HMX 高 10%~15%,自首次合成便引起了广泛关注。它在常温常压下有四种晶型:α-晶型、β-晶型、γ-及晶型 ε-晶型,其中以 ε-晶型的结晶密度最大,最为实用。

TNAZ 是一个四元环硝胺,也是迄今为止研究最广泛的含能小环化合物。化学结构式如图 5-14 所示。

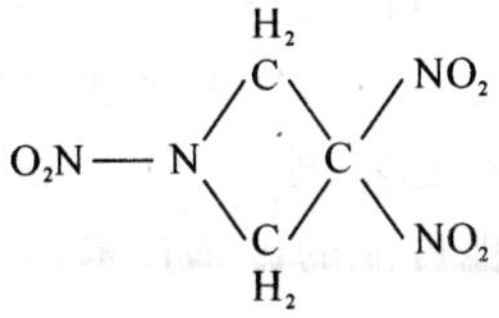

图 5-14　三硝基氮杂环丁烷结构式

二硝酰胺铵(ADN)分子式为 $NH_4N(NO_2)_2$,是第三代含能材料的典型代表,作为高能氧化剂应用于固体推进剂时具有能量高、成气量大、无氯、特征信号低等特点。

(2)使用含能的黏合剂和增塑剂及其他添加剂。含能黏合剂包括 GAP,BAMO,AMMO 及 BAMO 的共聚物等。目前正在研发的以聚叠氮缩水甘油醚(GAP)为代表的叠氮类黏合剂、增塑剂作为组分的推进剂可望成为继 NEPE 之后新的高能推进剂。也是目前研究最广泛的含能黏合剂,20 世纪 70 年代初合成,现已广泛用于商业用途的燃气发生器和固体推进剂中。

另外在含能增塑剂方面例如端叠氮基叠氮缩水甘油醚齐聚物(GAPA)、硝氧乙基硝胺(NENAs)、二叠氮基新戊二硝酸酯(PDADN)、1,5-二叠氮基-3-硝基氮杂戊烷(DIANP)等新型含能增塑剂。

在含能添加剂方面,第一类是叠氮类高氮类化合物,如叠氮三嗪类化合物、叠氮四嗪类化合物、叠氮三唑类化合物等;第二类是氨基类高氮化合物,例如氨基四嗪类高氮化合物、氨基呋咱类高氮化合物等;第三类是硝基类高氮化合物,包括硝基三唑类、硝基四唑类和硝基呋咱类等;以及含能离子盐化合物和含能金属有机骨架化合物等。

5.6.7.2 致力于低特征信号推进剂、低易损推进剂

低特征信号推进剂是指其燃气中无可见或可探测性烟雾,无红外、紫外、可见光和无电磁波特征信号,对制导导弹的无线电、红外、紫外、激光等信号无干扰和衰减作用的推进剂。该推进剂组分中,不含铝粉和高氯酸铵,采用硝胺、电子捕获剂和二次燃烧抑制剂显著提高导弹武器的生存能力、命中精度和战斗力等。以 HEDM(GAP,CL-20,ADN 等)为主要原料,并具有高能量、低特征信号及钝感特征。

HTPE 是低相对分子质量的聚四氢呋喃和聚乙二醇合成的嵌段型共聚醚,常温为液态。与现有各种固体推进剂相比,以 HTPE 为黏合剂的复合固体推进剂具有对外界刺激不敏感的优良性质,使之成为当前低易损性推进剂发展方向的代表,在战术火箭导弹武器中有十分重要的应用价值。

5.6.7.3 提高固体推进剂可靠性和安全性,发展钝感固体推进剂

HTPE 推进剂改善钝感弹药响应特性的基本方法主要是使用了与 HTPE 聚合物相容的含能增塑剂,从而在保持其能量水平的同时显著降低了固含量(HTPE 推进剂固含量为 77%时与固含量 89%的 HTPB 推进剂理论比冲相当,约 2 597 N·s/kg),使其总能量在黏合剂体系和填料相间得到了合理分配,另外还采用了低感度氧化剂部分取代 AP 的方法来降低推进剂的感度。

硝酸酯增塑聚醚(NEPE)高能推进剂在慢速烤燃反应方面优于 HTPB 推进剂,这使得其在钝感弹药应用方面具有一定的吸引力,而且具有较低的撞击和冲击波感度。

目前研制 GAP 钝感推进剂的主要技术途径有:采用低感度的含能增塑剂,如 TMETN、三乙醇二硝酸(TEGDN)和 BTTN 等;采用新型氧化剂代替高感度的 AP,如纯 AN 及各种相稳定的 AN(含质量分数 3% 的金属相稳定剂 Ni_2O_3,CuO 或 ZnO)、六硝基六氮杂异伍兹烷(CL-20)和二硝酰胺铵(ADN)及其他可能的钝感技术。

参 考 文 献

[1] 贾瑛.大学化学[M].北京:国防工业出版社,2015.
[2] 张炜.大学化学[M].北京:化学工业出版社,2010.
[3] 刘进军.核武器[M].北京:未来出版社,2016.
[4] 夏治强.化学武器防御与销毁[M].北京:化学工业出版社,2014.
[5] 陈冀胜.化学生物武器与防化装[M].北京:原子能出版社,2003.
[6] 冯文远.化学武器科技知识[M].沈阳:辽海出版社,2011.
[7] 冯平,王国富,吴志樵.常规武器[M].北京:中国环境科学出版社,2006.
[8] 《空军装备系列丛书》编审委员会.新概念武器[M].北京:航空工业出版社,2008.
[9] 冯文远.新概念武器科技知识[M].沈阳:辽海出版社,2011.
[10] 阎吉祥.激光武器[M].北京:国防工业出版社,2016.
[11] 曹小红.食品安全与卫生[M].北京:科学出版社,2015.
[12] 袁曙宏.新食品安全法 200 问[M].北京:中国法制出版社,2016.
[13] 刘志皋,齐庆中.食品添加剂手册[M].3 版.北京:中国轻工业出版社,2012.
[14] 郝利平.食品添加剂[M].3 版.北京:中国农业大学出版社,2016.
[15] 胡国学.无公害、绿色、有机食品生产规范指南[M].北京:中国农业科学技术出版社,2016.
[16] 胡秋辉.食品标准与法规[M].2 版.北京:中国标准出版社,2013.
[17] 谭惠民.固体推进剂化学与技术[M].北京:北京理工大学出版社,2015.
[18] 李亚裕.液体推进剂[M].北京:中国宇航出版社,2011.
[19] 侯林法.复合固体推进剂[M].北京:中国宇航出版社,1994.